中国管理创新丛书

场景驱动创新

数字时代
科技强国
新范式

尹西明　陈劲
———— 著

中国科学技术出版社

·北　京·

图书在版编目（CIP）数据

场景驱动创新：数字时代科技强国新范式 / 尹西明，
陈劲著 . — 北京：中国科学技术出版社，2024.4
ISBN 978-7-5236-0560-8

Ⅰ . ①场… Ⅱ . ①尹… ②陈… Ⅲ . ①科技发展—研
究—中国 Ⅳ . ① N12

中国国家版本馆 CIP 数据核字（2024）第 052838 号

策划编辑	何英娇	责任编辑	何英娇	高雪静
封面设计	潜龙大有	版式设计	蚂蚁设计	
责任校对	吕传新	责任印制	李晓霖	

出　　版	中国科学技术出版社
发　　行	中国科学技术出版社有限公司发行部
地　　址	北京市海淀区中关村南大街 16 号
邮　　编	100081
发行电话	010–62173865
传　　真	010–62173081
网　　址	http://www.cspbooks.com.cn

开　　本	710mm×1000mm　1/16
字　　数	296 千字
印　　张	23.25
版　　次	2024 年 4 月第 1 版
印　　次	2024 年 4 月第 1 次印刷
印　　刷	北京盛通印刷股份有限公司
书　　号	ISBN 978-7-5236-0560-8/N·322
定　　价	99.00 元

推荐语

数字经济时代的创新规律是什么？只有搞清这个问题才能有效推动高水平科技自立自强。尹西明和陈劲教授孜孜以求，终于完成《场景驱动创新：数字时代科技强国新范式》这部关于创新理论的新专著，扎根数字经济时代中国企业和国家科技创新的实践，系统梳理了场景驱动创新的内涵、特征和理论逻辑，并围绕关键核心技术突破、科技成果转化、人工智能和数字技术等重点议题和相关企业的实践作了深入探讨和总结。我相信，谁能把握数字时代的新规律，谁就可以引领数字经济的新潮流。

——马骏　国务院发展研究中心学术委员会副秘书长、研究员

统筹加强基础研究、前沿技术、重大场景关键技术的系统布局，发展现实生产力，塑造新质生产力，是实现高水平科技自立自强、培育高质量发展新动能的关键所在。本书把握数字经济时代科技创新的新特征与科技成果转化应用的新趋势，结合现实问题和已有探索，从理论、战略与实践等维度，系统揭示了场景驱动创新的内涵要义，对构建科技创新理论、增强科技产业政策与宏观经济政策取向一致性具有重要参考价值，对企业推进自主创新、打造原创技术策源地具有实践指导意义。

——吴善超　中国科协办公厅副主任、一级巡视员、研究员

数字经济大潮方兴未艾，数字智能化时代科技创新内涵、特征、路径和战略发生着显著变化，而"场景驱动创新"概念的提出是中国管理学者在建设世界科技强国大背景下对科技创新范式最新转变的主动识别和积极探索。本书系统地介绍了场景驱动创新的内涵外延、关键特征、理论逻辑、实现路径和企业实践，为学术界和产业界理解这一新范式，以及更好地运用这一新路径提供了有价值的思考与思想启示，值得推荐。

——余江　中国科学院科技战略咨询研究院研究员，中国科学院大学公共政策与管理学院教授，中国科学学与科技政策学会数字创新与管理专业委员会主任

科技强国是中国式现代化的关键，数字技术无疑又是科技强国的关键。数字技术的发展既需要具备通用性和突破性的技术创新，也需要依托场景进行微创新，通过将通用性技术改造适配应用于特定场景，进而激发数字技术的应用潜力。这也是将科技与工程和商业相结合的过程。从某种意义上来讲，场景驱动创新就是科学技术走出实验室实现商业场景落地的过程。《场景驱动创新：数字时代科技强国新范式》一书对场景驱动创新的理论和逻辑范式进行了论述，并在提供宏观视角之后聚焦于场景驱动创新的战略和路径，并提供了实践案例。本书实现了对场景驱动创新的宏观视角、战略视角和实现路径的融合，是一部极具认知价值和落地价值的专著。

——王冠　深圳数据交易所副总经理

场景、战略、需求、技术。陈劲老师和尹西明学友合著的《场景驱动创新》围绕这四大核心，佐以丰富的实践案例，系统解构了数字时代背景下的科技创新模式。研读本书也引发我许多共鸣：巴斯夫有一种软氨纶技术曾在中国市场推广受挫，我十年前接手时正值数字化

在中国蓬勃发展，结合年轻人对舒适修身和高科技面料的追求，通过与市场上最优秀的牛仔裤和瑜伽服制造商合作，我们以社交平台推送、直播带货的形式成功将产品注入终端市场。本书不仅是对现状的总结思考，更对未来科技创新有推动意义，科研技术人员和企业决策者皆能从中得到有益启发。

——胡倍 林德公司大中华区副总裁、清洁氢能业务负责人，曾任巴斯夫全球副总裁

科技是国家强盛之基，创新是民族进步之魂。长期以来，我国科技创新围绕重大技术、学科领域，侧重点在于技术驱动。而在当前复杂多变的形势下，需要立足国家所需、产业所趋、产业链供应链所困，需要突出企业创新主体地位，锻造国家战略科技力量，突破科技创新成果与应用脱节的问题。

尹西明博士和陈劲教授的新著《场景驱动创新：数字时代科技强国新范式》提出场景驱动创新理论，具有促进科技与应用深度融合的战略意义。本书对场景驱动创新的理论、战略和路径进行了深入浅出的分析，同时，在本书中探讨了诸如三峡、深圳数据交易所等典型案例。为加快推进科技现代化，培育新质生产力，实现高水平科技自立自强与高质量发展提供了重要决策参考。

——吴晶 中国电子战略合作部副主任（主持工作）

2023年初与尹西明教授交流时，教授便从国家发展战略和产业发展趋势的高度，从理论研究、方法探索和实践案例等方面，向我阐述了场景驱动创新的价值和意义，这与小视科技的发展历程不谋而合。教授高屋建瓴的视角、格物致理的思想给我留下了深刻印象。

本书提出的场景驱动下创新链与产业链深度融合的全新范式，从社会和产业发展目标和待突破的重大问题出发，从社会生产活动的各

个参与者角度，定义技术创新需要为产业链各环节、各场景发展创造价值。本书的论述将推动产业重大场景牵引技术创新，技术创新助力产业升级的双轮驱动向更加高效和科学的方向发展。本书阐述的创新范式理论和方法指引，值得深入思考和不断实践。

——杨帆　小视科技创始人、董事长，"2023 胡润 U35 中国创业先锋"

推荐序1
重视场景驱动创新范式
加快科技创新引领强国建设

科技创新是产业革命、经济发展、社会进步、国家强盛的强大引擎。当前新一轮科技革命和产业变革与我国经济转变发展方式发生历史性交汇，加之全球政治经济环境不确定性日趋严峻，我国科技创新面临新形势新挑战。中国式现代化新征程和高水平科技自立自强，对把握数字时代的科技创新新范式，全面提升国家创新体系整体效能，以科技创新引领现代化产业体系建设，开辟新赛道新优势，培育新质生产力和塑造国家发展新优势提出新使命新要求。

全球科技呈现超指数发展新趋势，科技创新涌现典型新特征。基础研究与突破瓶颈并存，实验分析与工程验证交织，跨部门跨行业跨区域协同，多学科多领域交叉，专家经验与数据要素、智能科学融合，技术创新与工程应用、生态培育并重。我国科技发展一直围绕重大技术领域或学科领域，遵循从基础研究到关键核心技术突破、技术子系统集成、重大工程实施应用的路径，其本质在于技术驱动，属于从基础研究突破到产业化应用的链式模式，缺少重大场景任务的设计，极易造成科技创新与应用的脱节。实现新型工业化、美丽中国、数字中国、乡村振兴、航天强国、制造强国等重大战略性目标，仅进行单一技术领域的科技攻关难以满足战略需求，需要以场景、问题和科技三轮驱动，才能满足重大需求，并为科技强国建设提供全新的发展机遇和实现路径。

新征程新形势呼唤科技创新引领科技强国建设的新范式。由尹西明和陈劲教授合著的《场景驱动创新：数字时代科技强国新范式》一书，面向全球数字经济和科技创新的新趋势、新挑战与新机遇，立足中国式现代化新征程新使命，以深入的理论和踏实的案例研究，系统探讨场景驱动创新这一科技强国新范式的理论、战略和实践逻辑。这是中国管理学者心怀"国之大者"，构建中国特色科技创新管理理论、把论文写在祖国大地上的重要探索；也为把握科技创新范式跃迁机遇，加快我国科技创新从后发追赶迈向创新引领，实现高水平科技自立自强的决策与管理实践开阔了思路，提供了重要参考。

面向未来，我们要更加重视场景＋问题＋科技"三轮驱动"的科技创新战略设计，从创新追赶加快迈向超越追赶、实现引领。统筹推进教育、科技、人才"三位一体"，构建"面向未来、使命牵引、场景驱动、技术赋能、五链融合"的科技创新与发展生态体系，有效整合科技第一生产力、人才第一资源、创新第一动力，强化企业科技创新主体地位，加强国家战略科技力量建设，加快我国在主要科技战略领域不断取得新突破，前瞻布局突破颠覆性技术和前沿技术，全面支撑引领世界科技强国建设和社会主义现代化强国建设。

——张军

中国工程院院士

北京理工大学党委书记

中国高等教育学会副会长

推荐序 2
担当科技创新重任
培育发展新质生产力的新动能

中国式现代化的关键在科技现代化。以科技创新为主导，构建现代产业体系，形成并发展新质生产力，是我国实现高质量发展的现实需要。习近平总书记指出，"高质量发展需要新的生产力理论来指导，而新质生产力已经在实践中形成并展示出对高质量发展的强劲推动力、支撑力，需要我们从理论上进行总结、概括，用以指导新的发展实践"。

以科技创新引领现代化产业体系建设，加快培育新质生产力的新动能，关键是要前瞻把握数字经济时代技术—经济范式变革的趋势，扎根中国特色科技创新伟大实践探索，系统总结、凝练和把握数字时代涌现的科技创新理论与组织范式变革机遇，进而以新范式、新组织模式推进技术创新，加强各部门、各主体之间的统筹协调，实现创新要素的优化组合和高效配置，营造更为良好的创新环境，培育和提升产业实力和竞争力，加快发展新质生产力，扎实推进高质量发展。

习近平总书记 2024 年 3 月 6 日在看望参加全国政协十四届二次会议的民革、科技界、环境资源界委员时指出，"科技界委员和广大科技工作者要进一步增强科教兴国强国的抱负，担当起科技创新的重任，加强基础研究和应用基础研究，打好关键核心技术攻坚战，培育发展新质生产力的新动能。要务实建言献策，助力深化科技体制改革和人才发展体制机制改革，健全科技评价体系和激励机制，进一步激发各类人才的创新活力和潜力。"

面向新征程、新形势和新使命，我国科技创新基础研究和理论政策研究学者应当坚持面向国家发展需求，发挥专业智库作用，强化科技战略咨询，坚持理论与实践相结合，及时总结中国创新的伟大实践。融通道理、学理和哲理，推动学术理论创新，构建具有中国特色的科技创新战略与政策的学术体系和话语体系，促进基础理论学习和应用对策研究的有机融合。

尹西明博士和陈劲教授长期聚焦科技创新管理理论、政策和实践研究，二人合著的《场景驱动创新：数字时代科技强国新范式》一书，面向世界创新管理研究前沿，在批判性地回顾技术—经济范式变革基础上，以理论研究和实践调研相结合的方式，提出并系统论述了场景驱动创新这一数字时代科技创新强国建设的理论范式。该书既有理论探讨，也有方法论和实践案例的分析，是立足中国科技创新实践探索、顺应数字时代科技现代化和发展新质生产力新要求，构建具有中国特色的科技创新战略与政策学术体系和话语体系的有益探索。该书也为我国在新征程上深化科技体制改革，优化完善国家创新体系，凝心聚力培育新质生产力新动能，扎实推进高质量发展提供了参考借鉴。

——刘冬梅
中国科学技术发展战略研究院党委书记、研究员

推荐序 3
场景驱动创新升维，
开启实体经济高质量发展新空间

　　制造业作为国民经济的主体，价值链长、关联性强、带动力大，是立国之基、兴国之本、强国之基。党的二十大提出，坚持把发展经济的着力点放在实体经济上，推进新型工业化，加快建设制造强国。习近平总书记指出，要牢牢抓住振兴制造业特别是先进制造业，不断推进工业现代化，推动中国制造向中国创造转变，中国速度向中国质量转变，制造大国向制造强国转变，在新型工业化道路的内涵和发展路径上体现出鲜明的中国特色。并强调要围绕推进新型工业化和加快建设制造强国、质量强国、网络强国、数字中国和农业强国等战略任务，科学布局科技创新、产业创新。

　　当前，实体经济与数字经济的深度融合在全球掀起了新一轮创新革命。人工智能（AI）、物联网（AIoT）、云计算等前沿性、颠覆性技术正快速融入细分应用场景，为实体经济的高端化、智能化、绿色化高质量发展提供了新的增长空间。如何把握数字经济时代的新特征新机遇，加快建设科技领军企业和世界一流企业，已成为培育和加快发展新质生产力、扎实推进高质量发展的重要抓手。

　　尹西明博士和陈劲教授的著作《场景驱动创新：数字时代科技强国新范式》，对数字时代场景驱动创新这一新范式做了系统解构，既有视野宽度、理论高度，又有实践深度，涵盖了多个行业和企业的宝贵实践案例与模式提炼。这本书不但是立足中国企业创新实践、凝练具有中国特色及世界意义的企业管理新范式的重要探索，也为包括京东方在内的中国企业深入把握数字时代的科技创新范式机遇，抢抓新一轮科技革命和产业变革范式带来的机遇，勇担科技创新时代使命，加快打造强国重企，助力新型工业化，加快发展新质生产力提供了重要参考。

正如本书所提到的，京东方以"屏"作为原点，从第 5 代 TFT-LCD 生产线起步，通过对技术的消化、吸收和再创新，形成了自身在液晶屏领域的核心技术和研发能力，逐渐成为半导体显示领域的领军者。而后，我们把握数字时代的技术革命趋势和产业发展规律，立足自身基础，面向未来，以"屏之物联"战略开启了战略升维、持续生长的探索。这一过程本质上是把握场景驱动创新的机遇，将屏集成更多功能、衍生更多形态、植入更多场景，从而构建人机物万物互联、企业创新发展、产业智能化升级的场景创新生态。在场景深耕和开拓的过程中，京东方得以在掌握半导体显示核心技术和"技术 × 市场"的发展模式基础上，以 AIoT 技术开辟新的技术维度，以场景开辟新的市场维度，以生态链培育新的产业动能，以"技术 × 场景 × 生态"的全新范式，开启组织更新、生态培育、持续赋能产业升级与新质生产力发展的"产业创新飞轮"。

自创立至今，京东方始终秉持对技术的尊重和对创新的坚持，三十年来持之以恒的创新发展就是对打造"新质生产力"的最好践行。回首刚刚过去的 2023 年，是京东方三十而立的一年，也是京东方把握场景驱动创新范式机遇，以"屏之物联"战略引领技术创新，推动产业创新，积极应对挑战和持续创新突破的一年。2024 年则是我们面向下一个三十年的开局之年，站在新征程的新起点，京东方将继续面向国家发展战略需求，坚持"屏之物联"总体战略促发展，把握数字经济时代场景驱动创新机遇，遵循"可持续科技创新"价值准则，将场景驱动创新作为发展新质生产力的核心要素，不断提升科技成果转化效能，夯实企业发展根基。作为半导体显示领域的龙头企业，京东方将持续强化面向新质生产力的前瞻引领和先导能力建设，携手全球各界伙伴围绕多元场景开放创新、合作共赢，聚力以科技创新推动产业创新，开启实体经济高质量发展的新空间。

———陈炎顺

京东方科技集团董事长

推荐序 4
场景驱动，数字进化，万物生长

在通用人工智能和大模型技术变革引致产业变革加速的数字时代，科技创新和产业创新的逻辑发生了革命性的变化。如何推动数字技术同实体经济深度融合，以人和人工智能更高效的合作推动产业数字化、智能化、高端化转型？如何把握数字时代的创新范式来开辟企业和产业发展的"第二曲线"？这些不仅是数字时代推进科技现代化、加快培育新质生产力的关键问题，也是企业创新发展的时代之问。

尹西明和陈劲教授撰写的《场景驱动创新：数字时代科技强国新范式》这部新专著，立足数字经济时代企业和国家推动科技创新的实践，从理论逻辑、历史逻辑和发展逻辑出发，系统地提出并梳理了场景驱动创新的内涵、特征和过程机理，并围绕原创技术策源地、数字科技创新、人工智能等数字技术和数据要素产业化等重点议题和相关企业的实践做了深入探讨，总结出了人工智能和大模型时代场景驱动人机整合，以"人—机—场"三元协同赋能企业创新和产业变革的逻辑。这本书不但是立足中国实践提炼总结中国特色创新理论的典型探索，也能够进一步为企业和产业创新者提供数智时代的创新与变革的重要理论指导。

回顾腾讯的创新与变革之路，我们一直秉持用户为本、科技向善的使命愿景，以创新实现科技突破，并面向海量用户、企业和产业场景加快数字技术价值释放。我们自2018年开启了组织架构革新，新成立了云与智慧产业事业群（CSIG），开始全面拥抱产业互联网，从ToC业务向ToB业务拓展。这一过程正是把握场景驱动创新范式，以数字技术赋能千行百业和多元场景的试错与进化的过程。诚然，面向产业场景的深耕以及与产业客户共创的过程，是难而正确的探索之旅，不仅放大了人工智能、大数据、云计算等新技术的经济社会价值，也反向加速了腾讯自身的创新速度和韧性增长，形成了面向产业进化和新质生产力培育的场景创新循环。

正如这本著作中提到的，我们同广州地铁的合作就是场景驱动创新的典型探索。2021年9月23日，广州地铁与我们联合发布了新一代的轨道交通操作系统——穗腾OS 2.0，并在新建的广州地铁18号线和22号线示范运营。穗腾OS 2.0引入工业互联网和物联网操作系统的理念，颠覆了传统工业控制系统"单一功能定制"的设计理念，实现了设备和系统的互联互通，成为轨道交通数字化的新引擎。穗腾OS在设计和开发迭代的过程中，以轨道交通建设运营真实场景下的复杂综合性需求为导向，对各场景时间、主体、社群、场域存在的问题进行了解构分析，利用系统功能和组件开发出了有针对性的应用工具。场景驱动加速了穗腾OS的数据融合和业务融合，打造出了城市轨道交通"生产—运营—管理—服务"的全生命周期创新生态，在服务产业伙伴的同时，也反向驱动了腾讯自身的技术进步和业务进化，这是一个场景驱动价值共生的过程。此外，2023年6月，腾讯打造的首个自动驾驶综合创新实践项目，在腾讯北京总部完成全闭环运行。该项目最重要的价值在于，从场景驱动创新视角出发，运用腾讯单车智能、车路协同、实时孪生、5G远控等全链条能力，实现了车路云一体化全面创新，并将自动驾驶实践升维到城市视角，给未来城市场景下交通系统的设计提供了全新思路和可能性。

产业场景是大模型的最佳练兵场。以生成式人工智能为代表的新技术正在成为下一轮企业、产业进化和国家培育新质生产力的关键动力。随着大模型等 AI 技术的爆发和落地应用，交通、汽车行业都开启了"智能化下半场"，而大模型的真正价值，不仅限于 ToC 的场景，其更大的价值在于与现有业务场景和产业场景的需求相结合。唯有如此，才能建立起可持续的商业模式，释放数字技术和数据要素的乘数效应。正如尹西明和陈劲教授在书中所阐述的那样，场景驱动创新的本质，在于面向真实场景下的复杂综合性需求，运用市场化和商业化的机制，以企业为主体，汇聚各类创新资源，实现技术突破、产业赋能和场景价值的创新闭环。

未来已来，大模型正在成为新智能时代的生产力底座，如何以场景驱动大模型与汽车、交通等产业场景的深度融合，是数字进化、万物生长的关键所在。相信本书能为广大创新者把握场景驱动创新范式变革机遇、培育新质生产力提供重要参考，从而不断在场景中推进新智能，把握新需求，共创新价值，实现新飞跃。

——钟翔平
腾讯集团副总裁、腾讯智慧交通与出行总裁

PREFACE

序言
中国式现代化呼唤科技创新理论现代化

党的二十大提出"坚持创新在我国现代化建设全局中的核心地位""加快实施创新驱动发展战略。坚持面向世界科技前沿、面向经济主战场、面向国家重大需求、面向人民生命健康，加快实现高水平科技自立自强"。习近平总书记于 2023 年 7 月在江苏考察时进一步强调"中国式现代化的关键在科技现代化"。

科技现代化作为中国式现代化的关键，是指在现代化进程中，科技创新发展和应用成为推动现代化的核心力量，是引领发展的第一动力，为实现中国式现代化本质要求提供关键科技支撑，即科技现代化在中国式现代化新征程上具有基础性、先导性和战略性作用。科技现代化与中国式现代化的探索相伴相随。科技现代化通过加快实现高水平科技自立自强，建设面向未来的世界科技强国，能够打通科技强、产业强、经济强到国家强的通道，为推进中国式现代化的各项目标任务提供不竭的科技支撑。

习近平总书记指出，创新是引领发展的第一动力，谁在创新上先行一步，谁就能拥有引领发展的主动权。深入实施创新驱动发展战略，坚定不移走中国特色自主创新道路，加快建设创新型国家和科技强国，以前所未有的力度推进我国创新型国家建设取得历史性突破，迈入创新型国家行列。为中国进一步朝着"跻身创新型国家前列"和"建成世界科技强国"的中长期战略目标前进打下坚实的基础,更为其他后发经济体完善国家创新体系、实现创新引领发展提供了宝贵经验。

与此同时,随着国际形势和科技发展趋势产生前所未有的新变化,推进中国式现代化新征程新使命面临的外部不稳定性、不确定性明显增加。经济全球化遭遇逆流,大国科技博弈日趋白热化,特别是在全球新冠疫情的冲击下暴露出的产业链、供应链上存在的一些短板,让我们清醒地认识到,中国在建设世界科技强国之路上还面临诸如国家创新体系整体效能不高、原始性创新不足、关键核心技术受制于人、科技发展独立性自主性安全性亟待提升,以及重要产业链供应链安全韧性不足等多重挑战。建设新型国家创新体系、全面提升国家创新体系效能迫在眉睫,成为我国突破"卡脖子"问题、加快实现高水平科技自立自强的先手棋和新发展阶段构建新发展格局、推动高质量发展的核心抓手。

在这一背景下,科技现代化在中国式现代化全局的战略性地位和价值更加彰显。党的二十大提出了全面建成社会主义现代化强国的"两步走"战略安排,从 2020 年到 2035 年基本实现社会主义现代化;从 2035 年到本世纪中叶把我国建成富强民主文明和谐美丽的社会主义现代化强国。其中着重提出 2035 年之前要大幅提升科技实力,实现高水平科技自立自强,进入创新型国家前列,建成科技强国。

科技现代化呼唤科技创新管理理论的现代化,对中国特色创新管理理论提出了新需求新任务。世界各国现代化的进程中均伴随着经济管理理论的现代化,中国式科技现代化也需要中国特色科技创新理论来指导实践。改革开放以来,中国创新理论学者从引进、消化吸收和应用西方管理理论,转向基于中国实践提出和发展了自主创新、协同创新、全面创新、整合式创新、场景驱动创新等具有中国特色的创新管理理论,实现了中国创新学派理念的追赶和局部超越。新时代以来,国家日益重视科技创新的新理论新方法探索。习近平总书记提出要加快构建中国特色哲学社会科学学科体系、学术体系、话语体系。当今世界，大国博弈越来越依赖数字化的创新生态系统竞合。相应地，科技现代化也需要从开放走向基于自主的开放与整合，应用整合式创新、场景驱动创新等符合中国历史和国情的创新理论范式，构建新型国家创新生态系统。伴随中国加速向全球创新格局中心迈进，尽快构建立足中国、对接世界的创新理论体系，不仅是中国创新学者的紧迫使命，也是发展中国创新学派的历史性机遇。唯此，才能在支撑科技现代化的同时，对外"讲好中国故事"、推动中国科技的国际化，为世界提供更多基于中国式现代化伟大实践的理论和智慧。

长期以来，我国科技创新一直围绕重大技术领域或学科领域，遵循从基础研究到关键核心技术突破、技术子系统集成、重大工程实施应用的路径。其本质在于技术驱动，属于从基础研究突破到产业化应用的链式模式，缺少重大场景任务的设计，极易造成科技创新成果与应用的脱节。在建成社会主义现代化强国和科技强国的新征程中，实现美丽中国、制造强国、数字中国、网络强国、乡村振兴、航天强国、碳达峰碳中和等新时代的重大战略性目标，仅采用单一技术领域的科技攻关难以满足战略需求，需要超越单一技术驱动的传统思维，迈向以技术与场景双轮驱动，才能满足战略需求，为科技创新引领现代化产业体系建设和高质量发展提供全新的发展机遇和实现路径。

在中国式现代化新征程的背景下，科技创新和数字中国建设要超越传统的技术驱动，把握场景驱动的新范式、新机遇，发挥我国超大规模市场和丰富应用场景的优势，实现从创新追赶到创新引领的跨越。

本书针对面向全球范围内数字经济和科技创新的新趋势、新挑战与新机遇，立足中国式现代化对科技现代化和科技创新管理理论现代化以及探索建立健全中国特色创新管理理论体系的新需求新任务，扎根数字时代科技强国建设的实践探索，遵循"使命牵引—理论指导—场景驱动—方法支撑—实践探索"的体系逻辑，分为理论篇、战略与方法篇和实践篇，系统论述场景驱动创新这一数字时代科技强国的新范式、新战略、新方法和新实践。

在本书中，我们面向全球科技创新趋势和管理理论前沿，基于数字经济时代科技强国建设理论研究与实践探索，提出：场景驱动创新既是将现有技术、数据、产品和服务应用于特定场景，进而创造更大价值的过程，更是基于未来趋势与愿景需求，驱动战略、技术、数据、组织、市场需求等创新要素及情境要素整合共融，突破现有技术瓶颈，开发新技术、新产品、新渠道、新商业模式，乃至开辟新市场和新领域的过程。数字经济时代应坚持创新引领发展，加快推进技术、场景和商业模式融合创新，以场景驱动原始性创新、关键核心技术突破、重大技术应用，全面提升国家创新体系整体效能，以科技现代化引领推进新型工业化和现代化产业体系，全面塑造新发展优势，为中国式现代化提供不竭的数字创新动能。此外，本书同《产业数字化转型：打造中国式现代化新引擎》（吴晶，尹西明著）和《场景驱动数据要素市场化：新生态、新战略、新实践》（尹西明，聂耀昱著）相呼应，以"场景驱动创新"的原创理论探索与科技自立自强、数字产业化、产业数字化等重大使命型场景方法论建构相结合的方式，助力中国式现代化。

希望本书为国家创新体系内多元主体准确把握场景驱动创新的重大范式跃迁机遇，加快推进科技现代化，培育新质生产力，打造中国式现代化新引擎，实现高水平科技自立自强与高质量发展提供重要理论、实践和决策参考。

尹西明　陈劲
2023 年 12 月 5 日

CONTENTS
目录

理论篇

场景驱动创新

数字时代科技强国新范式

党的二十大提出"坚持创新在我国现代化建设全局中的核心地位"。国家"十四五"规划提出"把科技自立自强作为国家发展的战略支撑"。习近平总书记也多次强调,科技创新要坚持"面向国家重大需求",坚持需求导向和问题导向,优化创新要素资源配置,汇聚形成创新发展强大合力。然而,长期以来,我国的科技创新一般侧重于特定技术领域或特定学科领域,遵循从基础研究发现到关键核心技术突破、产品开发、工程试制、中试熟化与市场化应用的传统路径。其本质在于技术驱动,属于从实验室成果到产业化落地的链式创新模式,面临研发周期冗长、技术迭代滞缓等问题。此外,我国的科技创新缺乏面向国家重大战略需求、产业高质量发展需求和组织韧性发展需求的精细化任务设计,极易造成科技创新与转化应用脱节,不仅难以跨越从技术研发到成果转移转化的"死亡之谷",而且容易陷入技术轨道锁定和"创新者悖论",迟滞从创新追赶向创新引领的转型步伐。

尤其是伴随着以数字技术为代表的新一轮科技和产业革命向纵深演进,数据成为新型生产要素和重要创新驱动力,大量新场景、新物种、新赛道涌现,科技创新速度显著加快,市场需求瞬息万变,需求侧与供给侧融合愈发紧密。如何瞄准数字化场景和具象化、复杂性需求痛点,重构技术创新体系和商业模式,以此引导与创造供给,释放数据要素价值,在场景实践中实现技术、产品和服务迭代,创造并满足用户新需求和新体验,成为创新管理和数字化转型的热点与难点。《"十四五"数字经济发展规划》进一步明确要坚持创新引领、融合发展。坚持把创新作为引领发展的第一动力,突出科技自立自强的战略支撑作用，促进数字技术向经济社会和产业发展各领域广泛深入渗透，推进数字技术、应用场景和商业模式融合创新，形成以技术发展促进全要素生产率提升、以领域应用带动技术进步的发展格局。坚持应用牵引，数据赋能。

在此背景下，政府和科技领军企业如何联合开放与建设多元应用场景，加强场景任务设计与技术体系建构，牵引大中小企业融通创新，破解科技成果转化难题，加快经济、社会数字化转型，激活数据要素价值，促进创新生态和平台经济健康可持续发展，推动数字驱动型创新发展和世界一流企业培育，成为数字经济时代创新驱动发展的重大新议题。

场景驱动创新既是将现有技术应用于特定场景，进而创造更大价值的过程；也是基于未来趋势与愿景需求，突破现有技术瓶颈，开发新技术、新产品、新渠道、新商业模式，乃至开辟新市场和新领域的过程。目前，围绕场景驱动创新的理论与实证研究整体滞后于科技强国建设和数字经济高质量发展的政策要求、管理需求和实践探索，学术界对场景驱动创新的内涵、作用机制、实现路径、治理模式等基本问题仍缺乏系统深入的研究。

在建成社会主义现代化强国的新征程中，面向科技强国、数字中国、美丽中国、平安中国、乡村振兴、共同富裕等新时代经济建设、工程科技、社会民生等领域的重大战略性目标，仅采用瞄准单一技术领域或需求的科技创新模式，难以满足国家、区域、产业和组织创新发展的复杂综合性战略需求。需要更加重视场景驱动创新理论研究及实践应用，充分发挥技术与场景双轮驱动优势，为实现科技自立自强提供新发展机遇。

| 第一章 |
数字时代的创新范式转向

一、现有技术创新范式研究回顾

1912 年，熊彼特在《经济发展理论》一书中首次提出创新的基本概念和思想，即在商业利润驱动下，将一种关于生产要素和生产条件的全新组合引入生产体系，包括开发新技术、新产品、新原料渠道，开辟新市场或革新组织管理模式。技术创新相关理论自此不断演进，形成包括技术推动范式、需求拉动范式、技术需求耦合驱动范式、整合范式、数字生态范式在内的创新范式体系。

技术推动范式将该领域的创新界定为从基础研究到应用开发，再到产业化、市场化的以技术为导向的线性过程，如突破性创新聚焦于纯技术问题以打造独特先进的产品（邵云飞等，2017）。该技术范式强调基础科学研究成果，即重大科学发现、重大理论突破、重大技术方法发明，对国家和产业构建核心竞争优势的重要驱动作用。同时，关注技术环境（丘海雄和谢昕琰，2016）、知识管理［波帕迪尤克（Popadiuk）和周（Choo），2006］等影响企业技术研发与转化的因素。以历次工业革命为例，经典力学、电磁理论和电动力学、相对论和量子力学等基础科学研究取得突破，催生出蒸汽机、发电机、计算机等变革，进而重塑生产方式、产业组织模式和生活方式。

需求拉动范式由施穆克勒（Schmookler）教授在 1966 年率先提出。

该范式认为创新发明活动的方向与速度取决于市场潜力和市场增长，认为创新以市场为导向、以获利为目的，市场需求促使企业开展研发活动，为产品和工艺创新提供坚实可靠的技术支撑。用户创新，即用户作为核心主体参与创新，从使用者角度提供瞄准自身价值需求的创意［希佩尔（Hippel），1986］；渐进性创新，是指通过持续不断的局部或改良性创新活动，提升产品性能和服务质量，从而满足现有客户群体需求［安德森（Anderson）和塔什曼（Tushman），1990；邓拉普（Dunlap）等，2010］；体验经济与服务创新通过融合产品与服务、提升顾客全面参与和感受的双向度［刘凤军等，2002；克莱因（Klein）等，2020］；社会创新则是以创新为手段解决社会问题与赋能社会生产生活［尼科尔斯（Nicholls）和默多克（Murdock），2012］。上述创新理论均属于需求拉动范式。

技术需求耦合驱动范式将创新视为市场环境与企业能力，尤其是技术能力匹配整合的连续反馈式链环过程，强调技术、市场及其相互作用的重要性。云计算就是互联网时代信息技术发展与个性化信息服务需求共同作用的产物。突破性创新以服务领先客户群体或开辟新市场为目标，依托新理念和新技术，革新产品架构、服务体系与商业模式，进而重塑产业链和价值链［周（Zhou）和李（Li），2012；卡普兰（Kaplan）和瓦基利（Vakili），2014］。颠覆性创新强调从低端市场或市场入手，开辟技术发展和产品演进新路径，开拓新兴市场，最终实现对传统行业格局的颠覆与重塑［克里斯滕森（Christensen），1997；李欣等，2015］。设计驱动创新关注设计语言而非产品技术属性对产品价值输出的增值作用，通过引导购买意愿最终满足客户需求［韦尔甘蒂（Verganti），2010］。

整合范式以陈劲、尹西明和梅亮提出的整合式创新理论为代表，强调战略驱动下的全面创新、开放式创新和协同创新。全面创新是各种生产要素在生产过程中的重新组合，包括全要素调配、全员发力、全时空开展三个层面,体现出系统思维与生态观(许庆瑞等,2004)。开放式创新打破了传统封闭式创新模式的外围约束,关注企业内外部知识交互,强调开放组织边界,引入外部创新力量[切斯伯勒(Chesbrough),2003]。协同创新则指包括政府、企业、高校院所、科技中介机构、市场用户等在内的广泛创新主体,以攻坚重大科技项目、实现知识增值为目标,构建大跨度整合式创新组织(陈劲,2012)。整合范式更关注新兴技术环境下的战略引领、产业协同和要素融通,是技术、市场与政策催生出的创新范式巨变。由此衍生出研究联合体(马宗国,2013)、有组织科研(万劲波等,2021)、高能级创新联合体(尹西明等,2022)、战略联盟(曾靖珂和李垣,2018)、开放创新平台(汪涛等,2021)、创新生态系统(武学超,2016)等创新模式。

数字生态范式则是顺应技术加速迭代、产品日新月异、竞争空前激烈等新一轮技术革命与产业变革发展趋势,在整合范式基础上关注数字技术等新兴技术,高度重视创新联合体、创新生态支撑的技术积累与环境应变力。基于此,学者们提出了产业数字化动态能力(尹西明和陈劲,2022)、数字创新生态系统(张超等,2021)等科技创新模式。

二、数字经济时代的挑战与范式转向

结合对现有技术创新范式的梳理和总结,可以看出,经济与技术的互动在技术创新范式演进过程中起决定性作用。从离散线性范式转向整合性、生态性范式的底层逻辑在于:随着技术进步与经济增长,创新主体更广泛,由企业家、科学家、研发人员拓展至员工、用户、社会大众乃至类人智能体;创新动机更多元,由技术驱动转向技术与市场双轮驱动;创新活动更复杂,由企业"闭门造车"的个体行为转变为企业牵头、多主体群智共创的群体性集成性行为;创新手段更丰富，新兴数字技术赋能实体经济，推动资源要素集聚共享，促进跨时域、跨地域、跨领域创新；创新要求更综合，由产品开发与服务升级转向商业模式重塑、核心能力重构与产业范式跃迁。

尤其是在新冠疫情与逆全球化叠加下的数字经济时代，科技创新环境呈现出复杂多变、模糊不定和极端情况频出的发展趋势。一方面，国际政治局势动荡不安，技术变革迅猛发展，产业链供应链深度调整，不确定、不稳定和不安全因素剧增；另一方面，国内关键领域面临技术封锁，新兴产业角逐激烈，超大规模市场、海量数据以及丰富应用场景等优势尚未充分释放。

在上述发展趋势下，传统技术创新范式的局部性、短期逐利性和数据要素价值难释放等局限性日益凸显。首先，现有范式多立足局部思维，过于强调技术驱动，容易陷入技术轨道固化、创新路线保守和创新模式僵化等困境，导致科技经济"两张皮"、创新者窘境、创新跃迁困难、错失第二曲线创新机会等问题。克里斯滕森（1997）指出，为维持现有竞争优势，在位企业更倾向于将技术专长发挥到极致，因此更容易忽视微小需求和新兴趋势，错失技术轨道迁移的最佳时机。这就要求从顶层设计和战略层面开展创新活动，保持动态变革的能力。其次，现有范式过度强调市场需求，不仅容易被短期商业逐利裹挟，为追求经济效益而忽视可持续发展和社会责任，而且局限于实用主义导向的利用性创新，忽略探索性发现，难以实现远景构想，更容易忽视使命和愿景在推动创意"落地"、获得创新突破、转化创新价值中的洞察与牵引作用。如朱志华提出，数字经济时代，新技术、新业态、新模式层出不穷，部分科技领域进入"无人区"，亟须在原始创新突破的基础上探索能够洞见未来、"弯道超车"、引领前沿的创新范式。最后，现有范式多关注知识、资源、人员等传统创新要素的横向整合，缺乏对数据这一新型基础性生产要素和创新引擎对创新链、产业链、供应链融通整合发挥巨大杠杆价值的关注与研究。

因此，针对数字经济时代和新发展阶段对传统创新范式提出的新挑战与新需求，亟须突破技术创新的线性及链式思维，在整合范式与数字生态范式的基础上，更加重视场景驱动下创新链与产业链深度融合的全新范式。

| 第二章 |

场景驱动创新：内涵与外延

一、场景驱动创新范式内涵

场景驱动创新是数字经济时代涌现出的全新创新范式。该范式超越传统创新理论与范式的局限，蕴含整体观和系统观，顺应了数字经济时代科技强国建设场景和未来场景对创新的新挑战与新需求。场景驱动创新以场景为载体，以使命或战略为引领，驱动技术、市场等创新要素有机协同整合与多元化应用。既是将现有技术应用于某个特定场景，进而创造更大价值的过程；也是基于未来趋势与需求愿景，驱动战略、技术、组织、市场需求等创新要素及情境要素整合共融，突破现有技术瓶颈，创造新技术、新产品、新渠道、新商业模式，乃至开辟新市场、新领域的过程。基于场景的创新管理范式，则是场景驱动的创新管理（Context-Driven Innovation Management，CIM）。

场景驱动创新包括场景、战略、需求、技术四大核心要素。即依托场景，在使命和战略视野牵引下，识别国家、区域、产业、组织和用户层面存在的重要科学问题、重大发展议题、产业技术难题，乃至个性化需求问题，通过加强场景任务设计，实现科技研发与场景应用有机融合，推动形成创新链、产业链、资金链、政策链、人才链融合创新以及协同攻关合力，构建共生共创共赢的创新生态系统。场景、战略、需求和技术四者紧密相连、互为促进、协调一致，构成场景驱动创新的整体范式。

场景在管理领域的应用源自市场营销，泛指日常生活工作中的特定情境及其催生的需求和情感要素。场景驱动创新中的"场景"，意指特定时间的特殊复杂性情境（context）。该情境发展或演变面临的复杂综合性挑战、问题、使命或需求，为多元创新主体发起与开展创新活动以及应用创新成果提供了嵌入性场域（field）。该场域涵盖时间、空间、过程和文化情感维度，是时间、问题、主体、社群、要素、事件汇聚与发生关系以及相互作用的场域，既包括物理空间和社会空间，也包括"赛博空间"（彭兰，2015；王永杰等，2021；李高勇和刘露，2021）。

在数字时代，场景设计更加精准，内涵不断丰富，边界不断拓展，重要性也不断提升。首先，数字经济与实体经济融合并进，大数据、云计算、人工智能、物联网等新兴数字技术赋能时空、事件、状态、需求等场景要素。数据将传统意义上难以衡量的场景要素具象化与可视化，进一步解决了场景设计的准确性与操作性问题，进而实现场景解构、重塑与颠覆。其次，场景具有战略性、综合性、开放性、应用性等特点，可瞄准前沿方向和重大问题，融通数据和需求等创新要素，汇聚产业领军企业、"专精特新"中小企业、高校院所、科技中介机构、用户等创新主体，为关键技术突破、成果转化应用、商业模式创新、新产业新业态培育提供创新生态载体。最后，场景可塑性强，发展潜力巨大，可通过科学建构和优化不断演化，持续释放和引导需求，拓展发展前景，贯通多重领域，进而引发技术、产业和经济的深度变革。在场景中，战略可以细化为更具体的目标，细分后的技术与具象化后的需求循环联动，更加贴近真实的应用环境，在多方主体的共同参与中实现有节奏的创新。

以京东方科技集团股份有限公司（以下简称"京东方"）为例，京东方在物联网创新转型过程中充分运用场景驱动思路，针对六大产业场景领域与 20 余个具体产业场景，分别提供体系化解决方案，包括智慧城市、智慧零售、智慧医工、智慧金融、工业互联网和智慧出行等。依托场景驱动的管理创新模式，京东方将其技术优势转化到服务能力上，真正满足了产业客户的实际需求，解决了痛点问题。

战略概念源于军事，后被引申到企业管理领域，广义上指具有统领性、全局性、整体性，且能影响成败的谋略、方案与计策。迈克尔·波特将战略思维置于企业制胜因素的首位，认为鲜有企业能凭借运营优势屹立不倒，以运营效益替代战略定力的结果必然是零和博弈。在"数字化＋后疫情"时代，全球化在经济与科技领域不断深化，世界产业与发展格局深刻变化，使命运动成为主流。创新更需运用系统观和整体观，统筹前沿领域探索、经济平稳增长、社会安定团结、生态文明建设等蕴含哲学思辨和东方智慧的重大命题，坚持使命导向和战略牵引，实现短期应对和长期发展平衡兼顾。战略的引领对场景构建起锚定作用，使得场景任务设计和面向场景的技术创新及应用更有针对性。

以航天场景为例。2022 年，国务院新闻办公室发布的《2021 中国的航天》白皮书中提出，中国航天面向世界科技前沿和国家重大战略需求，以航天重大工程为牵引，加快关键核心技术攻关和应用，大力发展空间技术与系统，全面提升进出、探索、利用和治理空间能力，推动航天可持续发展。中国在航天领域的科技发力愈发关注安全治理、可持续发展等。

技术与需求以及其相互关系始终是技术创新过程中的核心议题，两者在循环互动中共同发展：技术推动需求升级，催生新业态与新模式；需求拉动技术创新，倒逼新技术和新机制形成。当前经济社会全面迈向数字化，数据成为关键生产要素，新兴技术呈现群发性、融合性增长态势，市场需求凸显个性化、前瞻性发展特点，要求技术与需求、愿景、使命间建立更紧密的对接和实现更顺畅的转化。场景驱动创新模式则能够以使命、愿景、价值观为引领，通过场景定位与需求分析、场景解构与难点识别、任务设计与技术应用体系建构、产业链与创新链痛点的针对性破解等环节，推动科技供给与前沿需求双向融合。一方面为创新应用提供需求真实、数据全面、生态完善的孵化平台；另一方面为需求升维和产业引爆带来更先进、更富创造力、更具变革性的机遇。技术与需求的循环联动，能为场景驱动创新提供持续的动力源。

以海尔智家股份有限公司（以下简称"海尔智家"）为例，其秉持绿色低碳发展理念，聚焦国家"双碳"目标，积极落实"绿色设计、绿色采购、绿色制造、绿色营销、绿色回收、绿色处置"的 6-Green（6G）战略。在智慧家庭领域，面向用户"衣食住行娱"的具体需求，基于衣联网、食联网等平台，创造性设计出一批绿色场景，利用标识解析技术与物联网技术，打造"回收—拆解—再生—再利用"的绿色再循环体系、智能分拣系统、全链条数字化系统等技术应用体系，首创性建设"碳中和"拆解工厂。从发布"三翼鸟"场景品牌到获评四家"灯塔工厂"，海尔智家通过绿色场景驱动产业与消费双升级，全面赋能"大场景生态"。

二、场景驱动创新的突出特征

回顾现有技术创新范式，学术界和产业界愈发强调战略引领并关注技术与需求双重驱动的整合式创新组织管理。场景驱动创新模式源自并超越现有创新范式，更加重视战略引领、基于数据的现实场景与未来场景建构以及场景任务设计，符合数字经济时代特色，具有引领性、战略性、多样性、精准性、整合性和强韧性等特点。

引领性，即在现有先进科学技术与理论模式等基础上，强调当下社会经济发展的重要场景（如智能交通、智能制造、智慧医疗、智慧家居、智慧城市等）和未来中国乃至人类经济社会发展大趋势、大场景（如老龄化、碳达峰碳中和、探月探火等）的目标引领以及趋势引领。场景驱动创新不再仅着眼于新技术应用示范和市场需求挖掘，而是通过洞见与创造未来，重构技术创新模式、生产生活与价值创造方式。

战略性，即瞄准重要场景和重大关键性需求，明确关键问题，建立价值主张，设计解决方案，构建技术体系。针对"卡脖子"技术、技术整合以及技术需求耦合问题一举攻破，超越传统创新范式的短期导向和片面性。具有重要战略意义的场景往往会催生重大的"技术—经济"范式变革，形成颠覆性技术、颠覆性产品和前沿引领性产业。在科技自立自强的时代洪流中，场景创新正成为科技创新的新航标，通过加速原始创新突破、破解科技成果转化难题，形成科技强国建设战略新优势。

多样性，体现为不同时间、空间和维度的场景存在显著差异，参与场景构建的创新主体具有多样性，强调针对场景开展定制化的场景任务设计和技术创新。此外，场景驱动下的创新生态系统建设也需要通过多样性（即多元主体、多种要素、多种模式）激发创造性和持续性，并以"标准化＋个性化"模式赋能多样化场景，实现共性场景与个性化场景的融通。

精准性，即数字时代场景更多是基于数据构建的，场景分析与任务设计更多是由数字技术支撑的，实现了对用户需求的精确定位和生动模拟。数字技术与数据要素使得特定场景下的场景问题和痛点识别更精确，促使场景匹配和场景驱动多元主体创新更加精准高效，大大降低了技术创新和成果转化成本，提高了创新应用效率。

整合性，体现为创新要素集成、主体汇聚、动因融会和领域融合，是对现有创新范式中整合理念的延续与发展。要素层面，需以战略统筹数据、知识、资源、人才等多种创新要素，通过市场化配置，推动创新供给与创新需求耦合，最大限度释放数据要素的创新活力，赋能国家、区域、产业和组织创新发展，促进个体幸福感提升；主体层面，则需汇聚科技领军企业、产业链上下游相关企业、高校院所等多个创新主体，促进创新资源高效流转和科学配置，是数字创新融通生态的聚合器；动因层面，通过真实场景融会创新链和产业链，为研发提供试错容错反馈机制，为需求设定边界和价值主张，精准匹配创新应用和需求愿景，以技术带动需求，以需求促进技术，是有目的、针对场景问题的创新路径；领域层面，关键场景跨越行业边界，实现实体经济与数字经济的深度融合、不同产业与领域的协同发展。

强韧性，强调从传统竞争领域的核心能力到数字时代的动态能力，包括组织与创新韧性、技术体系、创新决策模式和管理模式的灵活性，以及根据场景需求和"技术—经济"范式跃迁趋势，敏捷、动态、柔性地调整创新模式，迎接挑战、化解风险、应对冲击、抓住机遇的动态能力，更适应数字经济时代复杂多变、模糊不定的创新情境特征。

总体来看，与以往从技术到市场的线性创新模式不同，在场景驱动创新模式中，创新动力从单一的好奇心驱动转向瞄准重大场景的使命牵引和需求倒逼；创新环境从实验室走向真实的市场环境；创新主体则从原来的研发人员转向由来自科学界、产业界、投资界和普通公众等各方主体乃至深度学习算法驱动的类人智能体构成的数字化创新联合体；创新主导者从科研院所走向科技领军企业和领先用户；创新过程浓缩在真实的市场验证环境中，从以往先研发后转化的历时性创新走向技术研发与商业转化同时发生的共时性、共生性创新。这种场景驱动创新能够实现制造业"微笑曲线"研发端与市场端的实时、动态、精准和高效能匹配。在保障产业链安全、降低成本的同时，实现柔性、大规模定制化和即时生产，并能够通过产业链激励相容的数字化合作机制与区块链等数字技术保障产业链、供应链的强韧性与可信数字化发展。

三、场景驱动创新与需求拉动创新的异同

虽然场景驱动创新与需求拉动创新均关注需求的创新驱动作用，但前者超越了传统的需求拉动创新范式，二者具有本质区别。

从需求内涵看，场景驱动创新范式中的"使命牵引与需求倒逼"包含需求拉动创新范式中的"用户需求"。强调国家、区域、产业、组织、用户五大维度的使命需求，从发掘短期、个体企业的商业需求上升到关注产业共性发展问题、国家发展远景目标、人类社会重大命题，体现出引领性、战略性和多样性。

从场景特质看，数字经济时代的场景一般由可量化的数据构成，场景设计一般通过高效精准的数字技术和数字化流程实现。需求则是一个较模糊的想法，而非一种特定的复杂性情境，它不包含细化后的具体环境因素和多重参与主体。因此，相较难以量化、无法摸清、不好把握的需求而言，场景更容易实现技术创新的精准突破。

从创新过程看，在场景驱动创新范式中，场景为特定技术与具象化需求的全过程深度交互融合提供载体，通过场景设计、方案建构实现技术创新与成果转化的同时推进。需求拉动创新范式则遵循从需求反馈挖掘到技术创新应用的线性路径，难以打通科技成果转化的"最后一公里"。

具体而言，需求拉动范式更关注特定人或主体的需求，侧重单点或者单维度，并且需求往往过于宏观与模糊，面临数据化、具象化和可视化难题，使得企业无法准确将其运用于技术创新驱动过程，并面临创新成功率不高和创新资源浪费等问题。此外，需求局限于单个创新主体与其较为固定的用户群体之间的线性联系，无法兼顾产业中的其他创新主体及用户需求。只在原有技术上进行渐进式创新，难以为

产业共性问题提供解决方案，更无法开辟新赛道与新领域。场景驱动创新范式则强调面向主体嵌入的当下和未来场景，关注多元主体在场景中的复杂综合性问题和需求。其不是凭借单点技术或产品突破就能解决的，而是需要针对场景开展需求分析、问题识别、任务设计，在包括创新供需双方在内的多元主体参与下提供综合性、适配性解决方案，并根据场景变化进行动态优化，即整合性和强韧性。表 2-1 进一步梳理了场景驱动创新对现有典型创新范式的超越。

表 2-1　场景驱动创新对现有典型创新范式的超越

范式	创新的内涵与特点	代表性理论	场景驱动创新的超越性
技术驱动创新范式	以技术为导向的线性自发转化过程	突破性创新	瞄准重大关键场景和复杂性需求，以使命或战略为引领，驱动技术、市场和创新要素有机协同整合与多元化应用
需求拉动创新范式	以市场为导向、以利润为目的的线性过程	体验经济	
技术需求耦合驱动创新范式	市场环境与企业能力尤其是技术能力匹配整合的连续反馈式链环过程	设计驱动创新	
整合创新范式	战略视野驱动下的全面创新、开放式创新和协同创新	整合式创新	蕴含全新的整合观和系统观，强调以重大需求和使命为牵引，重视差异化、精准性的场景任务设计，构建共生共创共赢的创新生态系统
数字生态创新范式	在整合范式基础上关注新兴数字技术，高度重视创新联合体、创新生态基础上的技术积累与环境应变力	产业数字化动态能力	

| 第三章 |

场景驱动创新的理论逻辑

一、场景驱动创新的战略重点

场景驱动创新的战略重点不同于以往的技术驱动范式，其蕴含全新的整合观和系统观，强调以重大需求和重大使命为牵引，加强场景任务设计，构建共生共创共赢的创新生态系统。

场景驱动创新生态系统建设的战略逻辑主要体现在五个方面：第一是使命牵引；第二是场景需求与技术创新的双轮驱动；第三是努力瞄准场景驱动创新的引领性、战略性、多样性、精准性、整合性、强韧性等六大特征，推进场景构建、问题识别、技术体系设计与技术创新应用；第四是通过数字化创新平台和高能级创新联合体的载体建设，强化多元主体协同创新，加速项目、资金、基地、人才和数据等创新要素一体化高效配置；第五是深化包括创新链、产业链、人才链、资金链、政策链在内的五链融合，打造共生共创共享共赢的创新生态系统，为国家、区域、产业、组织高质量发展和共同富裕目标实现持续提供高水平原始性创新、关键核心技术以及高素质创新型人才支撑。

二、场景驱动创新的过程机制

场景驱动创新过程主要包括场景构建、问题识别、（场景）任务设计和技术创造与成果转化应用。该过程体现了场景驱动特质，即技术创新与应用场景在创新全过程的高度融合，因此能够超越传统的创新链式、环式和网络集群模式，突破科技成果转化瓶颈问题，实现技术、需求、要素、场景的有机整合，以及"沿途下蛋"式创新和多元化应用。

在这一动态过程中，场景驱动战略、技术、组织、市场需求等创新要素和情境要素有机协同整合。其内在机制包括由使命和愿景牵引凝聚而成的战略共识、数字技术和跨界场景驱动形成的共生生态，以及基于共生、面向共识的共创共赢。场景驱动创新的本质是多元主体价值共创共生，关键在于识别场景需求痛点和问题难点，进而围绕场景问题，设计面向场景需求的解决方案，最终实现技术创新与应用。既包括现有技术的创造性组合应用，也包括瞄准技术空缺开展"从0到1"的原始性创新，乃至"从无到0"的面向"无人区"的基础科学探索。

场景驱动创新机制的实现有赖于创新思维和创新管理模式的全方位转型。创新思维要从线性迈向融合，从竞争转向竞合，从零和博弈走向共生共赢；从吸收转化的创新追赶迈向洞见未来的创新引领，强调未来需求和使命愿景的引领；从注重稳态管理和核心能力迈向强调韧性组织和动态能力；从关注因果关系到同时兼顾相关关系和因果关系；从基于少数人经验的决策模式转向基于海量数据开展动态预测的智能决策模式。

| 第四章 |
场景驱动创新的路径与实践探索

在探究场景驱动创新的内涵特征、战略思路和价值创造典型过程机制的基础上，进一步探索场景驱动创新的差异化路径和实践机制，这对深入理解和应用场景驱动的创新范式、加快创新驱动发展尤为重要。场景驱动创新的实践路径取决于场景中的问题和需求，因此存在场景化设计的差异，其关键在于面向未来趋势与愿景需求，从国家、区域、产业、组织、用户等不同维度的突出问题着手，针对性设计场景任务，构建技术架构、转化机制与治理体系，打造场景创新生态，从而兼顾场景驱动模式的引领性、战略性、多样性、精准性、整合性、强韧性等共性特征，以及边界、创新需求层次、创新主体能级等个性化特质。

一、国家场景驱动创新的路径与实践探索

国家层面重大场景驱动创新的发展路径，侧重于国家安全与强国建设的使命目标和未来场景。其立足于新发展阶段、贯彻新发展理念，瞄准全面建设社会主义现代化国家的目标和科技创新 2050 年远景目标，以高水平科技自立自强、国防强国、乡村振兴、共同富裕、"双碳"目标、人类命运共同体建设等为重大需求。在历史使命和远景需求的牵引下，面向事关经济社会可持续发展的重大安全问题、重大民

生问题和科学探索问题，以战略视野驱动核心技术攻关体系构建。同时，发挥新型举国体制的制度优势，推动由科技领军企业牵头主导、由高校院所提供基础研究和高水平人才支撑、政府提供引导和治理的高能级创新联合体建设；促进高水平原始创新、关键技术突破与国家重大发展需求的紧密融合，真正实现创新驱动社会主义现代化强国建设。

深圳国际量子研究院的建设体现了国家层面场景驱动创新模式的实践。长期以来，量子科技领域"卡脖子"形势严峻。习近平总书记在 2020 年中共中央政治局第二十四次集体学习时强调，加快发展量子科技，对促进高质量发展、保障国家安全具有非常重要的作用。"十四五"规划进一步瞄准量子信息前沿领域，并对量子科技前沿技术攻关做出重大部署。在深圳量子科学与工程研究院的牵头和南方科技大学等科技力量主体的积极参与下，深圳国际量子研究院正式成立。其以科技强国建设为使命，瞄准量子科技优先发展的战略需求，快速布局基础研究并构建关键核心技术攻关体系，显示出强大的科技创新驱动力，正成为粤港澳大湾区量子科学中心建设的主力军。

二、区域场景驱动创新的路径与实践探索

区域场景驱动创新的发展路径，需要聚焦区域高质量发展的重大需求、目标任务和场景痛点。以国家重大区域和核心城市的发展战略为顶层设计，在使命和需求的引领下，聚焦京津冀协同发展、长三角一体化发展、粤港澳大湾区建设、北京国际科技创新中心建设、海南自由贸易港建设等重要场景，在区域功能科学定位、区域现状综合评价、区域发展全面规划、区域问题分析解构的基础上，明确区域场景任务设计并确立关键技术体系架构。在中央和地方政府的顶层设计引导下，形成多方一致协同参与、多种资源要素高效流转合理调配的高

能级区域创新与应用平台，促进区域创新布局完善、区域创新能力强化以及区域战略地位提级。在区域场景的整合驱动下，区域创新供给不再聚焦于区域发展过程中的单一需求痛点，而是综合考虑区域整体目标和重点场景建设，在从设计到落地的全流程中与区域发展需求达成动态平衡。

北京国际科技创新中心建设中的冬奥场景是区域场景驱动创新的典型范例。依托冬奥场景，龙头央企、中小科技企业、一流大学和科研院所汇聚国际科技创新中心，明确了智能场馆建设、5G 云转播、公共卫生安全等细分场景任务。针对关键核心技术研发应用难点，打造出由国家战略科技力量主导的重大原始创新成果产出路径，进而形成后奥运时代体现首都特色、场景与技术双轮驱动的智慧城市发展范式，即以新技术支撑城市场景运行、以城市场景为新技术提供全域应用空间。

三、产业场景驱动创新的路径与实践探索

产业场景驱动创新的发展路径，重点在于场景驱动产业技术应用和创新跃迁。其以新兴技术应用与突破、新兴产业培育和引爆、新兴业态赋能与激活为愿景，以产业共性需求为牵引，强调对前沿科技发展趋势和前瞻性商业模式的把握。瞄准产业未来场景构建方案，实现未来洞见和前沿引领。在产业场景创新过程中，新兴数字技术的发展和应用提升了数据要素的战略价值，颠覆了上下游连接关系，重塑了组织与行业边界。促使创新主体采用更具整体性的思维方式，逐步形成以科技型企业尤其是"新物种"企业为主导、以数字技术和数字基础设施为支撑、以数据融通共享和业务广泛连接为特征、以价值共生共创为内核的产业数字创新生态系统，打造灵活性高且韧性强的产业数字化动态能力，进而带动产业持续创新和升级跃迁。

用友网络科技股份有限公司（以下简称"用友"）是重大产业场景驱动创新的典型实践。用友深耕企业服务产业，将研发体系定位在覆盖大部分应用场景及行业领域，从而支撑丰富的业务场景与广泛的客户需求，打造战略引领、场景驱动、技术筑基、管理保障的数字化动态能力，营建全球领先的聚合型企业服务生态。用友瞄准企业和公共组织数智化场景，建立从平台、领域、重点行业到生态的产品与技术创新体系，进而在覆盖多个领域、数种场景的开发需求下针对不同类型客户，因地制宜地提供解决方案，形成个性化优势。

四、组织场景驱动创新的路径与实践探索

组织场景驱动创新的发展路径，强调组织要瞄准自身研发、制造、销售、财务、组织管理等多样化内部场景的痛点，通过数字技术和数据要素精准赋能创新全过程，从而加快自身的数字化转型。同时，通过自身的数字化转型，发挥数字化生态优势，吸引多元利益相关主体参与共创，链接和赋能更多组织场景。

海尔三翼鸟作为智慧家庭场景生态品牌，是组织场景驱动下的典型创新实践案例。秉持"撕掉家电制造业标签，打造全场景生态解决方案"的转型战略，三翼鸟围绕智慧厨房和卧室场景，构建企业对顾客电子商务（B2C）家电家居家装一体化平台、"1+3+5+N"智能家装资源整合平台、家装数字化效率平台。同时，海尔三翼鸟与红星美凯龙、索菲亚等家居行业头部品牌共享创意、共同研发、共建方案，打造以智家大脑作为智慧家庭生态场景的核心基础设施，进而实现"门槛高、标准高、体验好"的差异化商业模式，在实现自身服务模式转型的同时，不仅带动行业整体转型升级，还加速科技从产品向场景的研发升级。

魔盒（Magic Box）智能移动服务平台是广汽集团在组织场景驱动

下的突破性创新成果。广汽集团以"移动生活的价值创造者"为愿景，面向移动场新服务场景，将场景洞察、场景设计和场景测试嵌入汽车模糊前期原型创新与整车开发阶段，打造"软件＋硬件＋服务"的一体化系统，实现"服务找人"的创新模式，带动汽车设计从技术研发、产品创新进化为服务创新与社会创新。

五、用户场景驱动创新的路径与实践探索

用户场景驱动创新的路径，强调以核心用户和潜在用户实践情境中存在的需求痛点为抓手，"技术＋模式"双路并举，通过组合现有技术、突破新兴技术和发掘新商业模式、确立价值主张，创造新产品、新要素、新商业模式，乃至开辟新市场和新领域。用户场景为技术创新与市场需求的融合提供了更真实且更高效的载体。一方面，应用场景催生用户需求，在场景中针对性开展技术创新活动，有助于将产品和服务卖点同用户需求对接，更容易抓住用户痛点、引发用户共鸣、形成用户黏性，从源头破解技术创新成果转化问题。另一方面，在场景中开展技术应用转化更容易被用户感知和体验，激励用户参与创新，且新场景往往能创造新需求，进而实现从技术到产业的规模化发展。

新零售品牌盒马鲜生（以下简称"盒马"）是用户层面新零售场景驱动创新的典型探索。随着生鲜新零售的日益普及和消费需求的持续升级，消费者和社区对于生鲜食品消费的需求愈发聚焦于质量与安全性。盒马瞄准生鲜新零售发展的首要痛点，利用大数据、物联网、区块链等技术，进行社区生鲜新零售"人货场"等全场景赋能方案设计，推出"盒马溯源计划"。这一创新使消费者在盒马应用（APP）上能够对肉食、蛋奶、蔬菜、水果、水产等常见生鲜品类商品进行全链路溯源，引发消费者在食品安全方面的共鸣，以此吸引消费者体验和购买产品或服务。

| 第五章 |
场景驱动创新的理论创新与重点议题

　　顺应数字经济时代科技创新的新特征与科技成果转化的新趋势，以及国家、区域、产业和组织高质量发展对新的创新范式的呼唤，在系统回顾传统技术创新范式的基础上，针对数字时代高度不确定性、高度复杂性给技术创新理论与范式带来的变化及挑战，基于整合观和系统观，瞄准未来发展场景和愿景需求，结合领先企业、产业和区域创新管理实践的经验与案例，提出一种全新的创新范式——场景驱动创新，即以场景为载体，以使命或战略为引领，驱动技术、市场和创新要素有机协同整合与多元化应用。

　　场景驱动创新的贡献主要表现在以下方面：

　　首先，从技术创新与科技成果转化角度，在系统回顾传统技术创新范式演进的基础上，针对数字经济时代对现有范式提出的挑战，结合东方哲学中的整合观与系统观，提出"场景驱动创新"这一独特创新范式，即应用场景支撑和使命战略牵引下的技术创新与场景需求的双轮驱动。场景驱动创新是顺应数字经济发展，满足企业技术创新管理需求及支撑产业韧性增强、区域协调发展和科技强国建设的原创性理论范式，也是进一步优化企业和产业全球创新引领力、提升区域和国家科技创新能力、推动人类命运共同体建设的创新政策设计与实战思维。

　　其次，场景驱动创新强调场景驱动及使命引领的意义，具有引领性、战略性、多样性、精准性、整合性、强韧性等六大特征。对于理解中国重要科技领域和新兴领域的创新实践，帮助企业管理者和政策制定者基于场景与战略的技术创新能力提升策略，实现未来洞见和前沿引领具有重要实践价值。

最后，场景驱动创新提供了面向政策的启示，对国家和政府部门瞄准重大场景，优化顶层战略设计、完善科技创新政策，从而对实现高水平科技自立自强具有重要意义。场景驱动创新对我国科学探索、工程科技、民生安全等领域创新发展意义重大，是数字时代我国在重大科技创新领域取得原始性创新突破、赢得全球领先优势的经验升华，也是指导我国在未来完善国家、区域和产业创新体系，强化战略性新兴产业和未来产业优势，促进量子通信、航空航天、人工智能等领域重大技术突破，进而实现从创新追赶到创新引领这一关键转型的重要思维范式和政策着眼点。

目前场景驱动创新范式已引起学术界、企业界和科技政策领域的广泛关注，但仍面临突出实践难点，如场景选择与设计中对社会价值的重视不足、场景生态治理体系缺失，以及政策难点如数字技术和数字场景打破社会领域界限带来新秩序并引发新矛盾，需要进一步深化理论建构、实践探索和政策引导。对此，还应在开展场景驱动创新时，深化对场景多重特征的理解，强化使命和战略视野，关注国家、区域、产业、组织、用户间的价值共创共生。未来，场景驱动创新应加强对社会新型议题和发展趋势（如老龄化、气候变暖、共同富裕等）的重视。同时，进一步关注宇宙起源、地外生命探索等面向人类文明的场景，以场景驱动国际合作创新和人类命运共同体担当。

本篇主要参考文献

[1] 陈劲，阳镇，朱子钦.新型举国体制的理论逻辑、落地模式与应用场景 [J].改革，2021（5）：1-17.

[2] 尹西明，陈泰伦，陈劲，等.面向科技自立自强的高能级创新联合体建设 [J].陕西师范大学学报（哲学社会科学版），2022，51（2）：51-60.

[3] 王玉荣，李宗洁.互联网＋场景模式下反向驱动创新研究 [J].科技进步与对策，2017，34（20）：7-14.

[4] 江积海，阮文强.新零售企业商业模式场景化创新能创造价值倍增吗？ [J].科学学研究，2020，38（2）：346-356.

[5] 尹西明，王新悦，陈劲，等.贝壳找房：自我颠覆的整合式创新引领产业数字化 [J].清华管理评论，2021（Z1）：118-128.

[6] 李健，渠珂，田歆，等.供应链金融商业模式、场景创新与风险规避——基于"橙分期"的案例研究 [J].管理评论，2022，34（2）：326-335.

[7] 尹西明，陈劲.产业数字化动态能力：源起、内涵与理论框架 [J].社会科学辑刊，2022（2）：114-123.

[8] 朱志华.场景驱动创新：科技与经济融合的加速器 [J].科技与金融，2021（7）：63-66.

[9] 陈劲.加强推动场景驱动的企业增长 [J].清华管理评论，2021（6）：1.

[10] 张华胜，薛澜.技术创新管理新范式：集成创新 [J].中国软科学，2002（12）：7-23.

[11] 丘海雄，谢昕琰.企业技术创新的线性范式与网络范式：基

于经济社会学视角 [J]. 广东财经大学学报，2016，31（6）：16-26.

[12] LYNN L H, MOHAN REDDY N, ARAM J D. Linking technology and institutions: the innovation community framework[J]. Research Policy, 1996，25（1）：91-106.

[13] 柳卸林，何郁冰. 基础研究是中国产业核心技术创新的源泉 [J]. 中国软科学，2011（4）：104-117.

[14] KUKUK M, STADLER M. Market Structure and Innovation Races / Marktstruktur und Innovationsrennen[J]. Jahrbücher für Nationalökonomie und Statistik, 2005：225.

[15] KLINE S J, ROSENBERG N. An Overview of Innovation. The Positive Sum Strategy: Harnessing Technology for Economic Growth[M]. Washington DC: National Academy Press, 1986.

[16] 陈劲，尹西明，梅亮. 整合式创新：基于东方智慧的新兴创新范式 [J]. 技术经济，2017，36（12）：1-10，29.

[17] 俞荣建，李海明，项丽瑶. 新兴技术创新：迭代逻辑、生态特征与突破路径 [J]. 自然辩证法研究，2018，34（9）：27-30.

[18] 尹本臻，邢黎闻，王宇峰. 场景创新，驱动数字经济创新发展 [J]. 信息化建设，2020（8）：54-55.

[19] 王新刚. 场景选择与设计：内外兼修方得正果 [J]. 清华管理评论，2021（6）：80-86.

[20] OWEN R, MACNAGHTEN P, STILGOE J. Responsible Research and Innovation: From Science in Society to Science for Society, with Society[J]. Science and Public Policy, 2012（39）：751-760.

[21] 莫祯贞，王建. 场景：新经济创新发生器 [J]. 经济与管理，

2018，32（6）：51–55.

[22] KENNY D, MARSHALL J. Contextual marketing: The real business of the Internet[J]. Harvard business review, 2000（78）: 119–125.

[23] 孙艳艳，廖贝贝 . 冬奥场景驱动下的北京国际科创中心建设路径 [J]. 科技智囊，2022（5）：8–15.

[24] 刘昌新，吴静 . 塑造数字经济：数字化应用场景战略 [J]. 清华管理评论，2021（6）：92–96.

[25] 陈春花 .2022 年经营关键词 [J]. 企业管理，2022（2）：11–13.

[26] 李高勇，刘露 . 场景数字化：构建场景驱动的发展模式 [J]. 清华管理评论，2021（6）：87–91.

[27] 钱菱潇，王荔妍 . 绿色场景创新：构建数字化驱动的发展模式 [J]. 清华管理评论，2022（3）：34–41.

[28] 邹波，杨晓龙，董彩婷 . 基于大数据合作资产的数字经济场景化创新 [J]. 北京交通大学学报（社会科学版），2021，20（4）：34–43.

[29] 尹西明，林镇阳，陈劲，等 . 数据要素价值化动态过程机制研究 [J]. 科学学研究，2021，40（2）：220–229.

[30] 尹西明，林镇阳，陈劲，等 . 数字基础设施赋能区域创新发展的过程机制研究——基于城市数据湖的案例研究 [J]. 科学学与科学技术管理，2022：1–18.

[31] SHARMA R S, YANG Y. A Hybrid Scenario Planning Methodology for Interactive Digital Media[J]. Long Range Planning, 2015, 48（6）: 412–429.

[32] 卢珊，蔡莉，詹天悦，等 . 组织间共生关系：研究述评与展

望 [J]. 外国经济与管理，2021，43（10）：68-84.

[33] 陈春花. 价值共生：数字化时代新逻辑 [J]. 企业管理，2021（6）：6-9.

[34] 陈春花，朱丽，刘超，等. 协同共生论：数字时代的新管理范式 [J]. 外国经济与管理，2022，44（1）：68-83.

[35] 陈劲，陈红花，尹西明，等. 中国创新范式演进与发展——新中国成立以来创新理论研究回顾与思考 [J]. 陕西师范大学学报（哲学社会科学版），2020，49（1）：14-28.

[36] 陈春花，刘祯. 水样组织：一个新的组织概念 [J]. 外国经济与管理，2017，39（7）：3-14.

[37] 陈春花，朱丽，钟皓，等. 中国企业数字化生存管理实践视角的创新研究 [J]. 管理科学学报，2019（10）：1-8.

[38] 万碧玉. 应用场景驱动下的数字孪生城市 [J]. 中国建设信息化，2020（13）：48-49.

[39] 徐顽强. 数字化转型嵌入社会治理的场景重塑与价值边界 [J]. 求索，2022（2）：124-132.

战略与方法篇

| 第六章 |

场景驱动关键核心技术突破的战略
与路径

　　加强企业主导的产学研深度融合是中国式现代化新征程中实现高水平科技自立自强的核心议题，然而鲜有研究关注创新联合体驱动智能计算等"大国智器"关键核心技术突破的过程机制。本章立足数字时代科技自立自强的国家战略需求，基于新型国家创新体系理论和创新联合体视角，以智能计算领域以创新联合体形式培育的国家战略科技力量——之江实验室为例，采用纵向单案例研究方法，从资源汇聚、主体协同、人才激励、成果转化、生态融通多维度深入分析由之江实验室牵头的智能计算创新联合体，如何通过同题共答、联创一体，探索形成"创新联合体的联合体"驱动智能计算关键核心技术突破的路径和新机制，进一步提炼了创新联合体驱动关键核心技术持续突破的理论框架。本章的案例研究，为数字时代瞄准国家使命，优化国家战略科技力量体系，加强场景驱动、企业主导的产学研深度融合，积聚力量进行原创性引领性科技攻关，实现高水平科技自立自强和做优做强做大数字经济提供重要理论和实践启示。

一、高质量发展呼唤关键核心技术突破新机制

新一轮科技革命和产业变革正在加速重构全球创新版图，要想在未来发展和国际竞争中赢得战略主动，需要把握智能计算、人工智能等新科技革命浪潮，加强关键核心技术攻关，加快实现高水平科技自立自强。创新联合体是突破关键核心技术"卡脖子"问题、破解产学研协同创新瓶颈问题、强化国家创新体系效能、加快打造原创技术策源地和科技成果场景化应用的重要载体、有效途径与组织模式。国家"十四五"规划提出，要"强化企业创新主体地位，促进各类创新要素向企业集聚。推进产学研深度融合，支持企业牵头组建创新联合体"。2022年4月，国资委召开中央企业创新联合体工作会议，强调要"强化企业创新主体地位，加快关键核心技术攻关和原创技术策源地建设，打造创新联合体升级版"。2023年4月，习近平总书记主持召开二十届中央深化改革委员会第一次会议，强调要"推动形成企业为主体、产学研高效协同深度融合的创新体系"，并在二十届中央财经委员会第一次会议上强调要"加强关键核心技术攻关和战略性资源支撑，从制度上落实企业科技创新主体地位"。2023年7月，习近平总书记在江苏考察时进一步指出"中国式现代化关键在科技现代化"，并强调要进一步强化企业科技创新主体地位，加强企业主导的产学研深度融合。

针对创新联合体的实践探索，尹西明、陈劲、蔡笑天等学者指出目前仍存在创新联合体的治理机制不清晰、有组织的研发能力亟待提升，以及企业参与共建创新联合体的主观能动性不强等问题。学术界近年来开始关注企业在创新联合体组建和运营中的角色和作用，关注企业牵头创新联合体的发展现状、问题、对策以及合作网络，但少有研究关注企业参与共建的创新联合体突破关键核心技术"卡脖子"的问题、实现科技成果转化、强化国家战略科技力量体系化协同、解决

国家重大需求的过程机制和经验模式。

在此背景下，本章立足中国式现代化新征程中实现高水平科技自立自强和数字中国的国家战略需求场景，基于国家创新体系理论和创新联合体视角，以国家智能计算领域的典型创新联合体和国家战略科技力量——之江实验室为例，采用纵向案例研究方法，从"资源汇聚—主体协同—人才激励—成果转化—生态融通"的系统性视角，深入分析了创新联合体通过同题共答的模式驱动关键核心技术突破的路径和机制。在此基础上，本章提炼了创新联合体驱动智能计算关键核心技术持续突破的理论框架，提出了突破关键核心技术"卡脖子"问题的新模式与新理论。

二、关键核心技术突破的相关概念与理论研究

（一）关键核心技术及其突破机制

关键核心技术是由行业技术领先主体设计并构建、在技术体系或产业链发挥关键作用且居于核心地位、其他主体在短期内难以模仿和掌握、具有稀缺独占性的技术体系。学术界关于关键核心技术的理论研究尚处于初步阶段，学者们分别从不同角度对关键核心技术的概念、特征及突破机制等基本理论问题展开了相关研究。目前，关键核心技术突破研究主要关注半导体、高档数控机床、高速列车、集成电路等传统制造业领域，例如，吴晓波等总结提出了八种后发半导体企业的突破路径，并进行了相应资源、能力和策略的分析和讨论。刘云等基于复杂产品系统的视角，对我国高档数控机床技术追赶的特征、机制与发展策略进行了探讨。谭劲松等认为高速列车关键核心技术的突破包括四个主要环节，核心企业需要针对不同环节的技术特征，与创新生态系统成员构建适配的多元耦合网络。刘建丽等认为，我国集成电

路产业的关键核心技术突破应采取非对称竞争战略，规避常规竞争路线。然而，当前鲜有对智能计算、人工智能、智能感知、智能网络和智能系统等新兴领域的关键核心技术及其突破的研究。

（二）国家创新体系与使命驱动型创新

国家创新体系是由政府和社会各部门组成的一个组织和制度网络，它们的活动旨在推动技术创新，主要由企业、科研机构和高校以及致力于技术和知识转移的中介机构构成，其中企业是创新体系的核心。目前，学术界在国家创新体系的概念、形成、发展沿革、理论框架等方面取得了较为丰富的研究成果，并在此基础上，对国家创新体系与创新政策的关系、研究态势、提质增效路径等方面开展了相关研究。目前，国家创新领域研究更加偏向于定性的研究范式，案例研究等广义实证研究范式较少，且相关案例研究的主题主要为中国、美国、日本、英国等国的创新体系运行机制、创新模式对比，以及建设经验与启示，针对我国国家创新体系中各构成主体特别是企业的作用，以及对于如何强化企业科技创新主体地位、推动关键核心技术突破、强化国家战略科技力量体系化布局的相关研究较少。

"使命驱动型创新"（Mission-Oriented Innovation）理论强调政府对创新的作用不仅仅是简单地修复市场失灵，而是要创造新的市场或新的机会，强调创新中政府的制度性供给作用（国家应该具有"企业家"职能）。马祖卡托（Mazzucato）等认为使命驱动型创新通常针对明确的问题或重大挑战，是跨学科、战略性、探索性和突破性的，具有重大影响和明确的时间框架。而福雷（Foray）等认为它是一个不断变化的复杂过程，解决社会挑战的必要性已经让位于被称为新一代使命驱动的创新。目前，我国关于使命驱动型创新的研究尚处于起步阶段。在理论研究方面，张学文等对使命驱动型创新的源起、理论依据、政策逻辑与基本标准等进行了初步的理论探索，构建了激发企业内生动力的使命驱动型创新政策体系的基本架构。在案例研究方面，李树文等以生物医药企业为研究对象，揭示了在使命驱动情境下科创企业产品突破性创新实现的路径。张学文等以华为公司为研究对象，论证了在使命驱动下科技领军企业助力科技自立自强的理论逻辑及实现路径。总体而言，不论是在理论依据还是在案例分析方面，使命驱动型创新理论仍存在较大的研究缺口。

（三）协同创新与创新联合体

协同创新是以知识增值为核心，企业、政府、知识生产机构（大学或研究机构）、中介机构和用户等主体为了实现重大科技创新而开展的大跨度整合的创新组织模式。目前，学术界在协同创新的概念、内涵、理论框架、创新机制、创新规律等方面取得了较为丰富的研究成果。此外，在协同创新与关键核心技术攻关的联系方面，张贝贝等构建了关键核心技术产学研协同创新机理的系统框架，揭示产学研非线性互动协同创新规律。许学国等以企业和学研机构为博弈主体构建在产学研协同模式下关键核心技术创新演化博弈模型，系统探讨影响博弈双方合作策略选择的关键因素及其驱动机制。

创新联合体是由创新型领军企业牵头组建的一种市场化的新型举国体制的探索形式，使命在于承担并完成符合国家战略需求的研发任务。目前，我国关于创新联合体的学术研究处于起步阶段，国内学者针对创新联合体的概念界定、政策内涵、组建路径、动力机制和合作博弈进行了初步探索，并对各参与主体在创新联合体的建设与运营阶段的角色和作用，以及创新联合体的治理机制、研发机制和成果转化机制进行了初步研究。

综上所述，目前学术界少有研究关注政府引导支持下企业主导的产学研深度融合体系及创新联合体对关键核心技术突破的驱动机制，尤其是鲜有学者探究数字经济时代针对"大国智器"——智能计算领域关键核心技术突破的联合体机制。对此，亟须针对数字时代企业如何通过共建创新联合体，发挥新型举国体制优势，加快关键核心技术突破的过程机制开展系统性的研究，推动实现有组织的科研，强化企业科技创新主体地位，加强企业主导的产学研深度融合，突破关键核心技术"卡脖子"问题，强化国家战略科技力量体系化布局和协同效能，加快实现高水平科技自立自强。

三、研究方法与案例简介

（一）研究方法

本章采用纵向单案例研究方法，主要原因如下：第一，本章旨在研究创新联合体驱动关键核心技术攻关的机制研究，我国关于创新联合体和关键核心技术攻关的学术研究目前处于起步阶段，尚未形成系统、逻辑严密的理论体系，案例研究方法适合用于探索事件背后的"为什么"和"如何"问题；第二，由于创新联合体驱动关键核心技术攻关的过程具有复杂性的特点，纵向单案例研究有利于根据详细证据，从多维度、多视角呈现创新联合体驱动关键核心技术突破的全过程，挖掘、凝练关键核心技术突破背后隐藏的理论逻辑，有助于提高研究的内部效度。

（二）案例选择

1.案例选择原则

首先，本章选择了我国智能计算领域作为案例研究场景。选择该

领域是因为在"人—机—物"三元融合的万物智能互联时代，计算是
基础之基础，智能计算技术是事关发展全局和国家安全的关键核心技
术，属于新一轮人工智能革命的核心技术和"大国智器"。党和国家
领导人多次强调要面向世界科技前沿和国家重大战略需求，以目标导
向和重大应用场景为牵引，充分发挥智能计算体系优势，进一步做强
做大智能计算技术底座，在事关发展全局和国家安全的智能计算领域
形成关键核心技术攻关能力，更好地赋能科学研究、经济发展、社会
治理和国家安全等领域快速发展。

其次，本章遵循理论抽样原则，选取了我国智能计算领域的典型
创新联合体——之江实验室作为案例研究对象。案例筛选原则如下：
第一，案例的典型性。之江实验室是由浙江省人民政府、浙江大学、
阿里巴巴集团共建的创新联合体式的新型研发机构，是国家战略科技
力量的重要组成部分。成立以来，在服务国家重大战略需求，解决智
能计算领域的关键核心技术"卡脖子"问题和实现国产替代，瞄准世
界一流推动科学进步，在共性关键技术和平台攻关等方面快速取得了
一系列重要成果。2020 年 6 月，之江实验室纳入国家实验室体系，主
攻智能计算方向。第二，数据的可获得性。之江实验室在网络上具有
丰富的可获得数据，使研究具备可行性；本研究团队长期关注且多次
调研，通过多渠道掌握了一手访谈和档案资料，能够支撑创新联合体
驱动关键核心技术突破的分析和研究。

2. 案例简介

之江实验室成立于 2017 年 9 月，坐落于杭州城西科创大走廊核心
地带。之江实验室以"打造国家战略科技力量"为使命，在发展历程
中不断迭代，明确了以智能计算为核心，人工智能、智能感知、智能
网络和智能系统互为支撑的科研主攻方向，着力推进建设国际一流的
智能感知研究与实验中心、国际一流的人工智能创新中心、国际一流
的智能科学与技术研究中心和全球领先的智能计算基础研究与创新高

地。之江实验室于 2020 年获批首批浙江省实验室，2021 年被纳入国家实验室体系，上升为国家战略科技力量。之江实验室的首任主任是浙江大学党委副书记朱世强，现任主任是曾任阿里巴巴集团技术委员会主席的中国工程院院士王坚。截至 2023 年 6 月，创新人才规模超过 4000 人，其中全职人才超过 2200 人，聚集了两院院士、海外院士 20 人，形成了国内领先的专家学者梯队。

之江实验室实行理事会领导下的主任负责制，建立了扁平化的管理服务与科研组织体系。以"一切围绕科研、全力服务科研"为核心，构建形成包括综合管理部、科研发展部、发展合作部、科研装置建设与管理部、人才工作办公室、总工程师办公室等部门组成的管理服务体系。围绕国家任务，优化布局了基础理论研究院、智能感知研究院、人工智能研究院、智能网络研究院、智能计算研究院、交叉创新研究院和智能装备研究院和相关研究中心，根据研究性质和实际需要，实行特色管理模式。

之江实验室聚焦国家数字经济使命要求和经济社会发展重大需求场景，以创新联合体为主要组织模式，在智能计算领域关键核心技术突破方面取得了一系列国际领先的标志性成就。

在服务国家重大战略需求方面，坚持"四个面向"，探索形成了以智能计算为核心，智能感知、人工智能、智能网络、智能计算和智能系统五大科研领域协同发展的科研布局，开展理论体系、技术体系、标准体系、软硬件平台、装备应用等全链路科学研究，集聚国内外顶尖科研团队和资源，建设大型科技基础设施和重大科研平台，建设开放协同的合作生态，为科学研究、数字经济、社会治理等领域提供新方法、新工具和新手段，抢占支撑未来智慧社会发展的战略高点。"智能计算理论、技术与标准体系建设及重大示范应用"和"跨媒体类人智能基础理论及关键技术研究"两项国家实验室重大科研任务已启动实施。截至 2023 年，之江实验室竞争性获批国家科技项目 139 项。部省联动实施"先进计算与新兴软件"国家重点研发专项,快速集聚全国智能计算领域的优质科技资源。在陆海空天等重大战略领域自主研制形成了一批切实解决重大问题的重大装备和科研成果,如某系统解决了水下"国门洞开"的问题;自主研制的领域专用智能计算机可有效赋能和提升战略领域装备计算能力、响应速度以及智能化水平。

在关键核心技术突破方面,围绕高端芯片、先进传感器、医学影像设备、量子精密测量等领域的"卡脖子"难题开展攻关,其中 28 个项目成果已实现技术指标世界领先、核心设备实现国产替代。如打造全球首台液冷混合精度千卡规模异构液冷智能计算机——"之江天目"异构智能计算机,突破多项关键技术;单核苷酸多态性(Single Nucleotide Polymorphism,SNP)基因检测芯片实现因美纳(Illumina)基因测序芯片的国产替代;高分辨超声显微成像系统实现芯片及电子元件无损检测、材料表面形貌构建,填补了国内相关核心技术的空白;基于光动量效应的极弱力和加速度测量装置技术自主可控、性能指标世界第一。

在推动科研范式变革方面,之江实验室瞄准科学智能(AI for Science)赛道,启动建设智能计算数学反应堆,以智能计算推动科学研究范式变革,基本走通了科学智能的技术、体系和组织道路,形成了一系列重要成果。作为以智能计算为主攻方向的高能级科创平台,之江实验室建有高等级的计算与数据中心。2023 年,之江实验室成为全国首批获批建设的 9 家国家新一代人工智能公共算力开放创新平台之一,之江实验室自主研发的之江瑶光智能计算操作系统入选首届"算力服务领航者计划"获奖名单。

在国内外创新影响力打造方面,2021 年,之江实验室智能超算研究中心牵头研发成功量子计算模拟器,提出近似最优的张量网络并行切分和收缩方法及混合精度算法,成为超算领域全球目前已知的最高混合精度浮点计算性能。该项目成果获得 2021 年度美国计算机协会

（Association for Computing Machinery，ACM）"戈登·贝尔奖"，该奖项
是国际上高性能计算应用领域的最高学术奖项，被称为"超算领域的
诺贝尔奖"。之江实验室牵头以创新联合体形式完成的"FAST 精细刻
画活跃重复快速射电暴"和"飞秒激光诱导复杂体系微纳结构形成新
机制"两项成果入选 2022 年度中国科学十大进展。

（三）数据收集

遵循案例研究中数据收集的实时性、回顾性和"三角验证"原
则，主要采用深度访谈、文献资料、档案记录等三种方法，在不同时
间阶段收集了多种类型的数据，并对不同来源的数据进行"三角验
证"，以保证研究结论的信度和效度。

1. 深度访谈

研究团队以召开专题座谈会、电话深度访谈等形式，与浙江省
科技管理部门、之江实验室的全职员工、之江实验室合作伙伴针对
创新联合体的运行机制及关键核心技术突破等研究主题进行沟通交
流，每次访谈、讨论的平均持续时间为 2 小时，访谈结束后及时记
录访谈资料，并通过微信、邮件和电话等形式进行信息补充和内容
核实。

2. 档案记录

主要包括之江实验室刊发的相关资料、合作协议、负责人采访
稿，以及对外主题发言或论坛分享等方面资料。

3. 文献资料

一是通过中国知网全文数据库、重要报纸全文数据库、年鉴、行
业协会公开出版物等检索与之江实验室相关的文献。二是通过百度搜
索与之江实验室相关的信息和资料。三是通过实验室官方网站、招聘
网站、微信公众号和政府相关主管部门网站、浙江大学官网、阿里

巴巴集团官网，以及智能计算行业协会网站了解之江实验室的相关信息。

四、案例分析与研究发现

（一）之江实验室组建过程

1. 使命导向的创新联合体启动

2016 年 5 月 30 日，习近平总书记在全国科技创新大会、两院院士大会、中国科协第九次全国代表大会上提出，"建立目标导向、绩效管理、协同攻关、开放共享的新型运行机制，建设突破型、引领型一体的国家实验室，成为攻坚克难、引领发展的战略科技力量"。浙江省率先响应中央号召，于 2017 年 8 月 21 日发布《浙江省人民政府关于成立之江实验室的通知》（以下简称《通知》），明确之江实验室的主攻方向是以重大科技任务攻关和大型科技基础设施建设为主线，以大数据和云计算为基础，以泛智能、强实时、高安全为抓手，以未来网络计算和系统、泛化人工智能、泛在信息安全、无障感知互联、智能制造技术为方向，开展重大前沿基础研究和关键技术攻关。

2. 任务导向、场景驱动的组建过程

2017 年 9 月 6 日，之江实验室正式挂牌成立。按照《通知》要求，实验室由浙江省政府牵头举办，聚焦数字经济领域国家重大战略需求场景和攻关任务，是具有独立法人资格、实体化运作的省政府直属事业单位，实行理事会领导下的主任负责制。《通知》明确，之江实验室"按照'一体、双核、多点'的架构组建，即以之江实验室为一体，以浙江大学、阿里巴巴集团为双核，集聚国内外高校院所、央企民企优质创新资源为多点形成创新网络"。2020 年 6 月，之江实验室被纳入国家实验室体系，主攻智能计算方向。2020 年 7 月，浙江省明确之江

实验室牵头建设智能科学与技术浙江省实验室。2021 年 6 月，之江实验室被正式纳入国家战略科技力量体系。之江实验室的发展历程与里程碑事件具体见图 6-1。

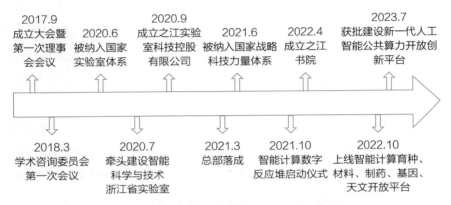

图 6-1　之江实验室的发展历程与里程碑事件

（二）之江实验室驱动关键核心技术持续突破的机制

之江实验室坚持国家使命导向、企业牵头主导、重大场景驱动创新联合体驱动项目、基地、人才、资金等要素一体化配置，推动实现产学研用多元主体围绕关键核心技术突破的共同目标任务实现深度协同，围绕创新目标，在资源汇聚、主体协同、人才激励、成果转化和生态融通等多维度方面开展体制机制创新，并开创性地探索出了"创新联合体的联合体"的创新模式。

1. 创新资源汇聚机制

之江实验室紧紧围绕"打造国家战略科技力量"总体目标，面向世界科技前沿和国家重大战略需求，通过大基地、大平台、大装置、大项目汇聚创新资源，着力推进高能级科技创新平台建设，以大兵团作战和矩阵化管理推进重大科技攻关，最大限度激发创新活力，充分发挥智能计算体系优势，在事关发展全局和国家安全的核心领域形成关键核心技术攻关能力。

大基地方面，之江实验室一期已建成启用。在杭州市和余杭区的大力支持下，按照"交钥匙工程"的要求，用地 613 亩（1 亩 ≈ 666.7 平方米）、建筑面积 61.4 万平方米的实验室一期于 2021 年 3 月正式启用，并实现绝大部分人员入驻开展工作。二期规划用地 745 亩，现已落实"三区三线"方案批复，正全力推进二期开工建设前期工作。

大平台方面，科研基础条件平台不断完善。一是微纳加工平台、声学实验室和材料实验室等 7 个基础条件平台已建成并投入使用。二是布局新增新建生物计算实验平台等 11 个科研基础条件平台。三是计算与数据中心已部署 1000 个机柜算力，正与各地超算中心、云计算中心等算力节点联合打造广域协同算力平台，整合算力可达每秒 1000 亿亿次浮点（10EFlops）运算，为科学研发夯实强大的算力底座。四是之江实验室·AI 莫干山基地超高灵敏精密测量实验室建设方案已完成设计论证。

大装置方面，大科学装置建设稳步推进。一是智能计算数字反应堆已完成一期建设，整合了超异构算力资源底座、异构算力聚合操作系统、系列公共算法库和领域专用计算工具等，完成了天文、育种、材料、制药、基因等 5 个数字反应堆应用平台部署。二是新一代工业控制系统信息安全大型实验装置已完成主要关键技术开发与工程验证，总体进度达 80%。三是多维智能感知中枢重大科技基础设施已完成多项平台方案论证并持续推进建设中。此外，实验室完成了超高灵敏极弱磁场与惯性测量重大科技基础设施初代原型机建设，2021 年纳入《国家重大科技基础设施"十四五"规划》，并根据省委省政府相关部署落户滨江。

大项目方面，服务国家重大战略需求取得实效。之江实验室的

"智能计算理论、技术与标准体系建设及重大示范应用"和"跨媒体类人智能基础理论及关键技术研究"两项国家实验室重大科研任务已启动实施。部省联动实施"先进计算与新兴软件"国家重点研发专项，快速集聚全国智能计算领域的优质科技资源，形成良好的科研合作生态。紧扣国家战略需求自主策划实施一批重大攻关任务，成为争取国家任务的有力抓手。

2. 创新主体协同机制

之江实验室瞄准国家使命和世界智能计算前沿，充分发挥浙江大学高水平研究型大学技术需求驱动、阿里巴巴集团等世界级企业市场需求驱动的优势，以"实现高水平科技自立自强"使命为牵引，以"打造国家战略科技力量"目标为导向，以"重大任务和关键核心技术突破"任务为驱动，发挥多主体协同创新优势，构建多领域大兵团作战、分布式协同攻关的科研组织形态，以"有组织的科研"和"共同出题共同答"的协同攻关机制，摒弃短期主义，聚焦解决长远关键核心技术"卡脖子"问题，提升服务国家战略能力。

一是建立"高原造峰"科研攻关机制。之江实验室以重大任务为牵引、以先进科研基础设施为吸引，通过共建联合研究中心、发起国际科学合作计划、项目联合攻关、联合培养研究生等多种形式，已与全球 200 余家知名高校、科研院所、行业龙头企业构建创新联合体。例如，与中国科学院合作成立先进计算机研究中心、传感材料与器件研究中心等，联合承接国家项目 7 项；牵头发起并正式启动生物计算国际合作科学计划（BioBit Program），携手伦敦大学、华盛顿大学、以色列理工学院等国际顶尖科研力量，共同开展生物计算创新探索研究，首批已遴选资助 9 个项目，赋能生命健康、新材料、环境等多领域发展。

二是形成"共同出题、联合攻关"模式。之江实验室已与燧原科技、富通集团、杭钢集团、云象网络、奇安信、中国联通、集智股份、建设银行、中科曙光等一批行业龙头企业和科技公司达成战略合作，开展面向数字经济和产业创新的联合技术攻关，构建起紧密协同的产学研创新联合体。其中，分别与燧原科技、富通集团和杭钢集团合作成立实体创新研究中心。

之江实验室的创新主体协同机制具体见图6-2。

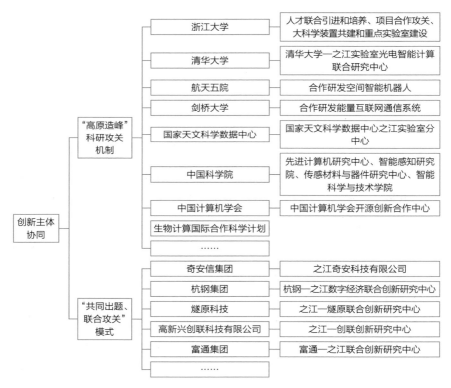

图6-2 之江实验室创新主体协同机制

3. 创新人才激励机制

引进机制方面，之江实验室坚持人才引育并重，以首位战略汇聚首要资源。之江实验室制定出台并深入实施《之江实验室人才工作改革方案》，一是工作机制上，构建形成由人力资源委员会统筹指导，引才专班全面推进，研究院（中心）人才工作小组深度参与的"三位一体"协同引才机制，大幅提升引才工作的效率和精准性。二是平台建设上，多渠道合作推进全球引才基地建设，已建立中国香港引才基地，推进欧洲、北美两个海外引才基地建设，初步构建形成以特聘专家或引才大使为核心的海外引才点工作模式。

聘用机制方面，之江实验室以多元化的方式引进配备科研人员，构建"内引外联"的聚才模式。一是实行以科研任务为导向的全员聘用制，摒弃对人才"帽子"的偏好和依赖，坚持将个人能力作为核心判定标准，推行市场定价、按岗选聘、以岗定约、履约取酬的人才选任机制。二是探索"共享引才"，与国内顶尖高校院所建立联合引才与人才互聘工作机制，推行全职双聘、项目聘用等灵活用人方式。三是多元"专项引才"，开设特聘专家、访问学者等专项通道，对关键领域鼓励团队整体导入、首席研究员（Principle Investigator，PI）项目组阁引进，对于重大战略任务急需、领域稀缺的顶尖人才和特殊人才，采取一事一议的方式，定制引才"政策包"，整合集聚相关领域内最优质科研力量。四是人才高地"飞地引才"，在国内智能领域人才集聚地设立研发分中心，借助地缘优势提供驻点引才服务。五是内部"以才引才"，建立"全员引才"工作模式，以"软引导＋硬指标＋强激励"的组合棒激活内部人才关系网络。通过多元引才机制，形成"全职＋流动"比例优配，为开展重大科研任务提供充足人员保障。

考评激励机制方面，以"重实干、重实绩、重实效"的绩效考评机制激发最强动能。组织层面上，建立形成以目标管理为主线的组织绩效考评机制。围绕实验室整体发展目标，以研究中心为考评单元，形成以年度重点工作任务、科研关键绩效指标、重大科研任务、人才关键绩效指标、成果经济社会效益等为基本维度的绩效评价体系，根据不同科研单元的研究性质和研究领域的创新规律，探索建立分类考核评价机制。在个体层面上，建立形成以贡献论英雄的人才考评机制。不把各类人才计划或项目作为实验室人才评价、项目评审的前置条件和主要依据。探索实行科研人员"基础积分制＋考核制"的综合评价方法，以基础积分衡量成果的创新质量和实际贡献，以考核反映年度工作任务的完成情况及团队贡献、关键行为、思想品德等，用于绩效奖励和常规晋升工作。将绩效考评结果应用于绩效奖金、薪酬调整、岗位调整等，打破了传统科研机构的"铁饭碗"模式。开辟青年人才成长绿色通道，优化职称评审标准，进一步鼓励员工参与自设项目、担任重要学术职务，支持"青年人才挑大梁"，加速优秀青年人才成长。

培养机制方面，之江实验室依托之江书院等实体平台扶持优秀青年人才成长，通过系统性科研实战和工程化项目淬炼加速年轻人成长成才。2022 年 4 月 15 日，之江实验室成立之江书院，打造系统集成的人才自主培养实体化运行平台。之江书院由之江实验室人力资源部（育才工作办公室）统筹整体建设运行，书院下设教学委员会及管理服务机构，开发形成"理论＋实战"相结合的多模块课程体系，分层分类推进员工专项培训与快速成长。之江实验室的创新人才激励机制具体见图 6-3。

4. 创新成果转化机制

科技成果转化是之江实验室支撑国家重大战略、打造科技产业创新样板、促进地方经济高质量发展的重要手段。实验室扎实围绕国家重大使命型场景和数字经济发展的海量市场化场景，推进成果转移转化和产业化，逐步形成了具有之江特色的四链深度融合成果转化体系，采取"沿途下蛋、择机开花"模式，初步实现了从"卖果实"到"共种果树"的成果转化方式转变，整合"出题人—答题人—阅卷人—应用者"的多元主体角色，跨越成果转化的"死亡之谷"和"达尔文之海"，打破篱笆墙，建立起创新闭环，已在网络安全、精密装置等多

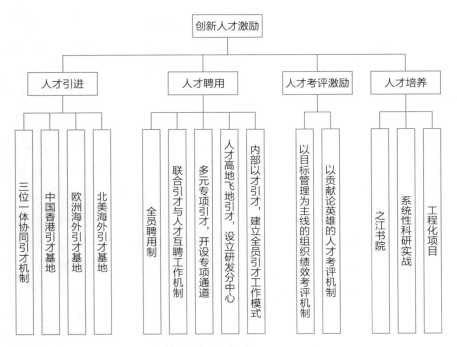

图6-3 之江实验室的创新人才激励机制

个场景转化一批具有影响力的科技成果。

一是采取"沿途下蛋，择机开花"的模式推进成果转化，截至2023年6月，有13个项目正稳步推进成果转化。二是建设成果转化与产业化平台推进成果转化。以之江实验室科技控股有限公司作为实验室成果转化的持股管理和运行平台，负责科技成果产业化以及作为未来"之江系"科技产业的发展平台，为"之江系"的各类创新项目提供从前期需求到成果培育、商业运作全过程全产业链的增值服务与支持。同时，向未来教育、文化创意、智慧金融、战略新兴产业和未来产业，与杭钢集团、中国美院、浙江省农商行、浙江省国资委等联合打造一批产业化平台。立足区域创新发展和产业培育需求，谋划了南湖智能产业创新平台等一批区域性合作平台，同步推进"先进制造工艺与装备概念验证中心"等一批工程技术中心和概念验证中心的建设，打通成果转化全链条。针对成果转化前端融资难的问题，组建杭州之科创业投资管理有限公司，发起浙江"之科创新发展基金"，引领撬动金融资本投入成果转化，助力成果转化落地开花。之江实验室的创新成果转化机制具体见图6-4。

5. 创新生态融通机制

之江实验室充分发挥浙江大学高水平研究型大学技术需求驱动、阿里巴巴集团世界级企业市场需求驱动的优势，与全球200余家知名高校、科研院所、行业龙头企业构建创新联合体，组织领域科学家、计算科学家与工程师团队紧密融合的优势团队，在已有的科研基础上"高原造峰"，向"高原无人区"集智协同攻关，打造多学科交叉融合、多领域知识体系相互赋能的开放创新生态，让机构、人才、装置、资金、项目都充分活跃起来，建设集基础研究、应用基础研究及关键技术攻关、科技成果转化于一体的枢纽型创新高地，发展高效强大的共性技术供给体系，提高科技成果转移转化成效。

实验室积极拓展多元经费投入方式，构建大合作生态体系和多元化投入保障机制。一是以之科控股作为实验室持股平台，推进成果转化产业化及作价入股新设企业，通过股权增值和公司经营利润上缴，反哺实验室。以"之科创新发展基金"吸引汇聚头部基金投资之江系成果转化公司，以融促产、产融结合，服务实体经济，推进形成以之科创投基金为引领、共生共荣的基金生态。二是引入社会资本共同投入研发。通过与合作方共同投入经费进行研究开发及技术应用，使得科研项目从基础研究阶段就有社会资本共同投入研发。

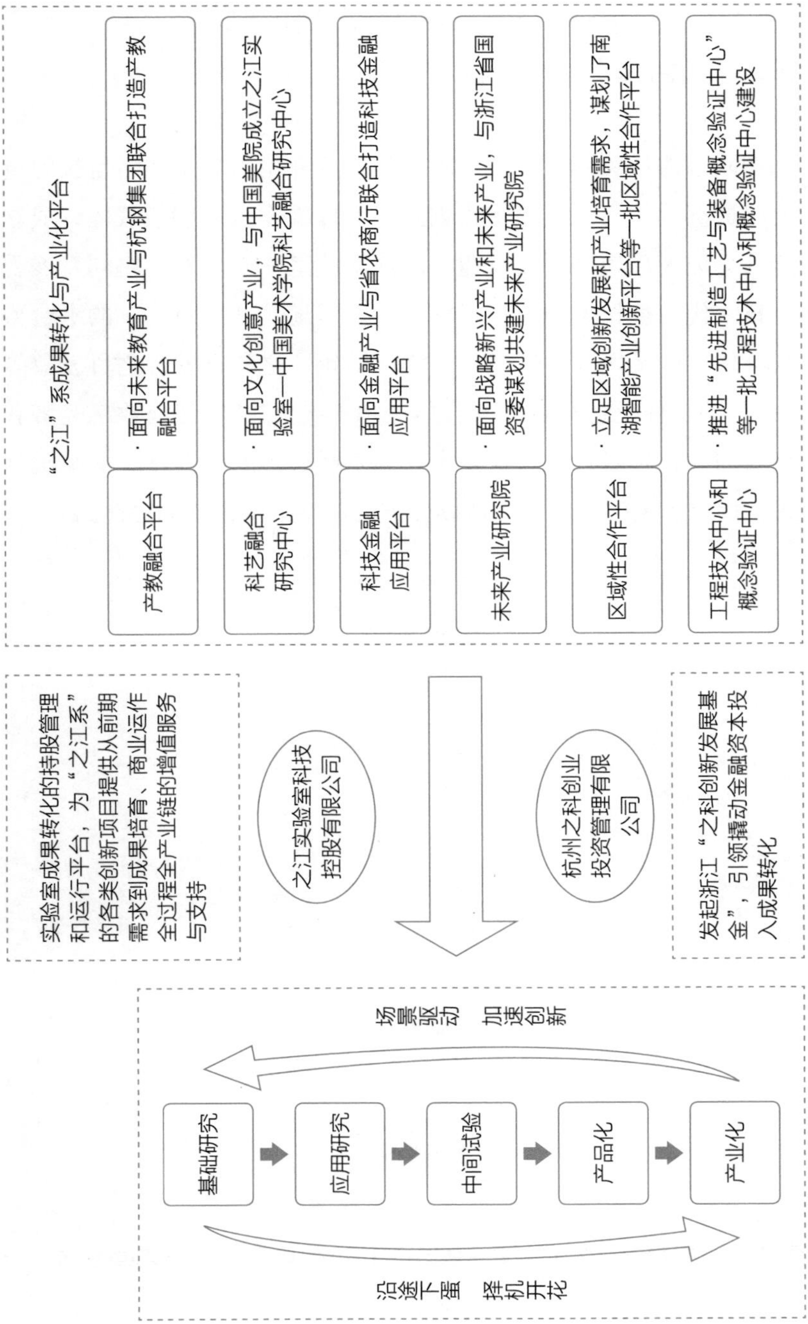

"之江"系成果转化与产业化平台

产教融合平台	· 面向未来教育产业与杭钢集团联合打造产教融合平台
科艺融合研究中心	· 面向文化创意产业，与中国美院成立之江实验室—中国美术学院科艺融合研究中心
科技金融应用平台	· 面向金融产业与省农商行联合打造科技金融应用平台
未来产业研究院	· 面向战略新兴产业和未来产业，与浙江省国资委谋划共建未来产业研究院
区域性合作平台	· 立足区域创新发展和产业培育需求，谋划了南湖智能产业创新平台等一批区域性合作平台
工程技术中心和概念验证中心	· 推进"先进制造工艺与装备概念验证中心"等一批工程技术中心和概念验证中心建设

实验室成果转化的持股管理和运行平台，为"之江系"的各类创新项目提供从前期需求到成果培育、商业运作全过程全产业链的增值服务与支持

之江实验室科技控股有限公司

杭州之科创业投资管理有限公司

发起浙江"之科创新发展基金"，引领撬动金融资本投入成果转化

基础研究 → 应用研究 → 中间试验 → 产品化 → 产业化

场景驱动 加速创新

沿途下蛋 择机开花

图6-4 之江实验室的创新成果转化机制

（三）推动核心技术持续突破的体制机制新探索："创新联合体的联合体"

创新联合体是关键核心技术攻坚战的战斗主力，是战略科技力量的重要组成部分。之江实验室将创新联合体视作重要创新载体，成立了智能计算数字反应堆创新联盟、之江实验室—知名浙商协同发展委员会、新一代信息技术国家技术标准创新基地等"一对多"的平台型创新联合体，以及之江—燧原、之江—杭钢、之科奇安、之科云象等"一对一"的实体化运行创新联合体（图6-5），开展面向数字经济和产业创新的联合技术攻关，探索出"创新联合体的联合体"的新机制新模式，形成了关键核心技术持续突破的新型举国机制的之江路径。

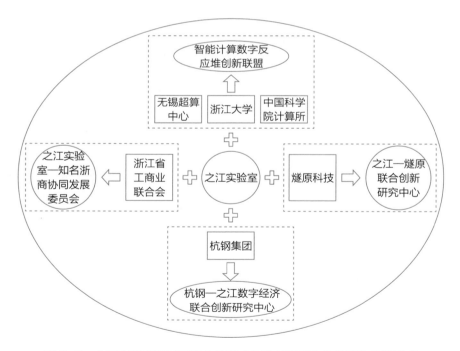

图6-5 之江实验室以创新联合体形式打造创新联合体集群的典型模式

1. 智能计算数字反应堆创新联盟

之江实验室团队以构建智能计算领域国家战略科技力量为使命，以实现智能计算的"中国定义"为目标，联合浙江大学、中科院计算所、无锡超算中心等国内优势单位，建立了关于智能计算的理论体系，提出了智能计算的框架体系，设计并建设了智能计算数字反应堆重大装置，开发了开源开放平台，建立了紧密合作广泛协同的创新联合体，快速构建了智能计算的体系性优势，在激烈的国际竞争中抢占了智能计算的高地，取得了一批重大理论成果和创新应用成果，为实现智能计算的"中国定义"奠定了坚实的基础。

2. 之江实验室—知名浙商协同发展委员会

为吸引更多社会力量参与之江实验室建设，打造政产学研深度融合的创新生态，之江实验室与浙江省工商业联合会建立战略合作关系，成立之江实验室—知名浙商协同发展委员会。以之江实验室—知名浙商协同发展委员会为抓手，以之江实验室的协同创新生态建设为契机，利用产业链上下游协同联合"补链"。在数字安防、汽车及零部件、绿色石化、现代纺织等具有国际竞争力的浙江省优势领域中寻找与之江实验室主攻领域的交集并与核心结成产业联盟，开展产业链上"断点""堵点"的科研协同攻关。利用之江实验室在工业机器人研发上的技术优势和人才优势，深度参与浙江省传统制造业的智能化、绿色化、高端化升级。

3. 之江—燧原联合创新研究中心

这一中心是之江实验室围绕智能计算的"算力"自主可控这一核心方向打造的创新联合体，专注于芯片、智算集群、软件系统和应用生态等领域的研究和发展，探索"应用研究倒逼基础研究、基础研究引领应用研究"的产研合作新范式，集聚一批高端科技人才、储备一批前沿科技项目、产出一批重大科技成果，形成一批重大示范应用，带动一批新兴产业发展，为我国智能计算算力科技自立自强贡献力量。

4.杭钢—之江数字经济联合创新研究中心（智能教育研究中心）

这一创新联合体于2020年7月由杭钢集团与之江实验室联合成立，聚焦职业教育场景，围绕未来教育打造"长三角产教融合职教云平台"。利用人工智能新一代数字技术，重点打造实训与就业智能撮合、数字教学资源分享、双师互聘、远程能力考评、教学设备设施云端共享等功能，通过数字化、智能化校企多边合作，服务于职业教育"产、教、训"的有机融合和卓越工程师的培养，赋能杭钢等传统制造业企业智能化转型升级。

五、创新联合体驱动关键核心技术持续突破的理论框架

在案例分析的基础上，本研究从组建方式、人才激励、研发机制和科技成果转化机制等维度，对之江实验室通过打造"创新联合体的联合体"新模式驱动加速关键核心技术突破的创新机制进行了归纳和总结（表6-1）。

表6-1 之江实验室的创新机制

创新维度	关键支撑
负责制度	理事会领导下的主任负责制
单位性质	具有独立法人资格、实体化运行的省政府直属事业单位
决策机构	理事会
组织结构特色	总工程师办公室、人才工作办公室、科研装置建设与管理部、科研发展部
聘用机制	固定和流动相结合、内引与外联相结合的全员聘任制
考核机制	组织：分类考核评价与闭环反馈机制；个人：关键绩效指标（KPI）考核与末位预警淘汰制度
激励机制	团队贡献认定、专项奖励、破格晋升、薪酬调整、荣誉表彰

续表

创新维度	关键支撑
人才培养机制	之江书院、系统性科研实战和工程化项目
研发机制	"揭榜挂帅"榜单、"高原造峰"科研攻关机制
成果转化机制	"沿途下蛋、择机开花"模式，之江实验室科技控股公司

资料来源：作者根据案例资料分析整理。

在此基础上，本研究基于新型国家创新体系理论，从创新联合体的"创新资源汇聚—创新主体协同—创新人才激励—创新成果转化—创新生态融通"的体系逻辑，进一步提炼出了创新联合体通过同题共答和联创一体的模式，驱动关键核心技术持续突破的理论框架（图6-6）。

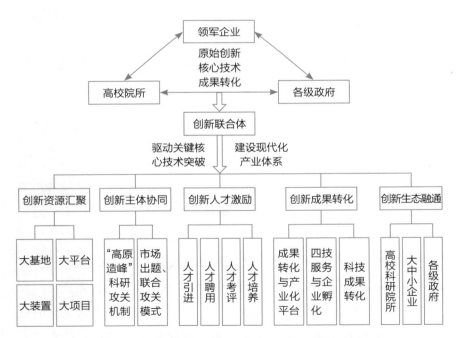

图 6-6　创新联合体驱动关键核心技术持续突破的理论框架

具体而言，创新联合体以大基地、大平台、大装置、大项目汇聚创新资源；以科技自立自强为使命牵引，创新联合体共建各方"共同出题共同答"，摒弃短期主义，聚焦解决长远关键核心技术"卡脖子"问题；在人才聘用、考核、激励和培育等方面开展大胆的体制机制创新，以激发人才创新活力，提高技术研发效率；整合"出题人—答题人—阅卷人—应用者"的多元创新主体角色，突出场景驱动产学研深度融合和供需高效匹配，以此突破传统线性创新模式下成果转化普遍面临的"死亡之谷"和"达尔文之海"，建立起场景驱动基础研究到成果产业化再反向拉动创新迭代的创新闭环和创新循环。

特别地，创新联合体以重大场景和大颗粒课题牵引产业链不同环节和多元主体协同攻关，推动产学研深度融通、大中小企业高效融通创新，实现全产业链、全员、全要素和全时空参与关键核心技术"卡脖子"问题持续突破和攻坚过程，形成协同、高效、强大的创新生态。

六、加快面向重大需求场景的核心技术突破模式与启示

（一）主要结论

研究发现，在资源汇聚方面，之江实验室重视发挥产业链链长和项目长的"双长制"作用，通过大基地、大平台、大装置、大项目汇聚创新资源，最大限度激发创新活力，充分发挥智能计算体系优势，在事关发展全局和国家安全的核心领域形成关键核心技术攻关能力。在主体协同方面，之江实验室构建多领域大兵团作战、分布式协同攻关的科研组织形态，以"高原造峰"和"共同出题、联合攻关"的有组织的科研模式，摒弃短期主义，聚焦解决长远关键核心技术"卡脖子"问题，提升服务国家战略能力。在人才激励方面，之江实验室实行以科研任务为导向的全员聘用制，与国内顶尖高校院所建立联

合引才与人才互聘工作机制，推行全职双聘、项目聘用等灵活用人方式；建立形成以目标管理为主线的组织绩效考评机制和以贡献论英雄的人才考评机制；依托之江书院等实体平台扶持优秀青年人才成长专项，通过系统性科研实战和工程化项目淬炼加速年轻人成长成才。在成果转化方面，之江实验室采取"沿途下蛋、择机开花"模式，初步实现了从"卖果实"到"共种果树"的成果转化方式转变，整合"出题人—答题人—阅卷人—应用者"的多元主体角色，跨越成果转化的"死亡之谷"和"达尔文之海"，打破篱笆墙，建立起创新闭环。在生态融通方面，充分发挥浙江大学高水平研究型大学技术需求驱动、阿里巴巴集团世界级企业市场需求驱动的优势，建设集基础研究、应用基础研究及关键技术攻关、科技成果转化于一体的枢纽型创新高地，打造多学科交叉融合、多领域知识体系相互赋能的开放创新生态。

进一步地，本研究提炼了创新联合体驱动关键核心技术突破的理论框架，为数字时代瞄准国家战略需求，加强企业主导的产学研深度融合创新体系，积聚力量进行原创性引领性科技攻关，加快打赢关键核心技术攻坚战，保障重要产业链安全创新发展提供重要理论和实践启示。

（二）理论贡献

第一，本研究为新时代聚焦国家实验室如何通过创新联合体强化国家战略科技力量、提升国家创新体系的相关研究提供了崭新的视角。已有的国家创新体系研究中，学者主要对国家创新系统的概念、发展沿革、理论框架、主要构成要素的基本职能、发展演进、效能提升与优化路径等方面展开了翔实的研究，结合具体案例进行深入剖析的相关研究相对较少。而本研究聚焦数字经济时代智能计算等国家战略需求场景，从创新联合体的视角，采用纵向单案例研究方法，系统分析了国家战略科技力量——之江实验室牵头的创新联合体在推动国家创新体系内多元主体高效协同、大中小企业高效融通的机制，尤其是提炼了创新联合体内外联动驱动关键核心技术持续突破的机制，丰富了国家创新体系领域的相关研究。

第二，本研究建构了政府支持、企业主导、场景驱动的创新联合体对关键核心技术突破的过程机理。已有研究主要关注了目前，关键核心技术突破研究主要关注半导体、高档数控机床、高速列车、集成电路、火箭、高端医疗设备等产业的关键核心技术突破，或从国家战略需求角度出发，开展重点突破领域、产业、核心技术和突破口选择研究，或以相关产业的领军企业为研究对象，对企业突破关键核心技术的成功因素以及突破路径展开研究。而本研究以国家创新体系理论为基础，从推进政产学研深度融合和产业链各环节协同创新的角度出发，选择政府支持、企业主导、场景驱动的创新联合体作为研究对象，聚焦研究数字时代国家数字经济关键核心技术——智能计算核心技术的突破机理，从数字技术的维度拓展了以往主要以传统领域和领军企业为研究对象、关注传统制造技术等关键核心技术的研究，为加快数字中国建设，以数字技术突破打造国家发展新优势，推动形成政产学研高效协同深度融合的创新体系提供了重要的理论参考。

第三，本研究丰富了以国家使命和重大场景驱动的创新联合体相关研究，进一步凝练了创新联合体的联合体建设理论模式和机制。不同于以往研究主要关注创新联合体的概念界定、政策内涵、组建路径、动力机制和合作博弈，以及政府和高校院所牵头的创新联合体建设模式，本研究作为国内首个针对国家实验室的纵向单案例研究，选取了政府支持、企业主导、高校科研院所支撑、瞄准数字经济重大场景建设的创新联合体——之江实验室作为案例研究对象，对之江实验室的组建过程、引进机制、聘用机制、考评激励机制、培养机制，以及科技成果转化机制等进行了深入分析和探讨，并提炼了创新联合体内外联动驱动关键核心技术持续突破的机制，即"创新联合体的联合体"，拓展了创新联合体的相关理论研究，系统解构了如何面向国家和产业重大场景需求，在政府支持、新型研发机构建设过程中强化企业科技创新主体地位和企业主导的产学研深度融合模式，对进一步研究企业主导型创新联合体提供了理论视角。

（三）政策与实际启示

2021年5月28日，习近平总书记在中国科学院第二十次院士大会、中国工程院第十五次院士大会、中国科协第十次全国代表大会上指出，要"加快构建龙头企业牵头、高校院所支撑、各创新主体相互协同的创新联合体，发展高效强大的共性技术供给体系，提高科技成果转移转化成效"。

创新联合体是促进产学研协同和科技创新成果转化的有效途径和组织模式，但传统的创新联合体以松散耦合、市场化驱动和经济利益导向为主，不仅难以有效促进关键核心技术"卡脖子"问题的解决，更难以承担国家重大使命。尤其是进入新时代，创新联合体的建设不应止步于推动一般的协同创新和科技成果转化，还需顺应科技现代化对建设高能级创新联合体、全面提升国家创新体系整体效能的新要求。

结合本研究对之江实验室牵头的创新联合体驱动关键核心技术突破的案例研究，启示政产学研各方主体需要进一步重视国家使命、重大战略需求场景驱动的高能级创新联合体建设，支持现代产业链链长牵头，开放共建场景，以场景和大颗粒课题牵引产业链不同环节协同攻关，推动大中小企业融通创新，实现全产业链、全员、全要素和全时空参与关键核心技术"卡脖子"问题突破和共创过程，保障能源产业链安全自主可控和韧性发展。

加快建设高能级创新联合体，推进科技创新平台和能力的现代化。中国式现代化的关键在科技现代化，科技现代化的重要抓手是科技创新平台和能力的现代化。尤其是为实现国家创新体系建设从"模仿—追赶"模式到引领性创新的根本转型，需要由国家战略科技力量牵引、科技领军企业主导、多元主体协同整合，着重打造与传统创新联合体有根本区别的"高能级创新联合体"，有组织地推进事关国家安全、国计民生、科技核心竞争力的基础研究和重大科技创新任务，更为有效地承担高水平科技自立自强的使命。

尤其是，在数字经济时代，围绕做优做强做大我国数字经济，打造中国式现代化新引擎的战略需求，需要进一步聚焦集成电路、航空发动机、工业母机等"大国重器"领域和人工智能、工业机器人等"强国精器"，全面推广创新联合体实践。依托行业龙头企业发挥场景主导优势，支持企业发挥科技创新"出题人—答题人—阅卷人"和场景建设者角色，重视发挥科技领军企业和现代产业链链长企业的主导性作用，紧紧围绕国家发展和安全的重大需求场景，打造高能级创新联合体和产业联合体，最大程度释放新型举国体制在整合党的领导、有为政府、有力主体、有效市场和人民参与方面的制度优势。以高能级创新联合体为抓手，深入推进有组织的科研，对政策、资金、项目、平台、人才等关键创新资源系统布局和整体部署，在链条各环节实现一体设计、一体推进，深化科技、产业和体制机制创新，建构从源头创新到成果转化的贯通式"创新循环"，为更好发挥创新引领作用、实现高水平科技自立自强和建设现代化产业体系提供现代化的创新平台和组织支撑。

本章主要参考文献

[1] 白京羽，刘中全，王颖婕．基于博弈论的创新联合体动力机制研究[J].科研管理，2020，41（10）：105–113.

[2] 郭菊娥，王梦迪，冷奥琳．企业布局搭建创新联合体重塑创新生态的机理与路径研究[J].西安交通大学学报（社会科学版），2022，42（1）：76–84.

[3] 新华社.中共中央关于制定国民经济和社会发展第十四个五年规划和二〇三五年远景目标的建议[EB/OL].（2020–11–03）.

[4] 国务院国有资产监督管理委员会．国资委召开中央企业创新联合体工作会议 集中力量深化创新链产业链融合发展 为高水平科技自立自强提供有力支撑[EB/OL].（2022–04–03）[2023–12–11]. http://www.sasac.gov.cn/n2588025/n2643314/c24012218/content.html.

[5] 新华社.习近平主持召开二十届中央全面深化改革委员会第一次会议强调 守正创新真抓实干 在新征程上谱写改革开放新篇章[EB/OL].（2023–04–21）.http://www.xinhuanet.com/politics/2023–04/21/c_1129548884.htm.

[6] 新华社．习近平主持召开二十届中央财经委员会第一次会议强调 加快建设以实体经济为支撑的现代化产业体系 以人口高质量发展支撑中国式现代化[EB/OL].（2023–05–05)[2023–12–11]. http://www.news.cn/2023–05/05/c_1129592754.htm.

[7] 尹西明，陈劲，贾宝余．高水平科技自立自强视角下国家战略科技力量的突出特征与强化路径[J].中国科技论坛，2021

（9）：1–9.

[8] 陈劲，陈红花，尹西明，等.中国创新范式演进与发展——新中国成立以来创新理论研究回顾与思考[J].陕西师范大学学报（哲学社会科学版），2020，49（1）：14–28.

[9] 蔡笑天，李哲.企业牵头组建创新联合体的历史、现状与对策[J].中国科技人才，2023（3）：66–71.

[10] 尹西明，孙冰梅，袁磊，等.科技自立自强视角下企业共建创新联合体的机制研究[J].科学学与科学技术管理，2024，录用待刊.

[11] 赵晶，刘玉洁，付珂语，等.大型国企发挥产业链链长职能的路径与机制——基于特高压输电工程的案例研究[J].管理世界，2022，38（5）：221–240.

[12] 操友根，任声策，杜梅.企业牵头创新联合体：现状、问题及对策研究[J].中国科技论坛，2023（7）：116–127.

[13] 张玉臣，谭礼.关键核心技术的概念界定、特征辨析及突破路径[J].中国科技论坛，2023（2）：20–29.

[14] 胡旭博，原长弘.关键核心技术：概念、特征与突破因素[J].科学学研究，2022，40（1）：4–11.

[15] 陈劲，朱子钦.关键核心技术"卡脖子"问题突破路径研究[J].创新科技，2020，20（7）：1–8.

[16] 杨斌.先进电子材料领域"卡脖子"技术的研判与对策分析[J].科技管理研究，2021，41（23）：115–123.

[17] 李维维，于贵芳，温珂.关键核心技术攻关中的政府角色：学习型创新网络形成与发展的动态视角——美、日半导体产业研发联盟的比较案例分析及对我国的启示[J].中国软科

学，2021（12）：50-60.

[18] 余江，陈凤，张越，等 . 铸造强国重器：关键核心技术突破的规律探索与体系构建 [J]. 中国科学院院刊，2019，34（3）：339-343.

[19] 翟晓荣，刘云，郭栋 . 民营数控机床领军企业技术创新能力演进机制研究——昊志机电股份有限公司案例解析 [J/OL]. 科技进步与对策，2024，录用待刊 .

[20] 谭劲松，宋娟，王可欣，等 . 创新生态系统视角下核心企业突破关键核心技术 "卡脖子"——以中国高速列车牵引系统为例 [J/OL]. 南开管理评论，2024，录用待刊 .

[21] 吕铁，贺俊 . 政府干预何以有效：对中国高铁技术赶超的调查研究 [J]. 管理世界，2019，35（9）：152-163，197.

[22] 刘建丽，李先军 . 基于非对称竞争的 "卡脖子" 产品技术突围与国产替代——以集成电路产业为例 [J]. 中国人民大学学报，2023，37（3）：42-55.

[23] 李玥，王璐，王卓，等 . 技术追赶视角下企业创新生态系统升级路径——以中芯国际为例 [J]. 中国科技论坛，2023（8）：97-108.

[24] 柳卸林，马驰，汤世国 . 什么是国家创新体系 [J]. 数量经济技术经济研究，1999（5）：20-22.

[25] 陈劲 . 关于构建新型国家创新体系的思考 [J]. 中国科学院院刊，2018，33（5）：479-483.

[26] 温珂，刘意，潘韬，等 . 公立科研机构在国家创新系统中的角色研究 [J]. 科学学研究，2023，41（2）：348-355.

[27] 樊春良，樊天 . 国家创新系统观的产生与发展——思想演

进与政策应用 [J]. 科学学与科学技术管理，2020，41（5）：89–115.

[28] 陈邑早 . 国家科技创新体系研究：研究态势、内容分析与未来展望——基于 CSSCI 文献数据 [J]. 科学管理研究，2023，41（3）：27–36.

[29] 杨媛棋，杨一帆，寇明婷 . 科技金融支持国家创新体系整体效能提升研究 [J]. 科研管理，2023，44（3）：10–18.

[30] 郝政，褚泽泰，刘艳峰，等 . 中国式现代化国家创新体系的效能提升与优化路径研究——基于创新生态系统的组态分析 [J]. 科学管理研究，2023，41（2）：18–26.

[31] 王福涛 . 中国国家创新系统模式选择研究：理论、历史与实践 [J]. 人民论坛·学术前沿，2022（20）：55–62.

[32] 王胜华 . 英国国家创新体系建设：经验与启示 [J]. 财政科学，2021（6）：142–148.

[33] 张学文，陈劲 . 使命驱动型创新：源起、依据、政策逻辑与基本标准 [J]. 科学学与科学技术管理，2019，40（10）：3–13.

[34] MAZZUCATO M. Mission-oriented innovation policies: challenges and opportunities[J]. Industrial and Corporate Change, 2018，27（5）：803–815.

[35] FORAY D, MOWERY D C, NELSON R R. Public R&D and social challenges: What lessons from mission R&D programs? [J]. Research Policy, 2012，41（10）：1697–1702.

[36] 张学文，田华，陈劲 . 激发企业内生动力的创新政策：基于使命驱动型创新的视角 [J]. 技术经济，2019，38（7）：10–14，108.

[37] 李树文，罗瑾琏，唐慧洁，等．使命驱动科创企业产品突破性创新实现的路径 [J]．科研管理，2023，44（1）：164-172.

[38] 张学文，靳晴天，陈劲．科技领军企业助力科技自立自强的理论逻辑和实现路径：基于华为的案例研究 [J]．科学学与科学技术管理，2023，44（1）：38-54.

[39] 陈劲，阳银娟．协同创新的理论基础与内涵 [J]．科学学研究，2012，30（2）：161-164.

[40] 何郁冰．产学研协同创新的理论模式 [J]．科学学研究，2012，30（2）：165-174.

[41] 雷小苗，杨名，李良艳．科技自立自强与开放创新有机协同——双循环格局下的理论、机制与路径研究 [J]．科学学研究，2023，41（5）：916-924.

[42] 张贝贝，李存金，尹西明．关键核心技术产学研协同创新机理研究——以芯片光刻技术为例 [J]．科技进步与对策，2023，40（1）：1-11.

[43] 许学国，吴鑫涛．产学研协同模式下关键核心技术创新演化与驱动研究 [J]．科技管理研究，2023，43（4）：1-11.

[44] 张赤东，彭晓艺．创新联合体的概念界定与政策内涵 [J]．科技中国，2021（6）：5-9.

[45] 王巍，陈劲，尹西明，等．高水平研究型大学驱动创新联合体建设的探索：以中国西部科技创新港为例 [J]．科学学与科学技术管理，2022，43（4）：21-39.

[46] 尹西明，陈泰伦，陈劲，等．面向科技自立自强的高能级创新联合体建设 [J]．陕西师范大学学报（哲学社会科学版），2022，51（2）：51-60.

[47] 姜春，丁子仪.新型研发组织运行治理的多层次利益分配与激励机制——以江苏省产业技术研究院及其 40 家专业研究所为例 [J]. 中国科技论坛，2020（7）：60–72.

[48] YIN R K. 2017. Case Study Research and Applications: Design and Methods[M]. Sixth edition. Thousand Oaks, CA, USA: SAGE Publications.

[49] EISENHARDT K M, GRAEBNER M E. 2007. Theory building from cases: Opportunities and challenges[J]. Academy of Management Journal, 50（1）：25–32.

[50] EISENHARDT K M. 1989. Building Theories from Case Study Research[J]. Academy of Management Review, 14（4）：532–550.

[51] YIN R K, 2014, Case Study Research: Design and Methods, Blackwell Science Ltd.

[52] INGSTRUP M B, AARIKKA–STENROOS L, ADLIN N. 2021. When institutional logics meet: Alignment and misalignment in collaboration between academia and practitioners[J]. Industrial Marketing Management, 92：267–276.

[53] 浙江省人民政府 . 浙江省人民政府关于成立之江实验室的通知 [EB/OL]. （2017–08–29）［2023–12–11］. https：//www. 之江 .gov.cn/art/2017/8/29/art_1229620867_2407230.html.

| 第七章 |
共同富裕场景如何驱动科技成果转化

进入新发展阶段，共同富裕成为我国实现高质量发展的重大理论和实践问题，也为我国加快创新发展目标从提高创新能力到建设社会主义现代化强国提供了重大场景。更好发挥创新的强大动力，在将社会财富"蛋糕"做大、提供高质量创新成果的同时，为区域和社会协同可持续发展以及全体人民共同富裕提供强大支撑，是科技成果转化的新使命和新要求。对此，亟须瞄准共同富裕的社会发展使命与多元场景，加快科技成果转化从单一经济利益驱动向共同富裕场景驱动的范式转型。一方面要更加重视科技创新对社会发展和财富创造的根本驱动力，为一次分配提供更多财富增量。另一方面要更加重视科技成果转移支付体系建设，通过对创新成果的二次分配，精准赋能相对落后产业、地区和社会群体的内生发展能力。此外还要积极探索多元社会主体参与科技成果转化治理体系建设，实现共创共益共享的价值创造。最终形成创新活动由人民参与、创新成果由人民共享的新型科技创新与成果转化范式，更好增进民生福祉，使我国国家创新体系和技术转移体系建设更加富有社会主义的本质特征。

一、科技成果转化迎来新使命新要求

党的二十大和国家"十四五"规划提出，"坚持创新在我国现代化建设全局中的核心地位，把科技自立自强作为国家发展的战略支撑"，并对全面建设社会主义现代化国家新征程做出了重大部署，提出到2035 年"人民生活更加美好，人的全面发展、全体人民共同富裕取得更为明显的实质性进展"的目标，为新时代我国更好建设并发挥国家创新体系与科技成果转化体系作用提出了最新的目标。

党和国家领导人也多次强调，科技创新要"面向国家重大需求"，勉励广大科技工作者要把论文写在祖国大地上，把科技成果应用在实现现代化的伟大事业中。在我国建设社会主义现代化强国新征程中，既要不断解放和发展社会生产力，不断创造和积累社会财富，又要防止两极分化，切实推动人的全面发展、全体人民共同富裕取得更为明显的实质性进展。这无疑为科技创新和科技成果转化提出了新要求和新任务。

对此，亟须瞄准共同富裕的社会发展使命与多元场景，把握场景驱动的创新范式跃迁机遇，将"以人民为中心"的发展理念全面贯彻落实于科技创新和成果转化的全过程，推进科技创新和成果转化动因从单一经济利益驱动向全体人民共同富裕目标驱动转型，加快科技成果转化模式从技术导向向共同富裕场景牵引转型，重构和完善由共同富裕场景驱动的科技创新和成果转化治理体系，真正做到创新为了人民、创新依靠人民、创新成果由人民共享，从而有力、有效助力乡村振兴、共同富裕和社会主义现代化强国建设。

二、现有科技成果转化体系瓶颈亟待突破

（一）过度重视短期经济效益驱动，忽视负责任的长期多元价值共创

现有关于科技创新、科技成果转化的政策、理论探讨和管理实

践，大多都聚焦于如何加快科技创新能力和科技成果转化，进而提高科学研究对经济发展的贡献度。如果单从经济发展的角度来看，加快科技成果转化、提高成果的商业化成效，本身是受到鼓励和支持的。但是在科技成果转化过程中，往往容易被"技术能解决一切社会问题"的技术至上主义所左右，甚至被短期经济效益驱动的经济逻辑所主导，在缺乏科学论证、缺少实质性伦理审查，甚至缺少对社会环境重大潜在威胁评估的前提下，被少数人的利益或声誉追求所驱使，对未经充分验证和规范治理的新兴颠覆性技术进行转化或应用。这虽然能在短期内带来一定的经济效益，但极易对人文、社会伦理、自然环境乃至全体人民的长期公共利益造成重大损害。

科技创新和成果转移转化应用的螺旋互促，共同构成推动财富创造和社会发展的核心驱动力。然而，这一经济逻辑唯有建立在"以人为本"的默认前提之上，才能真正实现其推动人类进步的使命。尤其是近年来，随着国际上全球不平等、全球变暖、极端事件和重大突发公共卫生事件频发，国内区域发展不协调、贫富差距逐步拉大、城乡发展差距拉大等重大挑战日益凸显，以负责任的理念创造长期多元整合价值，已经成为科技创新和成果转化的新趋势。

（二）过度重视富裕地区、产业和群体，"虹吸效应"日益凸显

由于具有周期长、复杂性、投入大、风险高、收益不确定等特征，科技创新一直被认为是少数富裕群体、富裕地区和中高端产业的优势乃至"特权"。科技成果也往往遵循市场配置资源的规律而侧重向能够直接提供资金支持和经济回报的群体、地区、产业进行转移转化和市场化应用。因此，创新资源和创新成果呈现典型的集聚效应和马太效应：虽然短期内能够带动"先富"，但由于马太效应的存在和

二次分配、三次分配机制的不健全、不完善，富裕人群、地区和产业则对相对落后的人群、地区和产业形成了科技创新和成果转化的"虹吸效应"，甚至还会产生"逆向补贴"的不良影响，非但不能够有效实现"先富带后富"的目标，还容易对后发地区、产业和金字塔底层人群的可持续发展产生挤出效应，从而损害全社会的协调可持续发展。

党的十九大提出，我国社会的主要矛盾已经转化为人民群众对美好生活的追求与不平衡不充分的发展之间的矛盾，并且强调绿色发展。科技创新与科技成果转化应该而且必须承担"促进人民群众美好生活"的使命。对此，国家、组织和个人都首先必须从共同富裕的更高战略视野来审视和引领科技创新与成果转化，重视成果转化中的责任担当和整合价值创造，从单一的经济逻辑主导思维，向哲学、人文、科技、经济和生态价值整合发展思维转型。

（三）成果转化遵循技术驱动的线性逻辑，缺少面向场景的体系化设计

我国的科技创新长期关注特定技术领域或特定学科领域，科技成果转化也遵循从基础研究到产业化市场化应用的传统路径。其本质在于技术驱动，仍局限于链式创新模式，面临研发周期长、技术迭代慢等问题，且缺乏面向国家重大战略需求、产业高质量发展需求和组织韧性发展需求的精细化任务设计，极易造成科技创新与应用脱节，不但难以跨越科技成果转化的"死亡之谷"，也容易陷入技术轨道锁定和"创新者的悖论"，制约从创新追赶向创新引领的转型步伐。

在建设社会主义现代化强国的新征程中，面向乡村振兴、共同富裕等社会民生领域的重大战略性目标，仅采用瞄准单一技术领域或需求的科技创新模式，难以满足国家、区域、产业和组织创新驱动可持续发展的复杂综合性战略需求，需要重视和把握场景驱动创新，充分

发挥场景与技术双轮驱动的优势，加快科技成果转化范式升级，为共同富裕提供强大的科技支撑。

三、新型科技成果转化需要重视场景驱动创新

场景驱动型创新是数字经济时代科技创新变革的重要方向。这一新兴范式突破并超越传统创新理论与范式的局限性，强调整体观和系统观，顺应了社会主义现代化强国建设中包括科技强国、美丽中国、平安中国、乡村振兴、共同富裕、"双碳"目标等多元场景对科技创新的新挑战和新需求。

场景驱动型创新的核心内涵包括场景、战略、技术、需求四大要素，即依托场景，坚持使命引领和战略导向，推动技术、市场和创新要素的协同整合共融和多元化应用。这既是将现有技术应用于乡村振兴、智慧农业等特定领域或场景，进而实现更大价值的过程，也是基于共同富裕等社会民生发展未来趋势与愿景需求，突破现有技术瓶颈，创造和应用新技术、新产品、新渠道、新模式乃至开辟新市场、新领域的过程。

四、共同富裕场景驱动科技成果转化的理论逻辑

场景驱动创新的理论内核不同于以往技术驱动的范式，首先要符合使命驱动的创新理念。使命驱动的创新强调以国家和社会发展的重大使命为牵引，而共同富裕场景本身蕴含着社会主义现代化强国建设的重大使命，要求瞄准重大社会发展民生领域的重大复杂性、综合性场景，加强场景建设和多元细分场景的创新任务设计，从而实现对现有技术成果的融合性、创新性应用；或者围绕场景的特定需求，对现有成果进行针对性的二次开发乃至降维处理，实现"够用"和"好用"

的效果。而对于现有技术无法满足的场景需求，则需要根据场景中涌现的痛点和难点，提炼科学问题，进而引导科学研究和创新突破，最终再针对性地应用于特定场景，实现技术、场景和创新成果的深度融合，精准赋能场景中的主体创新能力提升和内生发展成效提升。

此外，共同富裕场景驱动的科技成果转化范式嵌入了负责任创新和包容性创新的理念。负责任创新和包容性创新理念均强调创新不但要解决经济问题和创造财富总量，更要通过科技创新和新知识、新技术、新产品和新商业模式的负责任应用，为金字塔底层人群带来更多的福祉，实现包容性增长与可持续发展。尤其是对于创新资源禀赋薄弱、创新生态尚未建立健全、市场配置创新资源机制失灵、科技成果应用风险预警治理能力不足的欠发达地区、落后产业和金字塔底层人群，为了实现共同富裕，更需要创新科技成果转化模式和多元社会资本支持、多元社会主体参与模式，在促进共同富裕的过程中降低科技成果转化成本、有效防范科技成果应用失范和潜在的社会、生态风险。

此外，共同富裕场景驱动科技成果转化能够实现多元主体、多元技术和多元市场的整合式创新，不但能够有效实现"先富带后富"的社会目标，还能够发挥"木桶效应"对反向促进科技创新和成果转化的良性循环提供积极价值。即后发地区、落后产业和金字塔底层人群在满足自身内生发展需求的同时，还能够为科技创新和成果转化提供超大规模新增市场和丰富应用场景，为企业和公共部门完善创新与治理体系提供新引擎，从而反哺和加速发达地区、高端产业和富裕人群的创新速度。乡村振兴、金字塔底层人群市场涌现出的创新主体和创新成果会在某些领域和场景具有更大的优势和更持久的生命力，倒逼城市、高端产业和先富群体的创新与成果应用，推动科技创新和成果转化向着"促进美好生活、共建更加美好的世界"的方向发展。

五、共同富裕场景驱动科技成果转化的路径思考

场景驱动创新的过程一般包括场景构建、问题识别、场景任务设计和技术创新与成果应用。这一范式超越传统的先创造后转化的线性逻辑，能够以场景为载体，实现技术创新与应用场景在创新全过程的高度融合，以及吸引创新链、产业链、资金链、政策链和人才链多元主体和全要素协同高效参与场景问题解决，因而能够突破科技成果转化的瓶颈问题。在实现共同富裕的过程中，要更加强调科技创新的基础性价值，更加重视共同富裕多元重大场景的驱动作用，实现战略、人才、技术、需求等各类创新要素的有机整合，以及"沿途下蛋"式的创新和多元化应用，并通过科技成果转移支付体系和全体人民共创共享的科技成果转化治理体系建设，为全面建设社会主义现代化国家提供源源不断的动力。

（一）更加重视科技创新，通过一次分配为促进共同富裕创造更多财富增量

科技创新不仅是加快关键核心技术"卡脖子"问题突破、掌握科技命脉、增强发展独立性、自主性和安全性的重要基础，也是国家财富创造的最重要源泉，是助力我国加快经济强国建设、实现先富带后富、达到共同富裕的最根本的保障。富裕以及共同富裕，其核心和基础性动力在于更加重视发挥科技创新的作用，强化创新与创富的互联互动，实现科技创新、成果转化、价值变现、资本积累、经济增长和创新再投入的良性循环。这也将是未来我国统筹推进创新驱动科技强国建设和共同富裕的国家战略目标的深层次议题。在此背景下，科技创新的目标也应从追求个体、企业和产业、区域、国家自身的能力提升，转为加快促进我国经济强国建设的新目标、新要求。一是要进一

步重视科技创新对一次分配中社会财富增量的创造价值，发挥共同富裕场景下尚未开发的金字塔底层消费市场和尚未开发的人才资本红利；二是要注重高端产业创新发展和科技成果转化带动中低端产业转型升级、与高端产业形成良性互促的新发展模式；三是需要制定不同于发达地区、高端产业和先富群体的创新政策，出台专门针对科技创新和成果转化促进共同富裕的系列政策，引导科技创新为共同富裕提供持久的知识和人才保障。

（二）更加重视科技成果转移支付，通过科技成果二次分配精准赋能后发地区、中低端产业和金字塔底层人群内生发展能力

共同富裕场景驱动的科技创新和成果转化范式变革要直面传统范式下所产生的对后发地区、中低端产业和金字塔底层人群创新发展的"虹吸效应"问题，要更加重视科技成果转移支付体系建设。参考财政税收转移支付的举国体制探索经验，依托现有的科技成果转移转化基地和区域中心，建设面向共同富裕的全国统一、区域差异化协同的科技成果转移支付平台和体系，引导支持市场化力量和中介机构开发共同富裕场景下的科技成果转化需求，发挥数字技术、数据要素和数字化平台对识别共同富裕多元场景中科技成果转化需求、精准匹配科技成果和创新需求的价值。同时在原有科技扶贫、科技下乡、科技人才对口支援的历史经验基础上，更加重视面向共同富裕场景下的科技成果转移转化职业人才培养和支持力度，将创新第一动力和人才第一资源统一于共同富裕的重大场景中。如此一来，通过场景驱动的科技成果转移支付和二次分配，一方面为存量科技成果提供更加丰富的应用场景和更加海量的应用市场，另一方面精准赋能后发地区、中低端产业和金字塔底层人群内生发展能力提升，为破解区域发展不均衡背后

的创新能力不均衡问题提供新的突破口，促进跨区域、跨产业和跨社群的协同创新，实现科技成果转化效率和公平、短期和长期价值创造的整合。

（三）探索多元社会主体和全体人民参与、创新成果全民共享的科技成果转化治理体系

科技成果转化如果仅仅由企业家、科学家和政府推动，以市场和效率为驱动力量，很难摆脱短期逐利驱动和技术至上主义的困扰，也难以扭转后发地区、弱势群体的科技成果共享权益被蚕食乃至被挤出的趋势，更难以充分调动全体人民创新的积极性和大众创新、万众创业的活力。

未来，国家技术创新和成果转化体系的建设和完善，要继续以惠民、全民共享为根本宗旨，把以人民为中心贯彻到科技创新活动之中，引导支持多元社会主体和资本参与，培育公益性与商业性并重的共益企业家和共益性数字平台，建设和完善面向共同富裕的科技创新和成果转化"公地"。通过共益企业、共益平台、共益中介等科技成果转化实践新模式，探索多元社会主体和全体人民参与、创新成果全民共享的科技成果转化治理体系，形成创新为了人民、创新活动依靠人民参与、创新成果由人民共享的新型科技创新成果转化范式，最大限度地释放科技创新促进共同富裕的价值。

| 第八章 |

场景驱动人工智能创新生态系统的战略与路径

以聊天机器人程序 ChatGPT 为代表的生成式人工智能所引发的新一代人工智能浪潮席卷全球，已然成为新一轮产业革命的新机遇，国际竞争的新焦点和国家高质量发展的新引擎。如何紧握数字机遇，加速推动人工智能创新和落地，成为核心技术突破与竞争优势建构的关键。然而，现有管理学和公共政策研究多关注人工智能的治理，及其对创新发展的使能价值，鲜有针对实践困境，探索适用于人工智能技术创新与应用的新范式新思路。本章基于创新生态系统和场景驱动创新理论，扎根中国人工智能产业实践，探讨场景驱动型人工智能创新生态系统的理论基础、架构和特征，提出场景驱动人工智能创新飞轮、生态培育的逻辑和进路，为我国培育中国特色、世界一流人工智能创新发展生态，加速人工智能创新、打造高质量发展和中国式现代化新引擎提供重要的理论和政策启示。

一、人工智能成为国际竞争新高地和高质量发展新引擎

人工智能技术从 1956 年夏季的达特茅斯会议启航，历经 AI 1.0

（逻辑智能）、AI 2.0（计算智能）时代，AI 3.0（平行智能）方兴未艾。随着 ChatGPT 和人工智能生成内容（AI generated content，AIGC）引发的新一轮人工智能革命浪潮，以通用智能或数字具身超级智能为代表的 AI 4.0 正在呼啸而来，以新一代人工智能创新与应用为焦点的新一轮国际博弈和科技"锦标赛"正加速演进。当前，发达国家纷纷把发展人工智能作为提升国家竞争力、维护国家安全的重大战略，加紧出台了相关规划和政策，围绕核心技术、顶尖人才、标准规范等强化部署，力图在新一轮国际科技竞争中掌握主导权。

与此同时，中国依托超大市场规模、海量数据资源，以及广泛应用场景优势，以人工智能为代表的数字技术正在加速同实体经济深度融合，在重塑组织管理模式的同时，成为高质量发展的重要驱动力、国家现代化建设的核心推动力。尤其是面对更加复杂多变的国际竞争形势和高质量发展的迫切需求，中国必须放眼全球，把人工智能发展放在国家战略层面系统布局、主动谋划，牢牢把握人工智能发展新阶段国际竞争的战略主动权，以强韧创新链、产业链、资金链、人才链、政策链为支撑，打造竞争新优势，开拓发展新空间。对此，党的二十大提出要建设现代化产业体系，构建新一代信息技术、人工智能等一批新的增长引擎。《"十四五"数字经济发展规划》中提出瞄准人工智能等战略性前瞻性领域，提高数字技术基础研发能力。习近平总书记在主持召开二十届中央财经委员会第一次会议时进一步强调，要把握人工智能等新科技革命浪潮……建设具有完整性、先进性、安全性的现代化产业体系。然而，目前我国人工智能产业在基础理论研究、新型设施建设及应用落地转化等方面还存在一系列突出的瓶颈问题，包括系统性超前研发布局弱、具有全球影响力的顶尖科学家少、引领全球方向的重大原创成果缺、行业统一系统和技术标准乏、大模型复用能力差、"自我造血"难、产业培育慢等。

当下和未来，如何把握场景驱动创新重大机遇，加速人工智能创新与高质量发展，日益成为学术界和产业界共同关注的战略性议题。2022 年科技部等六部门在《关于加快场景创新以人工智能高水平应用促进经济高质量发展的指导意见》中明确将"场景创新成为人工智能技术升级、产业增长的新路径，场景创新成果持续涌现，推动新一代人工智能发展上水平"确定为发展目标。2023 年，浙江省、重庆市、安徽省等多地相继出台关于加快场景创新推动人工智能或数字经济高质量发展的地方政策，各地开启了以场景驱动创新为抓手、加快人工智能区域创新生态布局的"锦标赛"。

现有公共管理和工商管理研究多关注人工智能的治理及其对组织管理和实体经济的使能价值，鲜有学者针对实践困境，系统探究中国海量场景如何驱动加速人工智能技术创新与应用的新范式和新路径。对此，亟须把握人工智能创新发展趋势、特征和瓶颈问题，扎根中国人工智能创新实践，研究提出适用于中国人工智能产业创新突破和引领发展的新范式和新路径。对此，本章基于创新生态系统和场景驱动创新理论，扎根中国人工智能领先的创新实践，系统论述场景驱动人工智能创新生态系统建设的理论基础、内涵特征和运行逻辑，并进一步提出了加快推进场景驱动人工智能生态系统建设的政策路径，以期助力政产学研多元主体加强深度协同，加快建设中国特色、世界一流的人工智能创新发展生态，打造中国式现代化新引擎，培育国家发展新优势。

二、场景驱动人工智能创新生态系统的理论基础

（一）人工智能的定义、发展与特征

人工智能源于哲学、数学、计算、心理学和神经科学，旨在赋予机器类人思维进而超越人类工作方式，是一门以计算机为基础，通过理论、

方法、技术和应用系统的研究开发来模拟、延伸和发展人类智能的新兴技术科学。广义而言，人工智能技术涵盖推理、遗传算法、自然语言理解、专家系统、知识表述等 16 个细分领域，包括知识计算引擎与知识服务、跨媒体分析推理、群体智能、混合增强智能、自主无人系统、虚拟现实智能建模、智能计算芯片与系统、自然语言处理等关键共性技术。相应地，人工智能创新体系可依据技术层级分为基础层，指算力和数据；技术层，指框架、算法和通用技术；应用层，指应用平台与解决方案，是技术在场景需求中的延伸。

回顾人工智能的实践演进，从 1950 年英国数学家图灵在著作《计算机与智能》中创见性地指出"机器也能思维"，1956 年达特茅斯会议首次提出"Artificial Intelligence"（人工智能），到 1997 年国际商业机器公司（IBM）"深蓝"计算机在国际象棋中击败棋王卡斯帕罗夫，2012 年谷歌公司（Google）推出一套具备自主学习能力、能够独立识别猫图的神经网络系统，2016 年"阿尔法狗"（AlphaGo）战胜世界围棋高手李世石，再到如今 ChatGPT 横空出世，引爆行业，展现出强大的理解、对话和生成能力。人工智能理论和技术日益成熟，应用领域也不断扩大，在博弈、感知、决策、反馈等领域取得了长足的进步。在数字经济与工业 4.0 时代，作为工业发展与产业变革的核心驱动力，人工智能在推动图形处理单元、物联网、云计算、区块链等前沿技术的融合创新中起着关键作用，正在成为制造业和服务业的新常态。

鉴于人工智能发展历程的特殊性，即从概念到实践的突破过程迟缓且很大程度上依赖于统计学和计算机科学，其既具有数字技术的核心特征，包括可重编程性、数据的同质性和数字技术自我参考性，又拥有差异化特性。具体体现为不透明性，指所使用的数学方法和统计工具多样且存在复杂关联，致使数据输入与结果输出间的内在运行机制和决策原理不透明；自我学习能力，即不同于传统软件算法以静态环境下的确定性逻辑为基础，具备内在认知和智能能力，能对所处环境做出反应。这些特质有助于人工智能的传播和自我创新，赋予其巨大变革潜力和使能价值。

（二）人工智能与创新相关研究

人工智能在实践上的创新突破引发了学术界的广泛兴趣和高度重视。综合来看，社会学家强调人工智能的伦理、法律和道德问题，计算机科学家注重深度学习算法开发，管理学者则聚焦人工智能对企业的影响和发展趋势，涵盖工作场所绩效与人力资源管理、市场营销传播生态、生产运营与供应链管理等方面。其中，创新领域更是备受关注。

现有文献主要通过两种视角对人工智能与创新进行分析研究。首先，人工智能对创新管理实践的影响。在复杂多变、模糊不定的环境叠加数字化背景下，信息技术日新月异，全球科技竞争愈演愈烈，信息化工业化深度融合，市场需求加速更迭；在技术、社会和经济因素的推动下，人工智能被更广泛地应用于战略管理、生产制造、创业生态、市场营销、人力资源和财务金融。作为创新引擎和驱动力，人工智能具有稳定、高效、敏捷、自适应等优势，能够通过促进知识溢出、激发创造力、优化信息处理、辅助精准决策、强化理性思维、提高管理效率、重塑创新组织形式等路径，赋能企业战略决策与运营。进而在商业模式创新、产品创新、流程架构创新、知识创新、开放式创新以及供应链管理等创新活动中发挥使能作用。例如，人工智能具备情感识别与计算能力，常被用来系统分析用户反馈，这有助于企业基于顾客评价，适时开展产品、服务和场景创新。

其次，人工智能的普及加速了产业变革和企业转型，为传统创新管理理论带来了巨大冲击。一方面，众多研究从战略角度分析并指出，人工智能以大数据、深度算法、神经网络等技术为基础，能够利用数据挖掘、机器学习等手段，整合内外部数据，模拟决策情境，构建数字孪生，从而协助管理者分析、推导和处理复杂问题，以有限的知识、精力和时间，做出更科学的决策，实现从"有限理性"和"满意即可"到"极限理性"和"最优选择"的突破。此外，人工智能催生出消费新模式和非标准化生产，加剧了商业环境的复杂性和不确定性，对企业技术创新和风险决策提出新挑战，促使企业的管理目标由稳定增长转变为创新求变、价值主张由产品主导和技术驱动转向用户主导和场景驱动、生产要素由劳动资本转移至智力资本、信息结构由层级式转换为网络式。另一方面，从管理角度来看，人工智能在解放劳动力、提高要素生产率的同时，将给组织运营带来压力，包括如何科学管理虚拟员工、培育高技能复合型管理人才、实现技术与员工的高效协同、优化组织架构与制度管理等。另外，随着人工智能与传统业务的紧密融合，创新范式愈发趋于开放化、开源化和生态化，产学研协同创新、创新联合体、场景驱动创新等管理理念和方法应运而生。

（三）创新生态系统相关研究与理论

通过梳理人工智能与创新管理的相关研究，本章进一步聚焦创新生态系统这一数字经济时代产业组织创新发展的基本载体，围绕其概念内涵、创新逻辑和理论发展展开综述。

在概念内涵方面，创新生态系统的理念源于商业生态系统，由艾德诺（Adner）率先提出并定义为企业间通过互动协同，整合产品服务优势，打造面向客户的一致性解决方案，从而实现创新跃迁和价值创造的创新组织形式。随后诸多学者从不同视角对其内涵特质进行探究。例如，从要素构成层面指出，创新生态系统由跨越学科领域、区域壁垒、行业边界和机构组织的知识集群与创新网络组成，汇聚企业、金融机构、高校院所、公共部门、市场等多元主体和人力、智力、资本、数据、社会等多种要素。

在创新逻辑方面，创新生态系统以知识、技术和技能共享体系为创新基础，以松散耦合网络为组织模式，以新产品开发为基本目标，以用户导向为价值主张，以关键企业引领下的良性竞合为运作机制。此外，布鲁索尼（Brusoni）等和戈麦斯（Gomes）等立足生态演进视角，将创新生态系统的实践路径归纳为基于长期信任的共创、共享、共生、共荣。随着以人工智能为代表的新一代信息技术的应用普及，创新生态系统的理论研究开始转向更加开放智能复杂多维的数字生态网络范式探究。部分学者基于传统创新生态系统的强中心、平台化、网络化等关键特征，瞄准数据要素市场化、数字技术赋能创新应用、数字平台驱动产业跃迁等数字经济时代趋势，提出数字创新、数智赋能创新生态等新兴概念。

随着人工智能技术在国家竞争与产业发展中的角色重要性不断提升，人工智能创新生态系统的构建与培育已然成为产业界与学术界的热点议题。人工智能创新生态与创新研究、人才培养和国际合作已成为美国政府所界定的未来人工智能技术发展的重要战略方向。有学者从技术特征和主体要素等角度出发，构建人工智能关键共性技术创新生态系统，并借助系统耗散理论、熵值变化系数和适用分析等方法阐释其演化机理。也有学者基于三螺旋创新模型框架，系统分析人工智能创新生态系统内部技能、知识和资金流动的相互作用，并揭示政府、产业和高校机构等生态主体间的动态关系与协作机制。与此同时，政府在推动人工智能技术创新中的作用被不断强化，人工智能领先经济体的政府部门均意识到，需要以国家创新体系的底层逻辑与基本形式布局人工智能创新生态系统的建设，以真正确保形成可持续的人工智能技术创新能力。

总的来看，以往研究多聚焦于人工智能技术创新的治理问题、赋能价值和路线选择。而近年来，随着人工智能技术的发展进入战略机遇期，政、产、学、研等领域的参与主体均开始关注从创新生态系统以及国家创新体系的视角探究如何有效推动人工智能技术的创新突破与应用发展。然而，现有关于人工智能创新生态系统的研究还处于起步和探索阶段，鲜有研究结合已有的创新理论与中国人工智能技术发展的特征与需求，提出从国家创新体系视角下建设人工智能创新生态系统的路径和基本逻辑，从而为从国家层面统筹布局人工智能技术创新，激发相关主体创新活力，促进人工智能技术创新成果产出与转化效能提升，赋能高质量发展的实现提供理论框架和实践指导。

在实践中，已有部分政产学研各方主体在实践中指出场景驱动创新的战略意义和重要性。然而，鲜有研究者立足数字时代背景，把握范式变革机遇，探索并理清场景驱动视角下人工智能创新生态系统的内涵、机制与特征。

综上所述，场景是人工智能技术发展和产业化应用的重要引擎，研究者亟须通过理论研究和实践总结，形成一套科学系统的理论范式，打通场景驱动人工智能技术创新及生态发展的内在逻辑，弥补其在人工智能领域学术研究与产业发展的不平衡，从而更有效地以场景创新促进人工智能关键技术和系统平台优化升级，以开放协同的人工智能场景创新体系助力人工智能产业可持续发展。

鉴于此，本章基于场景驱动创新与国家创新体系的理论，结合人工智能技术创新的内涵与特征，构建旨在服务于中国式现代化与高水平科技自立自强战略目标的场景驱动型人工智能创新生态系统，推进我国人工智能创新，赋能高质量发展，培育国家发展的新动能新优势。

三、场景驱动型人工智能创新生态系统

（一）概念源起与界定：人工智能技术的国家创新体系

国家创新体系的研究主要关注如何从国家层面激励多元创新主体

广泛协同，促进创新、产业化和带动经济发展。国家创新体系直接关系到一国的创新能力与科技水平，进而影响国家竞争力和发展安全性。党的十八大以来，我国国家创新体系建设的关注重点逐渐演变为整体创新效能的提升，以适应我国高水平科技自立自强和创新驱动发展战略的转型需要。提升国家创新体系效能的内涵在于兼顾创新过程优化和创新产出的转化，既要关注创新成果的质量和水平，也要注重运行过程中资源配置的合理性和创新主体间的连通性，需要更多地从能力建设的角度出发，进一步重视原始性创新和关键核心技术突破，更强调创新成果对于实体经济的赋能。现有研究从新型举国体制下有为政府与有效市场的有机结合，以及创新政策的体系化与精准化等多个角度探讨了促进国家创新体系效能提升的具体路径，包括使命驱动和需求导向的战略思维、组织机制和创新制度的优化、国家战略科技力量的体系化建设与强化、企业创新主体的地位确立与能力提升。

伴随着新一轮科技和产业革命，数字技术、新兴技术和未来技术的创新逐渐成为技术创新管理的焦点话题。这些技术的融合性、颠覆性，以及前沿性对国家创新体系的建设提出了更高的要求与挑战。在这种趋势下，作为数字技术和数据要素载体的场景，及其在国家创新体系中的作用，日益受到来自学术界和产业界的更多关注，新场景的拓展与建构对于形成创新动能的重要性尤其被反复强调。特别地，人工智能技术作为新兴技术的典型代表，其最新的发展趋势如大模型和人工智能生成内容对各行各业都产生了广泛而具有革命性的影响，进一步加剧了国内外新一轮围绕人工智能技术创新的"锦标赛"。

顺应这一现实需要和理论发展趋势，尹西明、陈劲等学者基于国内外数字时代的创新实践和理论研究，系统论述了场景驱动创新这一新兴创新范式，旨在为数字经济时代的科技强国建设提供新思路。场景驱动创新既包含通过将技术精准应用于现有的高适配度场景以最大化发挥技术创新成果价值，也涵盖基于经济社会发展目标与趋势构建新的重大场景以指导新兴技术原创性创新。场景驱动创新包括场景、战略、需求与技术四大核心要素。其中，场景作为创新生态系统的核心载体，为创新链、产业链、人才链、资金链、政策链乃至数据链在内的多链融合提供场域，促进多重创新要素在场景中充分融通。使命和战略牵引确保创新成果紧密贴合国家发展趋势和战略需要。技术和需求在真实的场景中循环互动，打破传统意义上的创新供给与需求的线性逻辑，形成创新投入和应用的闭环，并在此过程中实现场景的升级与演化，形成新场景开辟新领域、带动新产业发展的创新循环。

场景驱动创新为我国提升国家创新体系效能提供了新的思路与重点。国家层面的场景驱动创新表现为瞄准事关中国式现代化进程的重大场景，致力于关键核心技术的突破与应用或基础性科学问题的攻关，旨在满足以高水平科技自立自强、高质量发展、共同富裕、乡村振兴、绿色低碳为代表的多种重大复杂综合型场景的需求。

本质上，面向数字技术的国家创新体系和场景驱动创新都包含着创新生态系统的思想内核。国家创新体系的组织模式在发展到一定阶段后必然走向生态系统化，这既是数字技术客观发展规律的要求，也是创新主体在互动中自发形成的选择。而场景驱动创新范式的实践则进一步强调将战略重点放在场景驱动的创新生态系统的构建上，以实现多元主体在复杂综合性真实场景中的共生、共创与共赢。

人工智能技术作为数字技术的典型代表，创新突破及其与实体经济的深度融合事关国家发展与安全，与此同时其创新与应用过程极大地受到场景属性和特征的影响。现有大多数观点认为人工智能技术发展与场景的关系主要体现在人工智能技术创新成果产出后的产业化应用需要匹配适合的应用场景。实际上，人工智能技术开发的主要方法，如强力法或训练法，均需要遵从"封闭性准则"，意指应用场景的相对"封闭"，是开发人工智能技术的先决技术条件。换言之，成功的人工智能技术创新从起始阶段就离不开对于场景的关注和解构，而不是仅限于人工智能技术创新成果产出后的产业化过程。

具体而言，场景的构建、开发与迭代是人工智能技术突破瓶颈与成果转化的基础，场景所汇聚的海量数据和多元主体是人工智能创新生态系统的核心要素，场景所蕴含的使命需求则是人工智能创新生态系统演进的内在驱动力。尤其是近年来基于大模型的通用人工智能算法和技术的创新与迭代需要依赖海量的场景化、高质量的数据集。应用场景驱动思维，能够更有针对性地发掘和积累高质量的领域数据，有效提升算力并优化算法效率，并节省大模型训练的时间和成本。此外，华为、商汤、百度、科大讯飞、北京智源人工智能研究院等中国人工智能技术创新和创业成功实践的案例表明，中国所特有的众多应用场景、海量数据，以及高度普及的网络连接为人工智能技术创新提供了坚实的基础，是中国在人工智能技术创新上的差异化优势。

在面向未来的人工智能技术竞争中，我国应进一步重视发掘这一独特优势，把握场景驱动创新范式机遇，加快打造场景驱动型国家人工智能创新生态系统，以加速我国在人工智能技术方面的突破和产业化应用，培育国家人工智能发展新优势新动能。

基于此，本章提出构建场景驱动型人工智能创新生态系统，将其定义为以国家使命和未来趋势为前瞻战略引领，以"四个面向"导向下的重大复杂性场景为载体，以经济社会发展愿景需求与人工智能技术创新应用循环互促共进的"人工智能创新飞轮"为驱动力的国家创新体系。与其他已有的如研究联合体、产业联盟、创新网络等人工智能创新合作模式相比较，这一生态系统不仅有助于推动人工智能技术同社会发展与国家战略形成更高频、泛在与深刻的融合互动，充分发挥其高度通用性、自我进步性、智能生成性等独特优势，还能强化人工智能创新过程中市场要素同非市场要素的有机组合，顺应其从技术驱动的传统创新范式到场景驱动的范式转变。与此同时，这一创新生态系统还可以在充分把握场景化特征的基础上，既通过多元主体协同和创新要素融合等途径提升人工智能技术创新效率并加速其产业化进程，又依靠面向世界科学探索前沿和国家发展重大战略的新场景提炼新科学问题与新研发需求，进而增强人工智能技术创新的前沿性与引领性。

具体而言，国家战略使命作为国家对于人工智能技术创新的整体方向性要求，为重大场景的构建与运转提供现实背景和合法性，确保人工智能技术创新成果与国家战略要求的适配。重大场景的构建将战略的愿景具象化，通过数据要素和数字技术的辅助建构贴近现实的开放场域，进而汇聚并融合各类与人工智能技术创新相关的创新要素及主体，形成创新生态系统。源于场景的需求和创新任务清单则用来指导人工智能技术的创新与产业化，创新产出的场景化应用，在促进产业发展的同时，不断推动场景的迭代和新的场景问题的挖掘，激发新的人工智能技术创新需求，形成场景驱动人工智能研发与应用迭代的创新循环。

从本质上说，场景驱动型人工智能创新生态系统即为面向未来技术的国家创新体系的典型代表和具象实体。需要特别强调的是，这一概念中的重大场景与产业界常用的"应用场景"虽具有相似的意义，但具有了更丰富的本质内核。应用场景偏向于意指商业运行的某一个具体环节，所包含的主体组成和具体问题往往较为单一。而场景驱动创新范式中作为核心要素的场景，则是嵌入了多重关系、多元主体和多种要素的场域，具有开放度高、综合性强、组成关系复杂、可自我进化等特性。对中国人工智能技术的发展而言，典型的重大场景包括实体经济的智能化、绿色化和高端化发展场景，国家安全重大场景，面向未来的科学探索场景和国家产业链供应链安全韧性发展场景。这一体系的建设既服务于中国式现代化对于人工智能技术的具体需要，也贴合当前我国对于从国家层面以新模式推进人工智能技术创新的现实要求，是实现高水平科技自立自强构建新发展格局的有力支撑。

（二）系统架构与基本特征：战略引领下的"五链"融合

在具体构成和结构上，场景驱动型人工智能创新生态系统以战略为外部引领和指导，以场景为运行载体，以人工智能技术与需求的循环互促作为动力来源。以未来科学探索、国家、产业、企业、用户等各个维度场景驱动政策链、创新链、产业链、资金链、人才链和数据链深度融合，以人机场三元深度协同推动人工智能创新生态子系统的高效运转和有机整合（图8-1）。

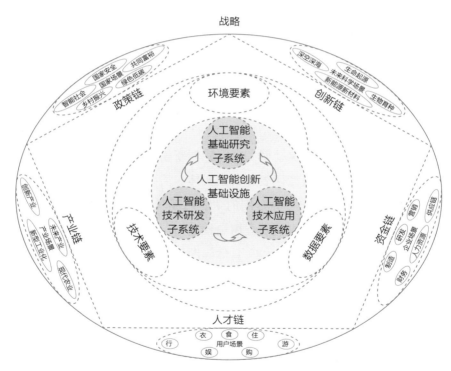

图8-1　场景驱动型人工智能创新生态系统基本架构

从创新生态系统的结构来看，场景驱动型人工智能创新生态系统的底座为以通用人工智能、基础大模型和新型基础设施共同组成的人工智能创新基础设施。创新生态系统中的人工智能创新要素包括所需要的技术要素（算法、算力与硬件），数据要素（原始数据、脱敏处理数据、模型化数据和人工智能化数据）和环境要素（数据交易制度、人工智能知识产权保护规则等相关制度）。

在人工智能创新基础设施和创新要素的赋能下，创新主体可按照其在创新活动中承担的场景化创新角色以及阶段性特征，在人工智能基础研究子系统、人工智能技术研发子系统和人工智能技术应用子系统三大有机整合的创新子系统中推进有设计、有组织和有节奏的创新。

需要指出的是，三个子系统并非割裂孤立，而是在保障创新主体自由协同和创新资源充分流通的基础上，面向场景需求实现功能整合和共生共演。人工智能基础研究子系统主要关注人工智能理论的前沿突破和关键技术路径的比较与选择，侧重于在认知科学、神经学、数学、统计学、计算机科学与技术等人工智能支撑学科中的理论前沿突破与模式构建。人工智能研发子系统则聚焦人工智能前沿技术与产业共性技术，推进以深度学习、自主学习、边缘计算、量子计算、自动驾驶为代表的关键技术的突破与迭代。人工智能技术应用子系统则聚焦人工智能技术研发成果的商业化与产业化，主要关注原型开发、商业模式设计、产品运营与推广等关键环节。创新主体则包含人工智能领域的科技领军企业、"专精特新"小巨人企业、科技转化中介机构、研究型高校、人工智能科研院所与研发机构、人工智能国家实验室、专职政府部门、个人用户乃至类人智能体（如具身智能）等。场景为人工智能创新生态系统内部的技术创新活动提供具体场域和明确的需求指引，人工智能创新生态系统则通过产出并应用人工智能技术来解决场景需求，由此形成面向场景的人工智能技术创新与需求的互动循环，为生态系统持续提供演化动力。

从特征上而言，这一场景驱动型人工智能创新生态兼具国家创新体系理论所强调具备的整体观和系统观，同时体现场景驱动创新范式的战略性、引领性、多样性、整合性、精准性和强韧性。具体而言，基于对人工智能技术发展趋势和国家发展战略目标的双重导向，体现体系构建的战略性和引领性。场景的高复合度和高异质性以及创新生态系统的高复杂度和主体多元化，使这一生态兼具多样性和整合性。以数字技术与数据要素为底层支撑构建的场景使人工智能技术创新在匹配实际需求上更具精准性，创新成果的产业化应用实现更高效能。针对场景的演化而动态升级技术、产品和解决方案，并在场景演化中把握结构性机会，开辟新领域新赛道，形成了更强的生态韧性。

（三）运行逻辑：场景驱动打造人工智能创新飞轮

场景驱动的人工智能创新生态系统的运行依靠多个具体环节的实施和连接，其核心在于构建场景驱动的人工智能创新飞轮。这一基于数据要素和数字技术打造的人工智能创新飞轮，带动涵盖从场景识别与构建到人工智能创新成果产出与应用的全过程，并在循环的过程中逐渐利用"飞轮效应"赋予场景驱动的人工智能创新生态系统以自创生、自组织和自进化的属性。场景驱动人工智能创新飞轮的运行启动于政府部门支持、人工智能领军企业主导的对现有场景的识别或对新场景的建设，主要包括场景要素的确定、数字技术和数据要素赋能的场景基础设施搭建，以及场景范围的界定。继而提炼出针对人工智能场景化需求，并进一步细化为更具体的创新任务清单和里程碑任务。遵从场景化需求和创新任务的内容，与人工智能相关的科学问题和具体的技术攻关和产业化应用节点目标进而被提出并被细化，标志着人工智能场景化创新目标被确立。这一阶段，场景化需求已经被转化为可量化、可评价、可操作的具体创新要求或任务指标。

下一环节则是人工智能技术创新成果产出的阶段，与这一目标相关的各类创新要素和多元创新主体，与场景需求主体开展全方位协同，发挥各自的资源、能力或场景知识禀赋，推进分布式的人工智能技术创新。达到里程碑式目标或产业化要求的阶段性成果或解决方案，在目标场景中实现"沿途下蛋"式的示范验证和规模化应用，满足场景化的需求。在实际场景应用过程中所积累的反馈或数据将被实时捕捉或收集，用于进一步提升人工智能在实际场景中的适配性和可用性。更重要的是，对于技术应用的反馈可以激发新的场景化创新需求，最终推动场景的升级或新场景的构建，并进一步加速人工智能创新，形成场景驱动人工智能持续创新的飞轮效应（图 8-2）。

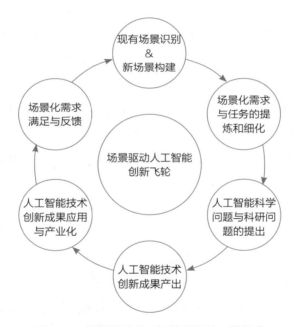

图 8-2　场景驱动人工智能创新的飞轮效应

其中，场景识别与场景化问题判定是人工智能创新飞轮形成的关键。场景识别要求创新主体结合全球人工智能发展趋势、国家战略发展紧迫程度、场景潜在技术应用价值、企业创新战略与能力基础等维度来研判场景的优先级和建设顺序。参照此标准，我国的人工智能典型重大场景可细分为实体经济智能化、绿色化和高端化转型场景，国家安全社会稳定场景，面向未来的科学探索场景，以及国家产业链供应链韧性建设场景。如实体经济智能化和高端化场景，既具有客观必然性，是各国产业数字化智能化转型的重要抓手，又具有现实紧迫性，是国民经济高质量发展与新旧动能转换的有力支撑，同时覆盖医疗、农业、制造等关乎经济社会发展的场景领域，蕴含着巨大的创新应用机遇。

再如国家安全与社会稳定场景，从国际竞合格局来看，人工智能已成为影响和塑造国家安全的核心变量，面向重大工程、数据流通等领域的人工智能技术创新与应用关乎各国能否强化竞争优势、提升国际话语权同时弥合社会失序问题。而场景化问题判定的核心在于识别场景化需求，包括明确原有问题和原始需求，以及动态捕捉场景中的新问题和新需求。这要求产学研等创新主体立足国家、区域、产业、组织、用户等多维场景，依托数据要素和数字技术，通过自由探索、前沿聚焦、实践调研等方式凝练高价值场景问题，并将其拆解为场景化需求，形成精准场景画像，为科技创新与成果转化提供决策依据和实践抓手。

在场景与人工智能创新生态系统的关系视角方面，创新生态系统是人工智能技术创新的组织模式，而场景则是创新生态系统的运行载体，并为创新主体间的竞合关系提供整合了时空和数字场域，从而实现更有针对性的创新资源集聚和创新场域协同。从过程视角来看，场景驱动人工智能创新飞轮被启动和加速的过程，遵从"自上而下"传导和"自下而上"涌现的逻辑，综合性的创新需求从场景中涌现，凝练和分解后的场景化创新任务则启动自上而下的精准创新与应用迭代。创新成果的产出与应用模式也伴随着新场景开辟与创新生态系统的逐步完善，从人为规划、挖掘转向以自然涌现为主，最终赋予场景驱动型人工智能创新生态系统自创生、自组织、自进化的属性，真正实现国家创新体系的效能提升，推进人工智能赋能新型举国体制加速健全完善和实践。

四、加快建设场景驱动型人工智能创新生态系统的对策建议

（一）健全场景驱动人工智能创新的政策引导体系

当前，我国针对人工智能技术创新的政策激励手段大多局限于供给侧，形式上以对于研发的补贴为主。场景驱动的人工智能技术创新具有复杂度高、环节多等特点，使这一体系的建设和运行对于配套政策具有更综合的需求。具体而言，聚焦场景驱动人工智能创新的政策，在功能上需要更加注重前瞻导向和需求导向；在目标上需要更加针对不同主体和不同环节的异质性政策需求，在设计上需要提升政策间的联动和协同关系，真正做到政策的体系化从而覆盖场景驱动人工智能创新的全过程。在通过政策提升参与主体能动性和积极性的同时，为场景的地位确立与运转边界设立、创新主体的准入与资格赋予、产权归属、成果转化与应用效能、利益分配等关键问题提供解决方案的方向引导。特别地，需要注重政策的时效性和有效性，争取在保证政策连续性的同时做到面向重大差异化场景的精准设计和动态迭代，实现政策体系、创新体系与场景体系的共演。

（二）加快构建一批人工智能重大创新场景

场景驱动型人工智能创新生态能否充分发挥其应有作用和价值，关键在于场景的设计与构建能否真正把握、体现实践中的现实需求和未来发展的趋势要求。对于人工智能技术创新而言，重大场景的建设

需要兼顾以"四个面向"的方向性要求和人工智能技术未来发展的前沿，统筹与人工智能相关的基础研究、技术研发和产业化应用的复合需求。在重大场景构建的过程中，需要充分发挥新型举国体制中有为政府和有效市场的有机融合，遵从"场景驱动、政府支持、企业主导"的原则，采用多方协同统筹的形式共同完成重大场景构建的探索，发掘具有典型性的真需求、真问题。人工智能技术具有明显的通用性特征，其开发过程跨产业、跨领域和学科交叉特征日益重要，但应用过程则要求面向场景的整合和精准，因此在重大场景构建的过程中应充分考虑更广泛群体的需求并注重涵盖多个产业及学科的异质性知识，将数据资源和数字技术嵌入到场景构建的每一个环节中，提升所构建的重大场景的精准性。

（三）加强企业主导的人工智能创新联合体建设

强化企业科技创新主体地位已成为国家创新体系效能提升的关键问题，人工智能产业的领军企业承担着"出题人—答题人—阅卷人"和场景建设者等多重关键角色，参与场景驱动人工智能创新生态系统运转的全过程并占据结构上的核心位置。这是由于人工智能科技领军企业在推动这一范式运行上具有的一系列独特优势，包括掌握大量一手真实数据和用户现实需求、具有由算法和算力支撑的较为体系化的人工智能技术自主研发能力、占据产业链和创新链的"龙头"或"链长"地位等。加强企业主导的人工智能创新联合体建设能够使其充分发挥能动性和资源优势，并在明确权责分配的基础上保障体系更顺畅、更有效率地运行。应加快对于人工智能科技领军企业的能力培育和资格遴选，支持其牵头打造场景驱动的人工智能创新联合体，加速场景驱动人工智能创新生态系统的建设。

（四）加快面向人工智能创新的场景化人才体系建设

人才是创新发展的第一资源。当前，我国人工智能创新面临的一大关键问题在于缺乏高质量的兼具学术能力、科研能力和产业实践经验的人工智能复合型人才，且人才队伍内部缺乏充分的流通与协作，难以将不同团队的异质性知识与经验形成合力。场景作为平台和创新生态系统的载体，可以为参与人工智能创新的人才团队提供充分的合作机会与交流场域，进而有助于形成场景化的人工智能创新人才体系。同时，在场景驱动人工智能创新的过程中，创新主体应有意识地促进人才的交流和协同，并主动从创新体系外部吸收人工智能创新人才，从而加速形成一批能够胜任多种人工智能创新任务的复合型创新人才，使这些人才在构建新场景、提出新问题、开辟新领域、打造新模式的过程中起到中流砥柱的作用。

（五）推动形成"场景—科技—金融—产业"良性循环

人工智能创新，尤其是面向未来前沿的原创性创新和路径探索，具有周期长、成本高、不确定性强等特点，这意味着这一创新过程不仅需要投入丰富的异质性知识，还离不开充足的金融资源支持。需要针对场景驱动的人工智能创新的每一个具体环节，以及不同类型的创新活动，分别设计适合的创新型金融手段，通过财政政策以及社会资金等多重路径汇聚金融资源，确保各个环节的顺畅连通与运转效率。同时，在控制风险的基础上充分利用金融资源对于场景驱动人工智能创新的赋能作用，有助于加速形成"场景—科技—金融—产业"这一循环链条，并进一步促进新场景的开发与创新成果的产业化，进而加深人工智能与实体经济各个产业的深度融合，赋能现代化产业体系建设和中国式现代化进程。

本章主要参考文献

[1] 孙璇 . 美国人工智能发展策略与大国科技竞争格局 [J]. 中国科技论坛，2022（6）：172-178.

[2] 王志刚 . 以高水平科技自立自强支撑引领高质量发展 [J]. 求是，2023（16）.

[3] 尹西明，钱雅婷，陈劲，等 . 小视科技：贴"地"而行，成就 AI "专精特新""小巨人"[J]. 清华管理评论，2023（6）：100-110.

[4] 尹西明，苏雅欣，陈劲，等 . 场景驱动的创新：内涵特征、理论逻辑与实践进路 [J]. 科技进步与对策，2022，39（15）：1-10.

[5] 李晓华，李纪珍 . 人工智能在组织管理中的应用：基于赋能与增益视角的分析 [J]. 当代经济管理，2023，45（4）：20-30.

[6] 尹志锋，曹爱家，郭家宝，等 . 基于专利数据的人工智能就业效应研究——来自中关村企业的微观证据 [J]. 中国工业经济，2023（5）：137-154.

[7] 袁野，汪书悦，陶于祥 . 人工智能关键共性技术创新生态系统构建及其演化机制 [J]. 科技管理研究，2021，41（18）：1-9.

[8] 高山行，刘嘉慧 . 人工智能对企业管理理论的冲击及应对 [J]. 科学学研究，2018，36（11）：2004-2010.

[9] KUMAR K, THAKUR G S M. Advanced Applications of Neural Networks and Artificial Intelligence: A Review[J]. International Journal of Information Technology and Computer Science, 2012, 4（6）：57-68.

[10] MISSELHORN C. Artificial Morality. Concepts，Issues and Challenges[J]. Society, 2018，55（2）：161-169.

[11] PEREIRA V, HADJIELIAS E, CHRISTOFI M, et al. A systematic literature review on the impact of artificial intelligence on workplace outcomes: A multi-process perspective[J]. Human Resource Management Review, 2023，33（1）：100857.

[12] BECKER A, BAR-YEHUDA R, GEIGER D. Randomized algorithms for the loop cutset problem[J]. Journal of Artificial Intelligence Research, 2000，12（1）：219-234.

[13] WANG S, WANG Y, DU W, et al. A multi-approaches-guided genetic algorithm with application to operon prediction[J]. Artificial Intelligence in Medicine, 2007，41（2）：151-159.

[14] OKE S. A literature review on artificial intelligence[J]. International Journal of Information and Management Sciences, 2008（19）：535-570.

[15] 朱巍，陈慧慧，田思媛. 人工智能：从科学梦到新蓝海——人工智能产业发展分析及对策 [J]. 科技进步与对策，2016，33（21）：66-70.

[16] LU Y. Artificial intelligence: a survey on evolution, models, applications and future trends[J]. Journal of Management Analytics, 2019，6(1)：1-29.

[17] SIMON H A. Artificial intelligence: an empirical science[J]. Artificial Intelligence, 1995，77（1）：95-127.

[18] YOO Y, HENFRIDSSON O, LYYTINEN K. Research Commentary —The New Organizing Logic of Digital Innovation: An Agenda for

Information Systems Research[J]. Information Systems Research, 2010, 21（4）: 724–735.

[19] BREM A, GIONES F, WERLE M. The AI Digital Revolution in Innovation: A Conceptual Framework of Artificial Intelligence Technologies for the Management of Innovation[J]. IEEE Transactions on Engineering Management, 2023, 70（2）: 770–776.

[20] CATH C. Governing artificial intelligence: ethical, legal and technical opportunities and challenges[J]. Philosophical Transactions of the Royal Society A: Mathematical, Physical and Engineering Sciences, 2018.

[21] LECUN Y, BENGIO Y, HINTON G. Deep learning[J]. Nature, 2015, 521（7553）: 436–444.

[22] LOUREIRO S M C, GUERREIRO J, TUSSYADIAH I. Artificial intelligence in business: State of the art and future research agenda[J]. Journal of Business Research, 2021（129）: 911–926.

[23] ARSENYAN J, PIEPENBRINK A. Artificial Intelligence Research in Management: A Computational Literature Review[J]. IEEE Transactions on Engineering Management, 2023: 1–13.

[24] CHINTALAPATI S, PANDEY S K. Artificial intelligence in marketing: A systematic literature review[J]. International Journal of Market Research, 2022, 64（1）: 38–68.

[25] TOORAJIPOUR R, SOHRABPOUR V, NAZARPOUR A, et al. Artificial intelligence in supply chain management: A systematic literature review[J]. Journal of Business Research, 2021（122）: 502–517.

[26] TRUONG Y, PAPAGIANNIDIS S. Artificial intelligence as an enabler for innovation: A review and future research agenda[J]. Technological Forecasting and Social Change, 2022（183）: 121852.

[27] MARIANI M M, MACHADO I, NAMBISAN S. Types of innovation and artificial intelligence: A systematic quantitative literature review and research agenda[J]. Journal of Business Research, 2023（155）: 113364.

[28] 王磊, 肖倩, 邓芳芳. 人工智能对中国制造业创新的影响研究——来自工业机器人应用的证据 [J]. 财经论丛, 2023: 1-14.

[29] HAEFNER N, WINCENT J, PARIDA V, et al. Artificial intelligence and innovation management: A review, framework, and research agenda[J]. Technological Forecasting and Social Change, 2021（162）: 120392.

[30] FÜLLER J, HUTTER K, WAHL J, et al. How AI revolutionizes innovation management – Perceptions and implementation preferences of AI-based innovators[J]. Technological Forecasting and Social Change, 2022（178）: 121598.

[31] 徐鹏, 徐向艺. 人工智能时代企业管理变革的逻辑与分析框架 [J]. 管理世界, 2020（1）: 122-129, 238.

[32] PIETRONUDO M C, CROIDIEU G, SCHIAVONE F. A solution looking for problems? A systematic literature review of the rationalizing influence of artificial intelligence on decision-making in innovation management[J]. Technological Forecasting and Social

Change, 2022（182）：121828.

[33] 张省，周燕 . 人工智能环境下知识管理模式构建 [J]. 情报理论与实践，2019（10）：57-62.

[34] BAHOO S, CUCCULELLI M, QAMAR D. Artificial intelligence and corporate innovation: A review and research agenda[J]. Technological Forecasting and Social Change, 2023（188）：122264.

[35] EDWARDS J S, DUAN Y, ROBINS P C. An analysis of expert systems for business decision making at different levels and in different roles[J]. European Journal of Information Systems, 2000, 9（1）：36-46.

[36] 戚聿东，肖旭 . 数字经济时代的企业管理变革 [J]. 管理世界，2020，36（6）：135-152，250.

[37] KEDING C. Understanding the interplay of artificial intelligence and strategic management: four decades of research in review[J]. Management Review Quarterly, 2021，71（1）：91-134.

[38] 朱翰墨，杨忠，丁雪 . 人工智能时代组织管理的理论溯源与实践前瞻——以德鲁克管理思想为线索 [J]. 江海学刊，2020，330（6）：144-148，255.

[39] 尹西明，陈劲 . 产业数字化动态能力：源起、内涵与理论框架 [J]. 社会科学辑刊，2022（2）：114-123.

[40] 陈劲 . 加强推动场景驱动的企业增长 [J]. 清华管理评论，2021（6）：1.

[41] 薛澜，姜李丹，黄颖，等 . 资源异质性、知识流动与产学研协同创新——以人工智能产业为例 [J]. 科学学研究，2019，37（12）：2241-2251.

[42] 尹西明，陈泰伦，陈劲，等 . 面向科技自立自强的高能级创新联合体建设 [J]. 陕西师范大学学报（哲学社会科学版），2022，51（2）：51-60.

[43] MOORE J. Predators and Prey-a New Ecology of Competition[J]. Harvard Business Review, 1993，71（3）：75-86.

[44] ADNER R. Match your innovation strategy to your innovation ecosystem [J]. Harvard Business Review, 2006，84（4）：98-107.

[45] CARAYANNIS E, CAMPBELL D. "Mode 3" and "Quadruple Helix"：Toward a 21st century fractal innovation ecosystem [J]. International Journal of Technology Management, 2009，46.

[46] GUERRERO M, URBANO D, FAYOLLE A, et al. Entrepreneurial universities: emerging models in the new social and economic landscape[J]. Small Business Economics, 2016，47（3）：551-563.

[47] NAMBISAN S, BARON R A. Entrepreneurship in Innovation Ecosystems: Entrepreneurs' Self-Regulatory Processes and Their Implications for New Venture Success[J]. Entrepreneurship Theory and Practice, 2013，37（5）：1071-1097.

[48] GRANSTRAND O, HOLGERSSON M. Innovation ecosystems: A conceptual review and a new definition[J]. Technovation, 2020（90-91）：102098.

[49] BRUSONI S, PRENCIPE A. The Organization of Innovation in Ecosystems: Problem Framing, Problem Solving, and Patterns of Coupling[M]//Collaboration and Competition in Business Ecosystems: Vol. 30. Emerald Group Publishing Limited, 2013：167-194.

[50] GOMES L A de V, FACIN A L F, SALERNO M S, et al. Unpacking the innovation ecosystem construct: Evolution, gaps and trends[J]. Technological Forecasting and Social Change, 2018（136）: 30-48.

[51] WANG P. Popular concepts beyond organizations: exploring new dimensions of information technology innovations.[J]. Academy of Management Proceedings, 2007，2007（1）: 1-7.

[52] 储节旺，吴蓉，李振延. 数智赋能的创新生态系统构成及运行机制研究 [J]. 情报理论与实践，2023，46（3）: 1-8.

[53] 布和础鲁，陈玲. 数字创新生态系统：概念、结构及创新机制 [J]. 中国科技论坛，2022，317（9）: 54-62.

[54] ARENAL A, ARMUÑA C, FEIJOO C, et al. Innovation ecosystems theory revisited: The case of artificial intelligence in China[J]. Telecommunications Policy, 2020，44（6）: 101960.

[55] JACOBIDES M G, BRUSONI S, CANDELON F. The Evolutionary Dynamics of the Artificial Intelligence Ecosystem[J]. Strategy Science, 2021，6（4）: 412-435.

[56] FREEMAN C. Technology policy and economic performance: lessons from Japan[M]. London: Pinter Publishers，1987.

[57] OECD. National Innovation Systems[R]. Paris: OECD Publishing, 1997.

[58] 曹原，田中修，肖瑜，等. 新中国成立以来科技体制演变的历程与启示 [J]. 中国科技论坛，2022（6）: 1-10.

[59] 王福涛. 中国国家创新系统模式选择研究：理论、历史与实践 [J]. 人民论坛·学术前沿，2022（20）: 55-62.

[60] 冯泽，陈凯华，冯卓. 国家创新体系效能的系统性分析：生

成机制与影响因素 [J]. 科研管理，2023，44（3）：1–9.

[61] 冯泽，陈凯华，陈光. 国家创新体系研究在中国：演化与未来展望 [J]. 科学学研究，2021，39（9）：1683–1696.

[62] 余江，管开轩，李哲，等. 聚焦关键核心技术攻关强化国家科技创新体系化能力 [J]. 中国科学院院刊，2020，35（8）：1018–1023.

[63] 赵彬彬，陈凯华. 需求导向科技创新治理与国家创新体系效能 [J]. 科研管理，2023，44（4）：1–10.

[64] 李哲. 面向国家战略需求的关键核心技术攻关组织模式研究 [J]. 人民论坛·学术前沿，2023（1）：12–22.

[65] 尹西明，陈泰伦，陈劲，等. 面向科技自立自强的高能级创新联合体建设 [J]. 陕西师范大学学报（哲学社会科学版），2022，51（2）：51–60.

[66] 尹西明，陈劲，贾宝余. 高水平科技自立自强视角下国家战略科技力量的突出特征与强化路径 [J]. 中国科技论坛，2021（9）：1–9.

[67] 杨晶，李哲，康琪. 数字化转型对国家创新体系的影响与对策研究 [J]. 研究与发展管理，2020，32（6）：26–38.

[68] 陈凯华，赵彬彬，康瑾，等. 数字赋能国家创新体系：演化过程、影响路径与政策方向 [J]. 科学学与科学技术管理，2023，44（2）：19–32.

[69] 刘国柱. 数字标准的地缘政治论析——基于大国竞争的视角 [J]. 人民论坛·学术前沿，2023（4）：34–47.

[70] 尹西明，卢若愚，陈劲. 场景驱动的产业数字化动态能力作用机制研究——以中国铁建集团为例 [J]. 创新与创业管理，

2023（1）：1-18.

[71] 尹西明，苏雅欣，陈泰伦，等．屏之物联：场景驱动京东方向物联网创新领军者跃迁 [J]．清华管理评论，2022（11）：94-105.

[72] 孙新波，周明杰，张明超．数智赋能驱动场景价值创造实现机理——基于海尔智家和小米的案例分析 [J]．技术经济，2022，41（12）：181-195.

[73] 王福，刘俊华，长青，等．场景链如何赋能新零售商业模式生态化创新？——海尔智家案例研究 [J]．南开管理评论，2023：1-22.

[74] 许晖，周琪．场景式解决方案开发路径研究——基于场景驱动视角的多案例分析 [J]．科技进步与对策，2023：1-10.

[75] 刘涛雄，李若菲，戎珂．基于生成场景的数据确权理论与分级授权 [J]．管理世界，2023，39（2）：22-39.

[76] 尹西明，苏雅欣，李飞，等．共同富裕场景驱动科技成果转化的理论逻辑与路径思考 [J]．科技中国，2022（8）：15-20.

[77] 陈劲，尹西明．建设新型国家创新生态系统加速国企创新发展 [J]．科学学与科学技术管理，2018，39（11）：19-30.

[78] 尹西明，陈泰伦，陈劲，等．加强企业主导型国家创新体系建设的逻辑与路径 [J]．科技中国，2023（4）：49-53.

[79] 李梦薇，高芳，徐峰．人工智能应用场景的成熟度评价研究 [J]．情报杂志，2022，41（12）：176-183.

[80] 俞鼎，李正风．智能社会实验：场景创新的责任鸿沟与治理 [J]．科学学研究，2022：1-15.

[81] 詹希旎，李白杨，孙建军．数智融合环境下 AIGC 的场景化

应用与发展机遇 [J]. 图书情报知识，2023：1–12.

[82] 陈小平. 人工智能：技术条件、风险分析和创新模式升级 [J]. 科学与社会，2021，11（2）：1–14.

[83] 陈小平. 人工智能中的封闭性和强封闭性——现有成果的能力边界、应用条件和伦理风险 [J]. 智能系统学报，2020，15（1）：114–120.

[84] 陈劲，尹西明. 范式跃迁视角下第四代管理学的兴起、特征与使命 [J]. 管理学报，2019，16（1）：1–8.

[85] 尹西明，钱雅婷，王伟光. 场景驱动构建数据要素生态飞轮——从深圳数据交易所实践看 CDM 新机制 [J]. 清华管理评论，2023（5）：107–117.

[86] 郝跃，陈凯华，康瑾，等. 数字技术赋能国家治理现代化建设 [J]. 中国科学院院刊，2022，37（12）：1675–1685.

| 第九章 |

场景驱动产业数字化动态能力培育的
战略与路径

以产业数字化和数字产业化为核心构成的数字经济正在成为全球发展新经济范式、国际竞争新高地和国家发展新引擎。随着互联网、大数据、云计算、人工智能、区块链等数字技术的加速创新，日益融入经济社会发展各领域全过程、以数字技术和数据要素为核心构成的数字经济正成为重组全球要素资源、重塑全球经济结构、改变全球竞争格局的关键力量。全球诸多国家和地区相继出台了促进数字经济发展的国家战略，数字驱动创新不但成为新型全球化时代全球经济复苏和可持续发展的新力量，也成为世界经济和科技强国竞争的新高地，更成为我国在新发展阶段贯彻新发展理念构建新发展格局，从而实现高质量发展、建设中国式现代化的新引擎。

综合"技术—经济"范式演变逻辑、全球竞争逻辑、理论逻辑和国家发展逻辑，中国式现代化新征程上的产业数字化转型，是多元主体把握全球新一轮科技和产业革命趋势，瞄准中国式现代化背景下产业向高端化、绿色化、智能化、融合化发展的目标，发挥超大规模市场、海量数据和丰富应用场景优势，全方位重构企业价值链、产业链、创新链，发挥数字要素对实体经济放大、叠加、倍增作用，助力做强做优做大数字经济的过程。产业数字化转型以场景驱动创新和产业数字化动态能力为理论基石，以数据要素融通共享为基础，以数字技术创新为核心动力，以强化关键能力建设为保障，以场景驱动数字技术与实体经济深度融合为关键路径，以领军企业牵引、大中小企业融通协同推动千行百业万企数字化智能化转型升级为主线，以数字化赋能高质量发展为根本任务。推进产业数字化深度转型，对加快构建现代化产业体系、推动高质量发展，以及打造中国式现代化新引擎具有重要的战略意义和实践价值。

产业数字化的本质是应用数字技术重构企业组织模式和产业创新发展范式、推动数字技术与实体经济深度融合、实现加速创新与能力跃迁的动态过程。然而，当前产业数字化转型还面临战略不清晰、技术应用难、要素难以价值化、数字化见效慢、龙头企业牵引机制缺失等痛点难点。对此，产业领军企业亟须立足产业发展智能化、绿色化、融合化发展的趋势，抓住场景驱动的创新理论和重大创新范式跃迁机遇，发挥产业链"链长"优势，瞄准产业场景中面临的复杂综合型转型需求和痛点难点，以数字技术创新与管理机制创新双轮驱动，在重构自身商业模式和竞争优势的同时，培养面向产业数字化转型的数字化技术核心能力与数字化管理核心能力，进一步以产业数字化应用场景驱动"双核"协同，整合建构产业数字化动态能力，加速数字化深度转型与持续创新跃迁。产业数字化动态能力理论和场景驱动的创新理论不但为数字经济时代加快推进产业数字化转型、解决大中小企业数字化智能化场景痛点提供了重要的理论指引，也为场景驱动产业高端化、现代化发展，进而支撑中国式现代化提供了重要的实践启示。

新一代信息通信技术的加速创新与应用，正驱动着世界经济向数字经济加速转型。在后疫情时代经济复苏和高质量发展的双重要求下，做强做优做大数字经济，成为新形势下我国抢占科技与产业竞争高地、实现高水平科技自立自强、构建新发展格局的核心议题。2021年10月18日，习近平总书记在主持中共中央政治局第三十四次集体学习时进一步强调，要站在统筹中华民族伟大复兴战略全局和世界百年未有之大变局的高度，统筹国内国际两个大局、发展安全两件大事，把握数字经济发展趋势，充分发挥海量数据和丰富应用场景优势，推动数字技术同实体经济深度融合，赋能传统产业转型升级，催生新产业新业态新模式，不断做强做优做大我国数字经济。

学术界、政策界和产业界对数字经济研究的关注度持续升温，针对数字经济的趋势与挑战进行了卓有成效的探析。一些国外学者指出，在数字经济 2.0 时代，数字平台、工业生态系统、创新生态系统将呈现显著发展趋势，模块化、开放式创新和平台将是业务发展大方向。但与此同时，数字鸿沟的日趋扩大与数字化转型悖论问题的日益涌现，将引发诸多社会问题。很多国内学者提出了符合中国国情的观点。王伟玲指出，数字经济时代，数据将替代用户流量成为竞争要素，市场需求将主导生产运营。李晓华认为数字经济发展将保持飞速增长态势，呈现颠覆性产品技术创新排浪式显现、数字技术赋能产业能力增强、反垄断监管加强、世界主要经济体间竞争加剧等趋势。但是目前，我国数字经济发展仍面临产业基础能力不强、国际化发展水平低、法律制度环境不完善、数字经济发展不完善等短板与痛点。丁志帆也强调数字技术除了可以为经济发展提供新机遇之外，也对现有经济理论、测度体系、监管框架和制度环境提出了全新挑战。

在这一背景下，本部分立足数字经济尤其是产业数字化的全球趋势和国家战略，系统梳理了数字经济以及产业数字化的定义与相关概念，并系统性梳理了产业数字化动态能力、创新生态系统、场景驱动创新等与产业数字化转型相关的核心理论。一方面为消除产业数字化转型痛点和难点，培育数字时代的领军企业，加快数字中国建设，不断做强做优做大我国数字经济提供理论与实践启示；另一方面为学术界建构数字创新理论做出有中国特色的理论贡献。

一、数字经济、数字产业化与产业数字化

（一）数字经济

数字经济（digital economy）的概念源于 20 世纪 90 年代，由唐·泰普斯科特（Don Tapscott）等学者率先提出。综合现有文献和二十国集团（G20）杭州峰会、各国政府文件，本书将数字经济定义为以数字化内容（例如：信息和知识）为核心生产要素，以互联网、移动通信网络、物联网等现代信息网络为关键载体，通过有效利用信息技术，提升效率，优化经济结构，赋能经济社会高质量发展的一系列经济活动。数字经济的核心是通过数字技术推动数字创新实践，培育经济活动新模式，重置经济发展底层逻辑。基于数字技术开发产品服务、调整组织模式、变革商业模式的数字创新，是创新驱动国家战略与数字化趋势的融合，也是数字经济时代获得持续竞争优势的关键。数字技术的可再编程性赋予数字创新自生长性、融合性、解耦性、去中介性等特点。基于数字融合平台和生态系统的涌现，催生了更加复杂多变、模糊不定的经济管理新情境。如何构建支撑数字平台建设和商业模式设计的强大动态能力，从而不断更新商业模式，打造数字时代竞争新优势，促进产业高质量创新发展，成为产业数字化面临的突出挑战。

从构成维度和结构关系来看，数字经济包括数字产业化（即信息通信产业）和产业数字化（即数字技术与传统产业的渗透交融为生产力的崭新技术经济范式，集中体现了数字技术的扩散和数据资源的汇集）两种。作为数字经济的双重向度，数字产业化为产业数字化提供重要支撑，是数字经济的基础；产业数字化为数字产业化创造应用场景，体现产业特色，是数字经济的重要组成部分。两者交织融合，共同构成数据价值的呈现形式，驱动数字经济系统平稳运行。

（二）数字产业化

数字产业化以平台为载体、以数据为生产要素，通过数字手段和数据要素价值化配置，形成既可以在企业内流转，也可以在市场上流通的数据资产（如数字基础设施和解决方案），以实现信息增值（图 9-1）。平台和数据是运用数字化方式解决工业制造、社会治理、在线医疗等领域中现实问题的重要支撑。具体而言，大数据公司依托领先的技术团队，对数据进行处理与分析，形成包括数据集成管理平台、分析平台、开发应用平台在内的三大产品体系，发展大数据运营业务，打通数字产业链，构建数据生态链，为产业链全要素数智化转型奠定基础。此外，数字产业的集群化发展还能为数字技术提供成长载体和应用环境，加速新技术成果转化和产业创新发展。

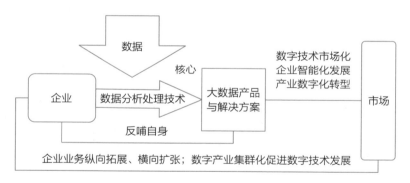

图 9-1　数字产业化信息增值模式

（三）产业数字化

产业数字化表现为融合驱动模式，指传统产业如工业、农业，利用新一代数字技术扩展并强化数据资源价值，进而带动业务改造升级、组织模式优化、生产效率提升的过程，体现为生产要素数据化、业务流程数字化、产品智能化和服务在线化，是深化供给侧结构性改革的重要着力点和建设数据要素驱动型高质量发展模式的重要动力（图9-2）。互联网平台在经济主体间建立的广泛连接，不仅有助于开放产业上下游供给链、打破行业壁垒、创新企业协作模式，还有利于降低信息互通和市场交易成本、优化资源配置、变革商业模式和产业组织形式。杨卓凡将我国产业数字化转型归纳为社会需求主导的倒逼模式和创新驱动的增值服务模式。吕铁认为我国传统产业的转型趋势包括从资产实体化到资产数据化、从生产驱动到市场导向、从内部转型到平台赋能产业共创，并提出由企业智造、行业平台、园区生态构成的三层次产业数字化演化路径。倪克金等研究发现数字化转型对头部企业成长的促进作用更显著，且具有明显的"同群效应"。李北伟等则强调标准制定和动态能力建构对于产业数字化转型的重要性。唯有强化技术能力，以科技带动数字基建，加速技术同实体融合，数字转型才能从企业层面的自主创新上升到产业层面的协同共赢。

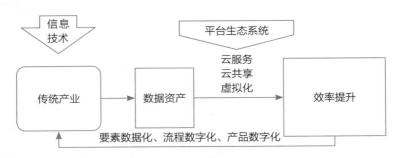

图9-2　产业数字化过程逻辑

二、场景驱动产业数字化动态能力培育的战略与路径

产业数字化的本质是面向产业发展场景的痛点难点问题，应用数字技术和数据要素重构企业组织模式和产业创新发展范式，推动数字

技术与实体经济深度融合，实现加速创新与能力跃迁的动态过程。然而，当前产业数字化转型面临战略不清晰、技术应用难、要素难以价值化、数字化见效慢、龙头企业牵引机制缺等痛点难点。对此，产业领军企业亟须发挥产业链"链长"优势，以数字技术创新与管理机制创新双轮驱动，在重构自身商业模式和竞争优势的同时，提高面向产业数字化转型的数字化技术核心能力与数字化管理核心能力、进一步以产业数字化应用场景驱动"双核"协同，整合建构产业数字化动态能力（industrial digital dynamic capabilities，IDDC），加速大中小企业协同转型，推动产业数字化深度转型与持续创新跃迁。数字经济政策要更加重视培育产业数字化动态能力，发挥我国丰富的应用场景优势，协同推进产业数字化与数字产业化，做强做优做大我国数字经济。

（一）数字经济时代驱动产业发展需要新能力

诸多学者从资源基础观、生态系统和动态能力理论等角度出发，尝试提出数字经济时代加快企业数字创新的新型能力和相关理论。例如，李（Li）等提出了数字能力，涵盖技术研发、生产管控、财务管理、供应链运营、客户服务等领域。安娜雷利（Annarelli）等提出了数字化能力，即企业整合数字资产和商业资源，利用数字网络和技术对产品服务、生产过程、运营管理进行创新，以获取持续竞争优势的组织能力。索萨-祖玛（Sousa-Zomer）提出了数字转型能力，聚焦数字战略的落地执行。刘洋提出了企业层面的数字创新能力，即组织通过部署利用数字资源，实现创新的能力。陈（Chen）等从知识管理的角度，构建数据驱动的动态能力，以阻止知识隐藏，实现组织制度创新。焦豪等聚焦动态能力驱动组织数字转型的作用机理，基于对数字技术的有效感知和运用，进行数据全生命周期管理，将有助于管理流程和业务模式创新。然而，现有文献多关注企业层面的数字创新，忽视了数字技术带来的跨企业和产业边界竞争、竞合乃至共生现象对传统战略管理和创新管理的新挑战，缺少对企业尤其是行业领军企业通过数字化转型和其外部性带动产业数字化转型的理论探索与研究建构；更鲜有对数字时代涌现出的场景驱动型数字创新范式与实践如何拓展核心能力、动态能力、创新生态系统等传统理论边界的系统探究。

对此，我国的学者基于数字经济对核心能力与动态能力理论发展提出的新挑战、新机遇，结合领军企业通过数字创新管理引领产业数字化转型的最佳实践和整合式创新理论、数字创新生态系统等独具中国特色的理论探索，提出数字经济时代驱动产业数字化转型的"元能力"——产业数字化动态能力，也即产业领军企业以数字技术创新与机制创新双轮驱动，打造互为促进的数字化技术核心能力与数字化管理核心能力，在重构自身商业模式、重塑竞争优势的同时，通过数字化场景驱动"双核"协同整合形成驱动产业数字化转型与持续创新跃迁的元能力。进一步论述其核心特征、内涵与基本框架。

1. 从核心能力到动态能力

核心能力是在资源基础观（resource-based view，RBV）理论基础上演变而来的。RBV认为企业内部的资源和能力为企业的绩效与发展奠定了坚实基础，是企业获得持续竞争优势的源泉。企业所掌握的战略性资源，如基于经验的企业家资源、供应链网络、核心研发团队、制度文化等，将有助于企业在激烈的市场竞争中获得稳定的超额收益，在长期内主导市场，保持核心竞争优势。由此，普拉哈拉德（Prahalad）和加里（Gary）首先提出，企业是一个能够体现资源价值的能力体系，核心能力是其对自有资源、技能、知识的整合能力，是一种学习能力。巴顿（Leonard-Barton）进一步将核心能力界定为能区分和供应竞争优势的知识组合，包括管理体系、价值与制度标准、技术体系及流程、员工知识和技能四个方面。核心能力观立足资源，强调企业独有的知识技能、关键技术和关系网络等能力要素对企业成长的重要意义，却忽视了外部环境的不断变化。面对日益复杂的国际形势、快速迭代的技术变迁和激烈多变的竞争环境，传统核心能力的"核心刚性"问题凸显，不仅难以指导企业建立和保持核心竞争优势，还会阻碍企业发挥现有优势，不利于企业的转型。

为了解决这些问题，动态能力理论迅速发展，成为战略管理理论研究的新热点。蒂斯（Teece）将动态能力定义为整合、塑造或重建内外部胜任力，从而适应高速变化环境的能力。"动态"反映了企业紧密跟随环境变化，快速调整组织资源和能力，更新原有能力的本质，对应市场动态不确定性，弥补了资源基础观和传统能力论的不足。企业自身竞争优势的强弱会受到技术、经济、政治、环境等外部因素的影响，当核心能力的原始均衡状态被打破，致使现有竞争优势难以持续时，企业动态核心能力将通过开发、整合、配置、协调和释放现有及外部特殊资源和能力，帮助企业核心竞争力再次达到平衡，创造新的竞争优势。简言之，核心能力是企业存续的基础，动态能力则是企业面对新形势、重塑核心能力，进而获得持续竞争优势、实现可持续高质量发展的关键。从核心能力到动态能力，体现的是企业战略观的全局性变化，公司高管和决策者已从专注自身封闭式能力建构、强调秩序的垂直化制度体系、求稳的固定化决策管理思维，逐步转变为开放、互联、动态的战略思维。

2. 数字经济对动态能力理论重塑的挑战与机遇

随着数字化浪潮的迅猛发展，数字化知识和信息逐渐替代劳动力和资本，成为企业转型升级过程中提升核心能力、获取竞争优势、挖掘潜在机会的战略性资源；技术、市场和制度环境不确定性日益加剧；商业模式创新愈发普遍和重要；这对资源基础理论造成了极大的冲击，也给动态能力理论带来了全新的挑战与发展机遇。

首先，作为企业发展和产业转型重要引擎的数据资源具有高速增长性、海量性、共享性等特征，不同于传统资源的难以模仿、不可替代和稀缺属性；导致资源基础观从关注供给方的价值获取转向需求方的价值创造；动态能力理论也从聚焦核心企业依托内外部资源整合力适应环境变化转为强调企业与多方主体，如供应商、友商、消费者、机构客户、大学院所等，协同共创。企业间的竞争格局发生变化，竞争关系向竞合关系转变，竞争优势向生态优势转换，优势来源从内部关键资源的配置能力向与外部有效关联的创建能力和应对环境快速变化的动态能力转变。企业须培育基于数据获得、解析和挖掘的核心能力。鉴于大数据情境对制度环境、组织创新和高管认知行为的影响，构建与发展基于数据驱动的动态能力至关重要。善于将大数据转化为知识，形成创新惯性，有效应用于场景的企业才能提升动态能力，成为市场赢家。

其次是数字经济深刻改变了企业的战略愿景、经营理念与管理行为。受宏观环境变化、市场竞争加剧和用户需求个性化的驱动，传统企业正在加速数字化转型，利用数字技术重塑战略思维、业务流程、组织结构和商业模式，构建以数据为核心驱动要素的价值创造体系，实现与利益相关者的紧密相连和价值共创，进而提升市场竞争力，强化核心竞争优势。数字化转型的核心是战略变革，而非技术升级，这改变了企业动态能力的内涵。孟韬等认为企业战略决定了商业模式设计，动态能力在其中发挥媒介作用，确保企业转型战略得到落实。企业战略应对商业模式设计进行适应性调整，建立由感知能力、获取能力和转型能力构成的动态能力组合，并依靠动态能力体系协调资源和开发商业模式。外部竞争为传统企业数字转型和动态能力理论带来巨大挑战，企业应培养起一种平衡有效性和灵活性的动态能力，协调现有能力和数字化能力之间的关系。

最后，在数字化实践和商业模式变革中，制度环境、技术背景和市场环境的全方位高速变化，致使传统企业难以在模式、能力和资源上与环境动态匹配，传统能力理论中的组织惯性问题，如能力的路径依赖性，仍是动态能力理论所面临的一大挑战。在数字化时代，新技术、新商业模式和新业态迭代更频繁，保持竞争优势变得更加困难，单一产品和服务的生命周期大幅缩短，需求端的超高速变化给供给端带来了更快速、更高效的决策需要，包括产品与解决方案设计、生产规划、资源配置等，这要求企业战略管理更加注重前瞻性、系统性和动态性。在这一趋势下，企业战略观要从传统的稳态和匹配思维转向动态和引领型战略观，并把根据需求场景快速变革、动态优化组织竞争力的能力作为数字时代动态能力的内核并强化培养。

总而言之，在数字化时代，战略超越现有能力与资源，能力不再决定战略，即企业亟须将动态能力观重塑为全新的战略观，从产业链现代化的整体视角理解竞争优势，从传统的基于人力资源和历史绩效预测的战略管控思维，转向基于数据洞察和产业趋势前瞻性分析的引领型战略思维。未来引领产业数字化的企业能力的可持续性表现为一个动态的、数据洞察型和产业场景驱动型的发展过程，这包括：工作惯例，即具有一定的稳定性；相对柔性，即随动态市场环境而快速变化，防止核心能力僵化；数据洞察型，即基于组织内外的大数据预测分析快速调整战略和组织行为；产业场景驱动型，也即以消费者和产业数字化应用场景驱动企业技术与管理核心能力的动态整合与共演。

（二）产业数字化动态能力的概念与核心内涵

1. 产业数字化动态能力的概念

整合式创新理论认为，无论是建设世界科技强国，还是产业创新升级、培育世界一流企业，均须运用整体观和系统观，以前瞻性思维准确把握时代的趋势、挑战和机遇，以战略视野和战略创新驱动引领技术创新和管理创新，实现技术与市场的互搏互融，强化内外协同和开放整合，最大限度地释放技术创新的潜在价值。数字经济时代，产业竞争环境更加复杂多变、模糊不定，唯有打造适应数字化转型的动态核心能力，以感知能力敏锐洞察技术趋势、挖掘商业机会，以获取能力构建平台网络、高效整合资源，以重构能力调适制度模式、强化进化适应力、实现数字战略，才能实现企业和产业的指数型、跨越式增长。

面向数字化时代企业数字创新和产业数字化转型的新趋势，结合数字经济对资源基础观和能力理论重塑提出的新挑战、新机遇，基于领军企业通过数字创新管理推动产业数字化转型的最佳实践和整合式创新理论、数字创新等中国特有的理论探索，本章提出数字经济时代驱动产业数字化转型的"元能力"——产业数字化动态能力，也即数字经济时代，产业领先企业瞄准自身和产业数字化转型重点场景的痛点难点问题，在数字技术创新与机制创新的双轮驱动下，打造互为促进、互为支撑、互为发展的数字化技术核心能力与数字化管理核心能力，在重塑自身商业模式和竞争优势的同时，通过数字化场景推动"双核"协同整合，形成驱动产业数字化转型和持续创新跃迁的动态能力。

产业数字化动态能力包含数字创新战略、文化与价值观，数字化技术核心能力，数字化管理核心能力，依托产业应用场景的数字化动态整合能力四个维度；具有以构建产业数字生态为愿景，以战略创新为引领，以数据和技术为核心引擎，以开放共创共治为经营治理理念，以"双核"协同赋能场景创造价值为手段等特征。

2. 产业数字化动态能力的核心内涵

产业数字化动态能力作为战略视野驱动下的全新数字化转型范式，包含两方面核心内涵。

首先，产业数字化动态能力是企业，尤其是产业领军企业，应用整合式创新理论，通过数字创新重构自身技术核心能力和管理核心能力，打造全新商业模式，获取可持续竞争优势的同时，进行新型数字基础设施建设，改变产业主体间连接方式与竞合关系，构筑融通生态，带动产业数字创新发展的动态能力；是数字技术创新、数字机制创新和场景驱动型创新协同的结果；是对国家"加速数字科技同传统业务融合，实现数字经济四化"战略的积极响应和有力支撑。深厚的技术积累和丰富的管理经验为企业数字化转型奠定坚实基础。拥有敏锐技术洞察力和优越自主创新能力的企业往往能够更迅速地应对技术、市场和制度环境的变化，适时地更新管理理念，变革组织战略，改进组织架构，创新业务模式，提升管理水平。这一过程又将推动核心技术的演进与发展，帮助企业强化核心技术竞争力，通过数字技术同现有核心能力的创新融合演化出相互支持、互为促进的数字化技术核心能力和数字化管理核心能力。场景化是企业基于技术与管理优势，推动技术核心能力和管理核心能力协同发展，赋能行业数智化转型的重要抓手。打造场景化，数据是关键，架构牵引和平台赋能是手段。

其次，产业数字化动态能力是战略驱动、动态发展、纵向整合、全面系统的新范式。企业应以动态能力为基础，将数字技术创新内嵌于企业发展的总体目标和组织管理全过程，结合全球数字技术和经济大趋势，确定企业和产业创新方向，并根据外部环境和组织条件适时、高效地进行战略变奏。战略实施层面，企业应坚持基于自主的开放整合式创新，借助数字化平台和数字化合作模式，联合全球伙伴打造新技术、新产品，构筑资源共聚、信息共联、机会共创、价值共赢的产业生态。

以贝壳找房科技有限公司（以下简称"贝壳"）为例。贝壳是居住服务行业领军企业链家应用产业互联网思维转型而来的，创立两年即成功上市，打造了全行业最大的数字化基础设施"楼盘字典"，成为中国居住服务产业数字化领军者。贝壳首席执行官（CEO）彭永东指出，只有根植于产业和服务场景本身，并与管理变革协同整合，技术创新的价值发力才会更有指向性。贝壳自我颠覆特色的整合式创新得以落地的重要动力是聚焦构建科技驱动型新居住服务平台的企业数字化战略；两大基石则是以楼盘字典和 SaaS 系统（software-as-a-Service）为代表的数字化技术创新体系，和以经纪人合作网络（agent cooperation network，ACN）机制为核心的产业数字化机制创新。数字技术创新层面，楼盘字典作为全行业最大最全的动态数据湖，构成了贝壳引领产业数字化的底层数据和技术架构，为数字创新奠定数据基础；SaaS 系统运用数字技术赋能业务流程，通过提升运营管理体系的数据能力、调度能力和场景线上化能力，如开发虚拟现实（VR）看房和人工智能（AI）讲房服务，在创新产品和机制的同时，提高了服务者的能力。管理机制创新层面，经纪人合作网络机制创造的激励相容从业者共创模式通过标准化和分享合作，推行公开透明的竞合模式，降低交易成本，提高服务品质，优化用户体验，提升了全行业效率。技术创新和机制创新相辅相成，面向多元居住服务场景，包括二手、新房、租赁、社区、装修等，搭建世界一流、中国领先的居住服务平台，打造产业数字化双核能力，形成"人店合一"数字化居住服务共创模式，使得贝壳在加速超越竞争对手的同时，打造出连接 C 端（用户）生态网和 B 端（服务提供者）生态网、支撑新居住生态的"数字化新基建"，构建起平台、经纪人、客户之间高效协同、相互促进的创新生态系统，重构并引领新居住服务行业全面数字化、智能化转型。

（三）场景驱动产业数字化动态能力的战略逻辑与进路

产业数字化动态能力是数字经济时代，在位企业，尤其是产业领军企业重塑自身竞争优势并带动产业持续推进数字创新的"元能力"；是企业数字化技术核心能力、数字化管理核心能力和数字化场景整合能力的综合体，本质是领军企业通过数字手段，赋能应用场景、重构传统产业；是数字创新战略引领的产业数字化转型理论与实践范式，关键在于战略引领、场景驱动（图9-3）。

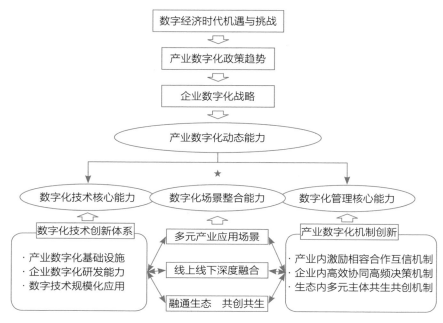

图9-3 产业数字化动态能力理论框架

1. 战略引领：数字时代机遇与企业愿景的动态匹配

首先，数字化战略具有前瞻指引作用，决定了产业领军企业能否灵活运用新技术，变革自身商业模式，打造独一无二竞争优势，推动产业生态系统演化。唯有洞悉数字经济时代的机遇和挑战，紧跟全球产业的技术演进与政策趋势，明确自身资源、能力和发展方向，制定数字化转型战略并坚定执行，企业才能在市场竞争中占据领先优势，引领产业持续竞争优势与能力的重构和持续创新。数字经济和数字化不只是风口和短期机会，更是长期战略共识。企业数字化转型的实质是战略变革与模式更新，这要求企业建立长远价值思维，进行基于数字化、智能化的顶层设计和战略规划，包括制定清晰的使命、愿景、发展战略、制度体系和树立明确的文化价值观。保持强大的战略定力和执行力将有助于企业动态改进组织架构和业务模式，迅速适应内外部环境变迁，获得难以复制的竞争优势。

以全球化工行业领军企业巴斯夫集团（BASF，以下简称"巴斯夫"）为例。在巴斯夫高层领导的战略认知中，数字化对企业发展和全行业转型升级至关重要，因此，公司在 2018 年发布的全新企业战略中，将数字化作为重要构成单独强调，与创新、产品组合、运营、员工、可持续发展共同构成 BASF 战略的六大支柱，并应用在包括研发、生产、用户合作及供应链的整个业务价值链体系中。研发方面，公司利用超级计算机 QURIOSITY 进行分子模拟等实验，深度挖掘企业创新潜力，在提升产品开发速度的同时，满足消费者需求。生产方面，截至 2021 年年底已有超过 160 个数字化项目在巴斯夫大中华区的各基地装置上线启用。例如，公司在生产基地广泛部署内置传感器的生产装置，通过集成大数据和建立预测模型来预知设备故障并主动进行维护。商业创新方面，巴斯夫将数字技术全面应用在业务的商业模式与供应链构建上，为客户提供全新的定制化体验。运营管理方面，公司通过成立专业的数字化团队，实现信息化与自动化"两化融合"，突破化工企业数字化转型整体架构的关键节点。文化制度方面，公司重点培育参与化工企业数字化建设的人员，包括数字化的领导者、应用人才和专业人员。在数字化战略的指导下，巴斯夫不仅实现了自身的长足发展，还为整个化工行业开启了数字转型的路径范式。

2. 数字化技术核心能力：以数字化技术创新体系打造能力底座

数字化技术创新体系由企业数字化研发能力、产业数字化基础设施和数字技术规模化应用构成，是企业构建数字化转型技术核心能力，打造世界级核心竞争力，从企业级创新跃升至产业级创新的关键，是创新、开放、合作、转型的高度统一。企业数字化研发能力以新一代信息科技为载体，强调企业在基于自主创新的开放式创新战略引领下，一方面，潜心钻研产业底层技术架构，牢牢掌握关键核心技术，另一方面，积极同政府端、供给端和需求端进行战略合作，加速先进技术的开发转化、融合应用与体系变革，以此驱动形成产业数字化的基础设施体系，促进数字技术规模化落地，强化产业创新扩散能力，推动产业数智化发展。

以全球半导体显示龙头京东方科技集团股份有限公司（以下简称"京东方"）为例。成立 28 年来，京东方始终尊重技术、坚持创新，凭借每年 7% 的高研发投入和专注包容的创新文化，快速实现消化、吸收、再创新，在显示传感领域建立起强大的技术竞争优势：创新管理方面，开设前沿技术寻源组织，研判半导体显示及物联网产业发展趋势；技术开发方面，人工智能、有机发光显示器（organic light emitting display，OLED）、传感等领域专利申请丰富优质；生产运营方面，成都、绵阳两条柔性有源矩阵有机发光二极体 6.0（active-matrix organic light emitting diode，AMOLED 6.0）生产线稳定运行；产品市场方面，营收和利润稳定可持续，2020 年的产品出货量和市场占有率全球第一。而今，在物联网转型战略下，京东方继续秉持技术领先、协同开发、价值共创的发展理念，积极同供应商、竞争者、互补企业等深度合作，研发智能芯片、嵌入式设计等物联网新技术，构建大数据应用、计算机视觉、图像智能、人机交互四项核心技术，搭建移动技术、云应用、终端技术等研发平台，在以技术核心能力连接现有业务、驱动新兴业务发展的同时，整合平台生态优势资源，重塑商业模式，重置产业价值链，打造物联网时代的产业数字化创新生态（图 9-4）。

3. 数字化管理核心能力：产业数字化机制创新加速共生共创

产业数字化机制创新对建立数字化管理核心能力至关重要，其中包含产业内激励相容合作互信机制、企业内高效协同高频决策机制和生态内多元主体共生共创机制，企业内高效决策机制和产业内合作互信体系共同促进产业的结构更新与能力提升，推动形成全新的产业生态。数字化机制创新是企业运用新兴技术手段，优化业务逻辑和结构，

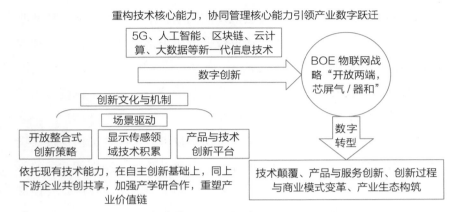

图 9-4　以数字技术为核心驱动的京东方数字化转型模式

提升生产要素关系和流程效率，并应用数字孪生思想，实现实体设备、运作过程和资源配置的全方位数字化，推动实体空间与数字空间相互映射孪生协同，完善企业决策管理机制的过程。

　　稳定的组织结构和产业利益格局有助于提升组织效率，而数字技术的导入与应用将打破这种状态。因此，数字时代的管理机制创新必须突破组织惰性，触发组织变革，其难度在于组织的复杂性。这要求管理层从网络空间视角出发，优化业务体系和运作模式；积极跨越组织边界，顺应网络化、平台化和生态化的趋势；构建基于数字技术、数字流程和数据要素的产业创新生态，打造企业数字化管理核心能力，持续赋能产业数字化转型。

　　以美的集团（以下简称"美的"）数字机制创新与数字化管理核心能力打造过程为例。数据战略是美的数字化转型的核心战略，即通过数字化的手段实现管理的透明性、响应性、精准性、实时性和智能性。通过应用供应链云，美的拉动了上下游与客户的数据共享，实现了供需间的产能可视化，化解了供需匹配中的不确定风险。响应性方面，通过佩戴华为智能手表，工人们能在生产线运营出现故障时，五分钟之内赶赴现场维护。精准性方面，数据能够拓展人的知识和经验，帮助管理者发现一些靠经验无法识别的问题，形成管理闭环，持续改善管理体系。如在生产过程中通过数据分析识别更多异常值，为技术精进和精益管理提供更广阔的空间。通过云端应用程序（APP），美的可以对物流进行实时动态管理，如物流车辆动态跟踪、车辆精准入厂管理、移动终端引导装货和机器人卸货等。

此外，美的还采用人工智能视觉识别技术，帮助员工识别机器噪声，及时处理生产安装中的错误和瑕疵。通过数字机制创新，美的不仅优化了生产流程，强化了管理体系，重构了问题解决及运营管理核心能力；还推动全价值链数据共享，引领全产业链从经验管理上升到科学管理，实现数字生产、数字运营和数字服务（图9-5）。

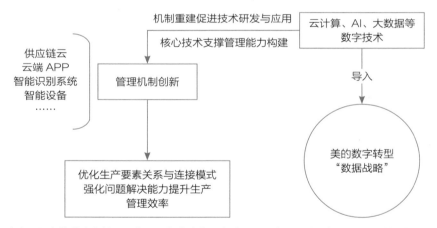

建立云平台等数字化管理系统，服务生产管理全过程，打造行业数字基建重构以数据为关键要素的数字化、智能化、网络化管理模式和以客户为导向的商业模式，拉动全价值链数据共享，带动产业数字转型

图9-5　美的数字化转型中的管理机制创新

数字化技术核心能力和数字化管理核心能力是基础，互相促进，共同支撑对内的战略变革和对外的场景化应用。作为产业数字化转型和技术市场化应用的主体，企业需要持续强化技术创新和机制创新，一方面建立强化并革新关键技术，另一方面整合利用并发掘核心资源，

以此带动产业创新升级。

以华为为例。随着产业数字化和行业全云化的趋势愈发显现，根据行业特性和发展，打造全新信息通信技术（information communications technology，ICT）基础架构平台，连接产业转型和商业价值，成为华为生态观的关键导向。秉持"赋能合作伙伴，打造云圈生态"的发展理念，华为对其所拥有的强大平台和丰富资源进行针对性战略部署，在打通数字化技术与管理核心能力体系的同时，建设"融入、创新、分享"的华为生态。为了将技术创新成果转化为高品质的解决方案和产品，形成动态更新、灵活匹配的商业模式，华为将技术创新管理同组织创新管理有机整合，围绕基础理论、算法突破、技术突破、重定义技术产品架构、重定义产业节奏方向、开拓新业务等方向，进行数字基础设施创新。在此基础上，聚焦数字办公、智能制造、数据中心和广域网络等数字化基础设施应用场景，积极同技术开发人才、应用服务商、先锋企业等产业生态伙伴协同创新，赋能政府机构和企业客户的业务流程，解决业务问题，提高业务效率，提升用户体验，重塑商业模式，构筑健康生态。

4. 数字化场景整合能力：面向产业场景实现持续创新跃迁

数字化场景整合能力是引擎，驱动企业不断创新，面向特定产业场景和痛点，实现数字化技术核心能力和数字化管理核心能力的协同耦合，形成推动产业持续创新跃迁的产业数字化动态能力。具体而言，场景整合能力从多元产业应用场景入手，通过推动线上线下深度融合和激励跨产业合作，融合企业数字技术能力和数字管理能力，联合多元主体构建产业数字转型所需的共创平台，建设共创共生的融通生态，拓展产业内外部资源整合能力，打造面向数字化转型的产业动态核心能力。

场景驱动创新是将技术应用于某个特定领域，实现更大价值的过程；是基于长远设想与创意，实现技术突破、创造未来的过程。在数字经济时代，大量新场景、新品类、新赛道涌现，科技创新速度快，市场需求瞬息万变。企业应坚定数字化战略，通过搭建内部的数字中台和外部开放式的数字创新平台，形成链接组织内外的生态化组织管理模式，通过嵌入式应用人工智能、数字仿真和数字孪生等先进技术手段，深入分析挖掘乃至预测消费者行为与用户需求，以此引导和创造供给，在市场竞争和场景实践中实现技术、产品和服务的迭代。

与传统的从技术到市场的线性创新模式不同，在场景创新模式中，创新动力从科学家的好奇心转向商业需求倒逼和需求场景牵引的技术创新；创新环境从实验室走向真实的市场环境；创新主导者从科研院所走向科技创新企业和领先用户；参与主体则从原来的研发人员转向由来自科学界、产业界、投资界各方人士乃至深度学习算法驱动的类人智能体构成的数字化创新联合体；创新过程浓缩在真实的市场验证环境中，从以往先研发后转化的历时性创新走向技术研发与商业转化同时发生的共时性和共生性创新。这种场景驱动的数字化创新过程中，能够实现制造业"微笑曲线"的研发端和市场端的实时、动态、精准和高效能匹配，在保障产业链安全、降低成本的同时实现企业自身的柔性、大规模定制化和即时生产，并能够通过产业链激励相容的数字化合作机制与区块链等数字技术保障后疫情时代的产业链高韧性与可信数字化发展。

长远来看，数字化转型空间广阔，深耕"场景化"会带来无限机遇。企业应持续优化解决方案孵化能力，通过组建完整的使能团队，让场景解决方案的构建变得更简单；同时借助技术核心能力和管理核心能力，与行业伙伴合作开发，挖掘数字价值，最终引领带动产业提档升级。

京东方在进行物联网业务布局时，就充分运用了场景驱动的思路，针对六大场景领域与二十余项具体场景，分别提供体系化的解决方案，包括智慧城市、智慧零售、智慧医工、智慧金融、工业互联网、智慧出行等。以公司在工业互联网领域最具特色的智慧园区场景应用为例。智慧园区具体指为客户提供园区层面的物联网场景解决方案。从技术层面而言，以云资源作为基础设施，统一搭建开发平台、大数据平台、人工智能平台，为具体管理软件的开发应用提供支持。从管理层面而言，基于云平台、物联网、人工智能等新兴技术，按照客户需求对园区内的多项具体项目进行精益化和智能化管控，如人员管理、车辆管理、安全管理、能耗管理。京东方所提供的智慧园区解决方案，具有专业性强、协同度高、兼容性高、功能完整、操作简单等特点，充分体现了公司的深厚技术积累。通过场景驱动的管理模式创新，京东方将技术优势转化为服务能力，真正解决客户的实际需求与痛点问题，赋能产业内海量场景。

一直以来，美的都把产品领先作为企业核心竞争战略。在此基础上，公司于2020年年底正式将数字化纳入集团战略，形成了以科技领先、数智驱动、用户直达、全球突破为四大主轴的全新战略组合。其数字化战略立足核心家电制造业务，以同业竞争为核心目标，完全服务于企业战略，旨在利用数字化转型过程打造异业竞争优势。

美的以"企划通"集团大数据企划系统为载体，围绕数字化洞察、数字化测评、数字化运营三个业务场景，拉通大数据、企划系统、研发系统，建立以用户、市场为中心的需求管理平台和产品企划全流程的数字化分析模型，实现"大数据输入—系统自动解析—推荐企划方案"的数字化企划闭环，在半年的时间内上线了市场分析、用户分析和产品运营三大数字驱动的业务场景板块，品类覆盖达到90%以上，实现了快速、真实和精准的用户测评效率，拉通了运营与研发的数据，大幅度降低用户调研企划和研发成本，将感性的用户体验量化后提供个性化的产品购买组合和购买路径，激活了庞大用户，实现更高效、更精准的用户触达和更高的营销转化率、产品销量和用户体验，多款新品冲上销量榜第一名。与此同时，在数字化转型过程中，美的时刻不忘核心战略，在赋能自身数字化的过程中，完善了产业数字基础设施，并通过孵化的安得智联、美云智数等数字化企业，为全行业企业和用户提供数字化咨询、制造业云服务和产品数字化方案，推动了产业数字创新转型。

（四）场景驱动产业数字化的展望

本部分针对全球数字经济发展的现状和趋势，中国企业和产业数字化转型的情境特征，以及数字中国建设对数字创新理论范式的呼唤，系统回顾了现有数字经济研究文献和创新创业理论如资源基础观、核心能力理论和动态能力理论，总结现有理论与范式的不足，基于我国特有的整合式创新理论优势，结合领军企业通过数字创新管理获得可持续竞争优势并推动产业数字化转型的最佳实践，提出驱动产业创新发展的全新能力范式——产业数字化动态能力，即瞄准重要产业产教，通过数字技术创新和管理机制创新，打造互为支持、互为引擎的数字化技术核心能力和数字化管理核心能力，通过数字化场景应用驱动"双轮"协同耦合，形成引领产业共创、共享、共赢生态建设和数字转型持续创新跃迁的元能力，主要贡献如下：

首先，从企业创新管理和产业数字化的视角，在回溯全球动态能力构建和数字化转型理论研究的基础上，针对数字经济时代现有范式的局限，提出了产业数字化动态能力这一符合东方情境的独特数字创新范式。产业数字化动态能力是数字化战略视野驱动下的整合式创新；是数字化管理核心能力、数字化技术核心能力和数字化场景整合能力的综合体；是头部企业在数字创新战略引领下，围绕产业需求痛点，瞄准特定应用场景，因地制宜，培养技术核心能力和管理核心能力，带动产业转型，实现数据价值的过程。这一数字创新范式弥补了以往创新理论和能力范式所缺失的场景驱动和战略引领。其中，战略引领解决核心刚性和数字经济带来的高频创新决策难题，产业场景体现产业特色。

其次，产业数字化动态能力突出强调了数字化转型过程中顶层设计、战略定力、创新驱动、开放协作、场景应用和融通整合的重要性，尤其是战略和场景的重要实践价值。对于互联网领域，需要紧密围绕特定产业链环节和业务场景痛点，以头部企业带动产业转型，如华为的鸿蒙系统和阿里的"101战略"均是开放数字基础设施，瞄准特定产业场景进而赋能传统产业数字化转型；对于传统制造业，应聚焦领军企业自身特有的优势赛道，以数据赋能所在产业的业务场景，如京东方的工业互联网和智慧园区；对于服务业，需推进数字基础设施建设，以数字技术创新支撑业务流程创新，打造高效的商业模式和全新的业态，如贝壳找房的新居住服务生态和用友的商业创新平台"用友BIP"。这一范式的提出，对于深入中国数字创新领域和理解典型企业的数字化转型实践具有重要意义，有助于管理者基于数字化目标，设计和实施提升技术核心能力、管理核心能力和平台整合能力的战略，实现可持续竞争优势，进而推动产业跃迁。

最后，产业数字化动态能力是推动多元主体共建的全新能力观；是帮助中国产业建立可持续竞争优势，支撑实施科技创新强国战略的原创性理论范式；是进一步提升国家科技创新实力，强化全球创新领导力，瞄准高质量发展目标的政策设计和实践思维。一方面，产业数字化动态能力顺应技术迭代变化与商业模式演进，体现了共享信息资源、共创机会价值、共建生态体系的产业发展理念，符合数字经济和百年不遇之巨变的时代背景；是中国企业在数字技术领域取得突破性进展，赢得全球领先竞争地位的经验凝练；也是指导建立国家数字经济产业体系，推动5G、人工智能、物联网（internet of things，IoT）等新兴领域重大技术创新同工业、农业、服务业等传统产业融合的政策着眼点。另一方面，产业数字化动态能力提供了面向政策的科学参考，有助于国家各级政府机构优化顶层战略设计，制定并完善政策，强化实施机制，把握数智化、网络化、线上化方向，打造世界级科技领军企业，最大限度地发挥数字科技对中国科技自立自强和新发展格局构建的作用。

当前，产业数字化动态能力尚未在学术界、科研界、政策界和产业界得到应有的重视和广泛应用，但从产业数字化场景着手重构和升级企业动态能力理论，将数字转型战略、数字化技术核心能力、数字化管理核心能力和数字化场景整合能力相结合，正是动态能力理论与数字经济实践融合的必然趋势。基于战略引领和场景驱动的产业数字化动态能力能够帮助企业抓住技术革新、模式创新和产业变革的机遇，是助力企业塑造可持续竞争优势、带动产业数字化转型升维的全新范式，值得企业管理者、政策制定者和科研工作者持续深入地跟进研究。

在政策层面，产业数字化动态能力提供了一种基于整体观和系统观的政策设计角度，即数字经济政策不应局限于单个企业数字化经济绩效提升，而应有机统筹数字经济时代的科技、经济、民生、文化、生态、教育，形成战略引领、数字要素驱动、开放合作的整合式数字创新。唯有如此，企业才能在国家创新驱动发展战略的引领下，抓住全球范围内数字技术驱动的创新发展战略机遇期，整合推进产业和企业创新战略同数字科技的深度耦合，系统完善数字驱动型国家、区域和产业创新体系与数字化生态发展体系，做强做优做大我国数字经济，推动构建新发展格局。

本章主要参考文献

[1] 孟添，张恒龙.数字金融与区域经济高质量发展[J].社会科学辑刊，2022（1）：139-148.

[2] CLOUGH, D. R, & WU, A. Artificial Intelligence, Data-Driven Learning, and the Decentralized Structure of Platform Ecosystems, Academy of Management Review, vol. 47, no.1（2022）, pp.534-551；BEREZNOY, A, MEISSNER, D, & SCUOTTO, V. The intertwining of knowledge sharing and creation in the digital platform based ecosystem. A conceptual study on the lens of the open innovation approach［J］, Journal of Knowledge Management, 2021, 25（8）: 2022-2042.

[3] MURTHY KVB, KALSIE A, SHANKAR R. Digital Economy in a Global Perspective: Is There a Digital Divide? Transnational Corporations Review, 2021, 13（1）: 1-15.

[4] 王伟玲，王晶.我国数字经济发展的趋势与推动政策研究[J].经济纵横，2019（1）：69-75.

[5] 李晓华."十四五"时期数字经济发展趋势、问题与政策建议[J].人民论坛，2021（1）：10-15.

[6] 刘钒，余明月.长江经济带数字产业化与产业数字化的耦合协调分析[J].长江流域资源与环境，2021，30（7）：1527-1537.

[7] 丁志帆.数字经济驱动经济高质量发展的机制研究：一个理论分析框架[J].现代经济探讨，2020（1）：85-92.

[8] 逄健，朱欣民.国外数字经济发展趋势与数字经济国家发展战略[J].科技进步与对策，2013，30（8）：124-128.

[9] 余江，陈凤，王腾.数字创新引领产业高质量发展的机制研究 [J].创新科技，2020，20（1）：80-86.

[10] SVAHN F, MATHIASSEN L, LINDGREN R. Embracing Digital Innovation in Incumbent Firms: How Volvo Cars Managed Competing Concerns［J］. Mis Quarterly, 2017, 41（1）: 239-253;

[11] 刘洋，董久钰，魏江.数字创新管理：理论框架与未来研究 [J].管理世界，2020，36（7）：198-217.

[12] 刘洋，应震洲，应瑛.数字创新能力：内涵结构与理论框架 [J].科学学研究，2021，39（6）：981-984，988.

[13] 陈劲，阳镇，尹西明.共益型企业家精神视角下可持续共享价值创造的逻辑与实现 [J].社会科学辑刊，2021（5）：145-157.

[14] YOO Y, BOLAND RJ, LYYTINEN K, et al. Organizing for Innovation in the Digitized World［J］. Organization Science, 2012, 23（5）: 1398-1408; AUTIO E, NAMBISAN S, THOMAS LDW, et al. Digital Affordances, Spatial Affordances, and the Genesis of Entrepreneurial Ecosystems［J］. Strategic Entrepreneurship Journal, 2018, 12（1）: 72-95.

[15] 尹西明，陈劲，海本禄.新竞争环境下企业如何加快颠覆性技术突破？——基于整合式创新的理论视角 [J].天津社会科学，2019（5）：112-118.

[16] 蔡莉，杨亚倩，卢珊，等.数字技术对创业活动影响研究回顾与展望 [J].科学学研究，2019，37（10）：1816-1824，1835.

[17] TEECE D. J. Profiting From Innovation in the Digital Economy:

Enabling Technologies, Standards, and Licensing Models in the Wireless World［J］. Research Policy, 2018, 47（8）: 1367–1387.

[18] 杨蕙馨，宁萍. 平台边界选择与平台生态治理 [J]. 社会科学辑刊，2021（5）: 135–144.

[19] CHEN Y, LUO H, CHEN J, et al. Building Data–driven Dynamic Capabilities to Arrest Knowledge Hiding: a Knowledge Management Perspective［J］. Journal of Business Research, 2022,（139）: 1138–1154.

[20] PRAHALAD, C. K, HAMEL, G. The Core Competence of the Corporation［J］. Harvard Business Review, 1990（5）: 79–90.

[21] 刘钒，余明月. 长江经济带数字产业化与产业数字化的耦合协调分析 [J]. 长江流域资源与环境，2021，30（7）: 1527–1537.

[22] 尹西明，林镇阳，陈劲，等. 数据要素价值化动态过程机制研究 [J]. 科学学研究，2022，40（2）: 220–229.

[23] 李辉，梁丹丹. 企业数字化转型的机制、路径与对策 [J]. 贵州社会科学，2020（10）: 120–125.

[24] 杨卓凡. 我国产业数字化转型的模式、短板与对策 [J]. 中国流通经济，2020，34（7）: 60–67.

[25] 吕铁. 传统产业数字化转型的趋向与路径 [J]. 人民论坛·学术前沿，2019（18）: 13–19.

[26] 倪克金，刘修岩. 数字化转型与企业成长：理论逻辑与中国实践 [J]. 经济管理，2021，43（12）: 79–97.

[27] 李北伟，宗信，李阳. 产业视角下国内外数字化转型研究：综述及展望 [J]. 科技进步与对策，2022，39（2）: 150–160.

[28] LI J, ZHOU J, CHENG Y. Conceptual Method and Empirical

Practice of Building Digital Capability of Industrial Enterprises in the Digital Age ［M］. IEEE Transactions on Engineering Management, 2019.

[29] ANNARELLI A, BATTISTELLA C, NONINO F, et al. Literature Review on Digitalization Capabilities: Co-citation Analysis of Antecedents, Conceptualization and Consequences ［J］. Technological Forecasting and Social Change, 2021,（166）: 120635.

[30] SOUSA-ZOMER TT, NEELY A, MARTINEZ V. Digital Transforming Capability and Performance: a Microfoundational Perspective ［J］. International Journal of Operations & Production Management, 2020, 40（7）: 1095-1128.

[31] CHEN Y, LUO H, CHEN J, et al. Building Data-driven Dynamic Capabilities to Arrest Knowledge Hiding: a Knowledge Management Perspective ［J］. Journal of Business Research, 2022,（139）: 1138-1154.

[32] 焦豪, 杨季枫, 王培暖, 等. 数据驱动的企业动态能力作用机制研究——基于数据全生命周期管理的数字化转型过程分析 [J]. 中国工业经济, 2021（11）: 174-192.

[33] 陈劲, 李佳雪. 数字科技下的创新范式 [J]. 信息与管理研究, 2020, 5（2）: 1-9.

[34] 余江, 孟庆时, 张越, 等. 数字创新: 创新研究新视角的探索及启示 [J]. 科学学研究, 2017, 35（7）: 1103-1111.

[35] 尹西明, 王新悦, 陈劲, 等. 贝壳找房: 自我颠覆的整合式创新引领产业数字化 [J]. 清华管理评论, 2021（Z1）: 118-128.

[36] 柳卸林，董彩婷，丁雪辰. 数字创新时代：中国的机遇与挑战 [J]. 科学学与科学技术管理，2020，41（6）：3-15.

[37] WERNERFELT, B. A resource-based view of the firm［J］. Strategic Management Journal, 1984, 5（2）: 171-180.

[38] 沙子振，张鹏. 核心能力与动态能力理论界定及关系辨析[J]. 华东经济管理，2010，24（10）：100-102.

[39] LEONARD-BARTON D. Core Capabilities and Core Rigidities: a Paradox in Managing New Product Development［J］. Strategic Management Journal, 1992, 13（S1）: 111-125.

[40] 黄培伦，尚航标，王三木等.企业能力：静态能力与动态能力理论界定及关系辨析[J].科学学与科学技术管理，2008（7）：165-169.

[41] TEECE D J, PISANO G, SHUEN A. Dynamic capabilities and strategic management［J］. Strategic Management Journal, 1997, 18（7）: 509-533.

[42] 宁建新. 企业核心能力、动态能力与可持续发展 [J]. 改革与战略，2009，25（7）：152-155.

[43] 陈衍泰，罗海贝，陈劲. 未来的竞争优势之源：基于数据驱动的动态能力 [J]. 清华管理评论，2021（3）：6-13.

[44] 孟韬，李佳雷. 数字经济时代下企业组织惯性的重构路径研究 [J]. 管理案例研究与评论，2020，13（2）：170-184.

[45] 孟韬，赵非非，张冰超. 企业数字化转型、动态能力与商业模式调适 [J]. 经济与管理，2021，35（4）：24-31.

[46] 孟庆时，余江，陈凤，等. 数字技术创新对新一代信息技术产业升级的作用机制研究 [J]. 研究与发展管理，2021，33

（1）：90-100.

[47] VELU C. A Systems Perspective on Business Model Evolution: the Case of an Agricultural Information Service Provider in India ［J］, Long Range Planning, 2017, 50（5）: 603-620.

[48] 陈劲，尹西明，梅亮 . 整合式创新：基于东方智慧的新兴创新范式 [J]. 技术经济，2017，36（12）：1-10，29.

[49] 朱志华 . 场景驱动创新：科技与经济融合的加速器 [J]. 科技与金融，2021（7）：63-66.

| 第十章 |

场景驱动数据要素市场化配置的战略与路径

在数字经济时代，数据成为推动国家高质量发展的基础性和战略性生产要素，然而数据要素和应用场景难以有效融合成为数据要素市场化配置的核心瓶颈。本书基于场景驱动的创新理论，系统研究场景驱动数据要素市场化配置的理论逻辑与共创生态，结合中国特色数据要素市场化配置的引领性实践探索，阐明了场景驱动数据要素市场化配置的实践逻辑，提出"公共—产业—行业—用户"多维场景驱动数据要素市场化配置的场景数据匹配机制（context-data-match，CDM）。本章提炼了场景驱动数据要素市场化配置的生态共创机制，突破了数据要素市场化配置的线性模式思维，为提高数据要素市场化配置效率、加快数实深度融合、做强做优做大我国数字经济提供重要理论与实践启示。

一、数据要素：从新型生产要素到新质生产力

党的十八大以来，党中央、国务院高度重视大数据和数字经济的发展，深入实施网络强国战略、数字中国战略、国家大数据战略。互联网、大数据、云计算、区块链等数字技术不断创新迭代，以数字化

重塑实体经济的业务模式，推动我国数字经济发展取得了卓越成效（总体规模连续多年位居世界第二）。国家《"十四五"数字经济发展规划》指出要"坚持以数字化发展为导向，充分发挥我国海量数据、广阔市场空间和丰富应用场景优势，充分释放数据要素价值、激活数据要素潜能"，第一次对数字经济做出了国家层面的专项规划。党的二十大报告中进一步提出要"加快发展数字经济，促进数字经济和实体经济深度融合，打造具有国际竞争力的数字产业集群"，为新时代中国数字经济发展提出了新目标新要求。

数据要素作为一种边际成本基本为零、可复用、非排他性和广域渗透的新型生产要素，已广泛融入生产、分配、交换和消费等各个环节，成为企业、产业、区域和国家发展的基础性、战略性资源和培育新质生产力的基石。数据要素的高效配置成为释放数据要素价值、打造国际竞争力的数字产业集群和做强做优做大我国数字经济的核心战略议题。当前，数据要素市场化配置的政策制度逐渐关注数据共享性与普惠性，激励激活数商、数据使用方共同释放数据要素红利。2022年11月，北京市发布《北京市数字经济促进条例》，提出要建立全市数据共享机制，鼓励单位和个人依法开放非公共数据，推动数据要素最大限度地激活。2022年12月，中共中央、国务院出台《关于构建数据基础制度更好发挥数据要素作用的意见》（以下简称"数据二十条"），其中围绕如何建立和健全关于数据要素基础制度体系提出了全面系统的制度性规划指导，认为其核心在于创新数据产权观念、淡化所有权、强化使用权，为激活数据潜能和促进数字经济发展提供了有力的保障。

我国不缺乏数据基础，但有效数据供给不足、数据难以落地于场景。由于缺乏围绕多元场景中的复杂综合性需求而开展的产业数据系统性规划与机制创新，数据要素与场景需求难以融合，海量冷数据难以转化为多维场景所需的高价值知识以及基于知识的决策。在此背景下，如何促进数据要素高效市场化流通和场景化应用，实现数据产业化和赋能产业高质量发展的价值，成为推动数据要素市场建设需要解决的关键核心难题。现有研究主要从数据要素的内涵特征、数据权属、价值实现过程、数据基础设施等不同角度对数据要素市场化配置展开探讨，但是缺少对场景驱动的创新范式的关注，难以解决数据要素与场景融合不足的突出现实问题。

场景驱动创新关注多元主体在场景中的复杂综合性问题和需求，能够将创新链和产业链相结合，提供完整具体的场景任务清单与综合适配的解决方案，更适应数字经济多变复杂的情境特征，因而能够突破场景与数据难匹配的瓶颈问题，推动多元主体、全要素协同参与解决场景问题。作为重要的新兴创新范式，探讨场景驱动的数据要素市场化配置既具备理论研究的前沿特征，又符合新时代国家的战略要求。2022 年 2 月，习近平总书记在《求是》发表的重要文章《不断做强做优做大我国数字经济》进一步强调要"充分发挥海量数据和丰富应用场景优势，促进数字技术与实体经济深度融合，赋能传统产业转型升级，催生新产业新业态新模式，不断做强做优做大我国数字经济"。海量数据与丰富场景的融合已成为国家层面的战略意识，政府部门积极探索场景与数据要素融合发展的模式，并逐渐从场景驱动的角度对数字经济的建设做出指导。2022 年 7 月，科技部等六部门印发的《关于加快场景创新以人工智能高水平应用促进经济高质量发展的指导意见》指出，要明确以场景创新为抓手，提升人工智能场景创新能力，加快推动人工智能场景开放，加强人工智能场景创新要素供给。这是我国第一次将场景创新写入中央政府文件，上升到国家战略层面，是场景驱动的数字经济高质量发展的里程碑事件。

因此，本研究针对数字经济背景下数据与场景难融合的现实瓶颈问题以及现有研究缺口，结合场景驱动的创新理论，系统研究场景驱动数据要素市场化配置的理论机制与过程逻辑；通过将场景驱动的创新理论融入"收—存—治—易—用—管"的数据要素全生命周期管理过程，解析场景驱动数据要素市场化配置的理论逻辑，进一步构建数据要素的价值共创机制；结合深圳数据交易所等典型实践探索，提炼了多维场景驱动的数据要素市场化配置新模式——数据场景匹配机制。本研究将为统筹数字经济安全与发展、充分释放数据要素红利、推动数字产业化与产业数字化协同发展提供重要的理论与实践启示。

二、相关研究与评述

（一）数据要素市场化配置相关研究

数据要素作为继土地、劳动力、资本、技术后的第五大生产要素，是促进产业数字化和经济社会高质量发展的基石。如何有效利用市场化配置手段，促进数据的高价值应用从而助力国家实现经济超越追赶和高质量发展是理论和实践的重要议题。目前，关于数据要素市场化配置的研究主要聚焦在内涵特征、数据权属、价值实现过程、数据基础设施等议题上。

作为新型生产要素，数据要素具备独特的内涵特征，能更高效地推动经济增长与社会发展。刘洋等指出数据要素具有可共享、可复制、可无限供给等特征，使得数字要素驱动的创新不但加快了产业、组织和治理的融合，而且具备了自生长性等迭代创新的特征。尹西明等提出了要素的 5I 属性，即数据整合（integration）、数据融通（interconnection）、数据洞察（insight）、数据赋能（improvement）以及数据复用（iteration），并构建了"要素—机制—绩效"的数据要素价值化动态整合模型。孔艳芳等基于大数据的 6V 属性，提炼了数据要素灵活衍生性、非排他性、强技术依赖性、高度融合性的赋能特征，并解读了"生产要素化"与"配置市场化"两大内涵。

基于数据要素的资产性质和经济效益，数据权属和确权问题是数据要素高效配置的前提，也是实现数据要素价值化动态过程的基础。顾勤从"信息—数据"的二维视角，构建了国家、信息主体、信息管理主体数据权属体系。尹西明等从"权属—主体—角色"的视角出发，基于不同生态主体的权属关系，理清了政府、企业、个人这些主体在"收—存—治—易—用"这一数据要素市场化配置机制中的权力流转机制。

为充分发挥数据要素的效能，最大化地释放数据要素的应用价值，学者们对数据要素价值化过程进行了大量研究。蔡继明等建立了数据要素的一般均衡分析框架，指出数据自身、前期物化在数据收集处理中的劳动以及当期用于数据收集处理的活劳动均参与价值创造过程。乔晗等认为实现数据要素市场化配置首先需要通过技术和制度促进数据要素的流通和交易，然后再通过数据要素与其他生产要素融合实现价值转化，结合数据要素多主体、多阶段、多层次的特征，进一步构建数据要素价值化的生态机制。李海舰等则从"数据资源—数据资产（产品）—数据商品—数据资本"的数据形态演进视角，提出数据要素价值化实则对应着"潜在价值—价值创造—价值实现—价值增值（倍增）"的价值形态演进。

数据基础设施是数据要素价值释放的重要载体，包括数据银行、数据交易中心、数据交易平台等，为数据要素的价值释放提供关键支撑力量。学者们将关于数据基础设施的研究嵌入数据价值化过程，分析了数据要素价值释放的主要机制和价值释放绩效。现有关于数据要素市场化配置的研究比较多，但大多从数据本身出发，探讨技术和制度驱动下的要素价值创造过程，缺乏对场景这一重要和核心要素及其驱动机制的关注，难以突破数据、技术、场景融合的理论和实践瓶颈。

（二）场景驱动的创新相关研究

场景思维是企业商业模式创新的重要手段，在管理领域被广泛应用于营销，江积海等基于场景创新的视角分析了用户、产品、运营场景化的价值创造动机和机理，解构了中国情境下零售企业商业模式场景创新过程及价值创造路径。大数据、人工智能、区块链等数字技术的发展为创新提供了新基础，但仍然存在技术成果转化慢、迭代难、卡脖子等问题。场景驱动创新应运而生，为新兴产业的爆发提供了原点和机会，逐渐被应用于更广泛的领域，成为理论和实践研究的价值洼地。

针对场景驱动创新的理论内涵，尹西明、陈劲等系统地提出了场景驱动的创新理论，该理论以场景为载体、以使命或战略为引领，通过驱动技术、市场等创新要素有机协同整合与多元化应用，将技术应用于解决某个特定业务场景或产业链环节的痛点堵点，以实现更大价值。场景驱动创新以场景、战略、技术、需求为四大核心要素，包括场景构建、问题识别、场景任务设计和技术创新成果的应用四个关键过程。

基于场景驱动创新的理论研究，目前学者们多面向不同场景维度，结合具体的场景需求，探究场景驱动创新的实践路径。例如，孙艳艳基于冬奥实践，结合冬奥会的场景需求提出了北京国际科技创新中心的建设举措。尹西明等探讨了共同富裕这一重要场景驱动下科技成果转化的理论逻辑和实践路径。俞鼎和李正风等分析了人工智能与场景驱动创新的互动关系，指出责任鸿沟是人工智能场景创新的核心伦理问题，并明确了解决对策。场景驱动创新以数据要素和数字技术的发展为支撑，充分释放要素价值，解决各个场景任务，而数据要素的市场化配置需紧密结合场景问题，以场景任务解决和场景价值释放为最终成效。然而，目前还未有学者结合数据要素市场化配置的多维场景问题，探讨场景驱动数据要素市场化配置的过程机制。

（三）数字经济和场景驱动相关研究

场景驱动的创新范式是数字经济时代的产物，数据和数字技术的应用实现了更高效的需求整合，呈现了更具象化的场景任务，满足了数字经济时代的发展需求。这种范式通过非线性思考的方式飞越过技术发明与应用间的鸿沟，是推动数实融合、建设数字中国的重要抓手。现有关于数字经济和场景驱动相关的研究大多以"产业数字化"和"数字产业化"为背景，从数据要素、数字技术与场景之间的互通共促的关系展开。

一类研究聚焦于场景对数据要素和数字技术的影响。尹西明等提出了"产业数字化动态能力"这一创新范式，认为企业应当从多元化应用场景入手，提高数字化场景整合能力，进而推动产业数字化技术能力和管理能力双核协同，培育强势的产业数字化动态能力，阐明了场景驱动创新在企业数字化转型中的重要作用。尹本臻等指出数字经济时代场景探索存在滞后问题，应当加大场景创新的探索力度，并通过场景创新促进产业数字化和数字产业化。另一类研究聚焦数据要素和数字技术如何赋能场景的挖掘和构建。技术是场景驱动创新的核心要素之一，数据要素和数字技术是其重要的组成部分。钱菱潇等基于具体的绿色创新场景探讨了如何应用新兴数字技术打造场景内容，实现数字经济与绿色发展的协同增效，从具体场景案例阐述了数字技术如何支撑场景创新。邹波等提出了数字经济场景化创新，强调了数据要素对场景化创新的支撑作用以及数字技术对场景化创新的驱动作用。缪沁男等以钉钉应用程序为例，提出服务型数字平台"需求确定—业务布局—赋能实现"的逻辑路线，揭示了数字技术赋能场景与生态的动态演化规律。

数字产业化的过程中需要将数据要素转化为场景生产力，进而创造和孵化场景；而产业数字化要将数据要素及数字技术应用于场景，充分释放数据的要素价值，提高场景效率。数据、技术、场景的融合是探究数据要素市场化配置的前沿问题。将前沿的数字技术和"国家—区域—产业"的重大需求场景紧密结合有利于进一步拓展技术的应用领域，满足人民的福祉需求。现有研究更多地单独讨论数据要素，或者从数字技术的视角出发，探讨场景应用中的数字技术与数字技术驱动的场景创新。鲜有学者结合场景驱动创新这一新范式，探讨其为数据要素市场化配置提供的新动能。数据要素需要结合数据使用的真实场景，才能有遵循地对低价值密度的数据进行高效治理、价值释放和价值沉淀，从而最终释放数据价值。因此，本章以场景驱动创新为理论基础，针对数据要素市场化配置的相关理论研究缺口以及针对数据要素市场化配置中缺少场景设计、难以有效激发市场价值活力的难题，结合数据要素市场化配置的典型实践，探讨并提炼了场景驱动数据要素市场化配置新模式。

三、场景驱动数据要素市场化配置的理论逻辑

（一）场景驱动数据要素市场化配置的典型特征

场景驱动的数据要素市场化配置要求充分结合国家和区域的发展实况和相关场景，在使命的驱动下，因地制宜地构建数字基础设施，从而发挥海量数据的规模优势，充分释放数据生产力，实现数据要素的多维价值释放。数据要素市场化配置的主体包括政府、企业、数据交易平台、个人等多元主体，承担"收、存、治、易、用、管"等多重功能，需要数据创新人才、数据基础设施、数据相关制度等多要素协同发展。因为不同应用场景下所使用的数据类别层级不同、参与数

据要素市场化配置的主体不同、所面临的核心问题也存在差异，所以数据交易主体需要结合具体的应用场景，瞄准特色场景中数据要素市场化配置过程中的个性需求、识别场景中的痛点问题，进而明确场景设计的重点任务和建构方案，推动数据要素配置进程中多层次、多主体、多功能以及多要素的融合，最终实现创新应用。场景驱动的数据要素市场化配置具有统筹整合、精准配置、快速转化和跨场景应用的多元特征。

1. 统筹整合

场景驱动创新符合使命驱动的创新理论，重视使命和战略的引领，对场景需求和任务痛点的识别能力更强。在战略的指引下，数据要素的供给和分配更具统筹性。以"低碳减排"这一重大场景应用为例，我们须以"双碳"目标为使命牵引，既要解决降碳问题，又要协同保障经济高质量发展，通过数字化手段转型发展的同时也要降低数据基础设施的碳排。基于此重点任务，以"双碳"为目标，数据要素市场化配置应当充分发挥政府、产业、企业和个人的主体作用，充分收集来自各级部门、各类格式、不同时空维度类型的数据，实现全量存储、全面汇聚、高效治理、全场景应用的数据要素价值化流程。场景驱动创新强调统筹整合，需要不同创新主体共同参与，在保证数据安全的情况下共享数据，协同研发，共同破解数据融通难的问题。

2. 精准配置

在场景驱动下，要素配置的目标任务和需求分解更为准确。一方面，场景构建、核心问题识别、具体任务设计由数据要素提供具象化支持；另一方面，数据要素服务于场景，最终拉动技术的创新应用。二者协同，数据要素配置更精准。如新华三集团以场景驱动数据治理，开展了以交通拥堵为导向的数据治理，提出"只需调用和融合出行数据，而无须融合每一辆车的数据"，诠释了场景驱动下数据要素的配置"用哪治哪""治哪融哪"的精准性原则。

3. 快速转化

场景中数据要素市场化价值的需求，要求数据与需求、愿景、使命间建立更紧密的对接并实现更顺畅的数据融合和数据的快速应用与价值释放。在场景驱动的创新范式下，需求是场景生成的原动力。因而，数据要素价值化的前提是准确识别把握场景的复杂综合性需求问题。如博世底盘控制系统南京工厂数字孪生平台，其在建设之初就面向实现全链数字化的场景。在此基础上，面向场景需求实现了数据向生产力的低成本和快速转化。平台深度融合了智能工厂运营中涉及的人、机、料、法、环各环节，采集了工厂内部边缘侧的各类工业数据，打通了各种数字化系统间的数据管道，并借助超宽带等技术获取了人员和物流设施的实时位置，提升了工厂运营关键指标，树立了中国工业 4.0 标杆。

4. 跨场景应用

在场景驱动下，数据要素的市场配置不仅以实现单一应用为目的，更应该全面提升数据效能、促进数据流通，使得其能被更多场景应用。以京东方为例，依托显示终端的应用场景，京东方建立了"1+4+N+生态链"的发展架构，聚集 1 个技术策源地——半导体显示事业，围绕"物联网、传感、MLED、智慧医工"4 个主场景，实现了数据的跨场景互通共用。同一类数据可面向智慧城市、智慧零售、智慧医工、智慧金融、工业互联网等 N 个场景问题提供多元化、差异化、精准适配的场景问题解决方案，大大提高了数据和场景融合的效能。

（二）场景驱动数据要素市场化配置的共创生态

尹西明等提出了数据要素价值化生态的基本框架和建设原则，但是相关研究忽视了场景在数据要素市场化配置的重要作用，难以有效解决数据与场景融合的难题。因此，本研究从场景驱动的理论视角梳理了数据要素市场化配置的价值逻辑，进一步构建了统筹数据发展与安全、融入场景的数据要素市场化配置的创新生态（图 10-1）。从创新再到场景驱动，最终走向生态时，各方都需参与数据要素生态的共享共创。单独一方不能完成所有职能，因为数据从所有权到运营权，再到使用权，在让渡和交易的过程中包含大量不同环节，需要多元角色参与构建场景驱动数据要素市场化配置的共创机制。

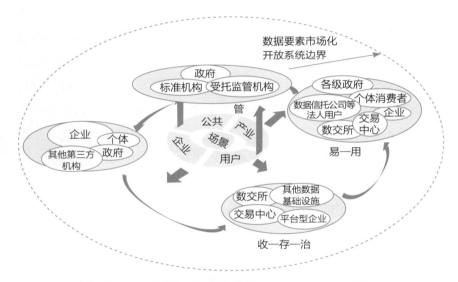

图 10-1 场景驱动数据要素市场化配置的共创生态架构

场景驱动数据要素市场化配置既符合场景驱动的内涵特征，又包含数据要素市场化配置的理论实践，其核心在于以"公共—产业—企业—用户"等不同维度场景下数据要素市场化配置的重点和痛点为抓手，由数据源出方、数据"收—存—治—易—用"的各个主体共同构成数据要素市场化配置的生态底座，由数据监管主体发挥顶层设计与监管功能，保障数据要素安全交易、顺畅流通。其中，政府、企业、个人等作为数据源，供给海量数据；数交所、企业、数字交易中心等在"收—存—治"阶段发挥主要作用，共同将数据激活、转变为知识状态；数交所、企业、各级政府、个人等结合场景需求与痛点参与数据的交易和使用过程，充分激活数据的场景价值；政府、标准机构、受托监管机构等在此过程中承担监管职能，保障数据交易流通。通过多元主体的生态价值共创精准打通数据要素市场化配置"收—存—治—易—用—管"的各个核心环节，最终实现生态价值共创。

现有数据要素市场化配置以场外点对点交易为主，数据要素的场外交易比例远大于场内交易比例，企业参与场内交易的动力不强、动机不足、机制不清。然而场外交易需要数据供给方与需求方点对点或者多方撮合交易，存在对接难、交易标准分散、交易匹配性差的难题，须以明确的场景问题为支撑。因此，各方主体须进一步激活场内交易。在此过程中，我们应强化数据交易所在数据要素价值化共创生态中的主导地位并发挥其"场景—数据"匹配作用，引导多元数据交易主体进一步参与场内交易并激活数据要素市场化配置的生态共创机制。

（三）场景驱动数据要素市场化配置的过程逻辑

1. 公共场景

面向公共场景，各公共企事业单位以经济社会的可持续发展为使命，面向国家和民生发展的重大场景需求。公共场景使用教育医疗、水电煤气、交通通信等公共数据，具有一定公益属性，主要由公共企业事业单位运营，如上海和福建的公共企事业单位，通过成立数据集团支持本地公共数据运营。公共数据的配置具有明确的授权机制，其难点不在于确权，而在于如何瞄准智慧城市、智慧教育、智慧医疗、智慧交通等公共场景的流程痛点，打破数据在"政—企—民"间信息孤岛和数据分割，以数据赋能公共场景搭建落地。在公共场景中，政府及公共事业单位产出数据源，将数据交易所、交易中心、数商企业或城市大脑等相关数据基础设施作为数据收集、存储、治理的主体。

在此过程中，政府、标准机构、受托监管机构全程监管数据要素市场化配置的过程，以实现数据交易的合法合规。

以智慧城市为例，智慧城市重在以城市居民为中心，打通数据壁垒，实现高密级数据可用不可见、低密级数据对居民开放可视化。杭州城市大脑以交通领域为突破口，利用数据改善城市交通，如今已覆盖警务、交通、文旅、健康等 11 大系统和 48 个应用场景。通过"一张网""一朵云""一个库""一个中枢""一个大脑"拉动数据在市、区、部门之间流动，在中枢、系统、平台、场景中互连、在政府与市场中互通。杭州城市大脑通过全面打通各类数据和各类场景，破除了信息壁垒和数据孤岛，实现了经济最优、治理最优、民生最优的公共场景全局优化。

2. 产业场景

面向产业场景，企业须充分激活产业供应链上下游的数据要素，面向智慧家居、智能制造、智慧零售、智慧居住等多元产业场景，解决产业的共性问题和需求痛点，以数据赋能新产业的培育、新业态的激活，把握产业发展的前瞻性趋势。其内核是解决产业数据价值化痛点。在产业场景中，数据要素配置的重难点在于数据的收集、流通和使用。首先，产业数据来源广、数据量大且数据权属不清，这为产业数据的收集带来难度。其次，产业链上下游间在有利益竞争关系时如何开放和交易数据促进数据的流通也是一大难点。最后，如何使用数据切实解决产业数据价值化的痛点和需求是产业维度数据要素价值化的重点。各主体将产业链上下游所有企业和用户作为数据源，主要使用产业的单个企业数据、企业间协作以及用户产生的数据。企业、数交所、数据交易中心等作为数据市场化配置的主体，主要用来解决产业痛点，盘活产业数据资产。

以智慧居住产业为例，贝壳植根于产业场景本身，针对"假房源"的产业场景痛点，将房地产领域这种非标长周期的、复杂性的服务解构为 20 余个标准化的数据场景环节。企业借助人力、数字技术和工具系统在不同的环节交由不同的人员来处理，如交易员、带看员、录虚拟现实和增强现实（AR）视频的人员等，并对他们进行不同的教育，通过实行类似于贝壳分的信任激励机制，使得房地产中介的经济过程变成了标准化数据支撑的服务过程。借助收集的门牌号码、户型、朝向、区位条件等多维数据，贝壳以真实房源数据搭建楼盘字典，沉淀数据资产，打通多元服务居住场景。与此同时，它不断迭代升级技术与设备，以楼盘字典 live（生活）让楼盘字典活起来，实现了虚拟现实采房、虚拟现实看房、人工智能讲房的智慧新居住模式，真正在场景驱动下激活了房源数据价值，颠覆了产业潜规则，有效驱动了居住行业的数字化转型，实现产业数字化和数字产业化的高效协同，构建了中国居住服务的新生态。

3. 企业场景

面向企业场景，企业须瞄准组织运行的各个场景，如研发、生产、采购、销售、管理、财务等，重在激活整合企业内部及与外界交易的数据。场景驱动的核心在于用数据赋能企业业务增长和组织运行的重要环节。企业场景主要使用企业数据，其更加灵活，企业可自行决定自行管理或授权第三方企业开展数据要素市场化配置。由于企业所处的行业、自身体量、开展的业务存在差异，数据要素市场化配置的过程和重难点也各有不同。体量较大的企业数据量大且庞杂，数据治理难度大，可能需要第三方数字技术厂商合作搭建数据中台，以提高数据治理效率。企业场景下，企业是数据的源出者，企业自身、数字技术服务企业、数据交易所等机构作为数据市场化配置的生态共创主体共同优化配置企业的制造数据、采购数据、销售数据、产线设备互联数据等，解决企业业务运营的实际痛点，激活企业数据价值。

以三一重工为例，在生产环节，针对优化生产节拍的场景，三一重工利用树根互联的根云平台汇聚工厂里数千个数据采集点收集的工业大数据，在场景驱动下为每一道工序、每一个机型甚至每一把刀具匹配最优秀参数；针对优化园区水电量的场景需求，通过"三现四表互联"将场内设备和厂外设备搬到云平台，基于场景数据对高能耗设备重新排产，降低能耗成本，提升了三一重工智能制造的能力。

4. 用户场景

面向用户场景，数据要素市场化配置的核心是利用数据解决用户痛点，结合用户的个人信息与非个人信息，如基本信息、访问足迹、消费数据、浏览记录、个人存储数据和元宇宙交易数据等，充分解决用户衣食住行的难题。在用户场景下，数据要素市场化配置的重难点在于数据隐私保护、数据使用门槛和管理效率优化。在用户场景下，用户产生数据源，企业、数据交易所、交易平台等通过推出数据应用和数据产品等解决用户痛点，有效面向用户完成数据要素配置。

针对用户需求，盒马依托阿里集团强大的用户消费行为数据深入洞察新一代高质量"懒宅"用户对生鲜产品的需求，运用数据进行更精准的采购管理、上架管理、库存管理以及精准的广告投放和推送，实现了购物便捷、送货快、商品丰富度高，通过全渠道的数据采集分析精准为消费者提供高性价比的产品和服务，提升了用户零售体验。

四、场景驱动数据要素市场化配置的典型实践与机制

（一）场景驱动数据要素市场化配置的实践探索——以深数所为例

数据交易所作为数据要素市场化配置的重要基础设施，在数据交易市场中发挥重要作用，能够促进所在省域内城市的全要素生产率提高和经济增长。传统的数据交易市场存在数据源企业汇聚一大批原始数据，但交易过程中的使用方对如何治理使用数据未形成广泛能力的

痛点问题，使得数据供需不匹配、使用门槛高。因此我们亟须培育面向数据应用和价值释放的场景创新的新型主体。数据交易所/中心作为数字经济时代围绕场景开展数据供给与需求匹配机制探索的典型新质主体，已经成为国家和各地推进数据场景匹配机制探索和生态建设实践的重要载体。2015年4月14日，贵阳大数据交易所正式挂牌成立，成为我国第一个地方政府批复成立的数据交易所，之后各省市相继成立数据交易所或交易中心。截至2022年年底，全国范围内由地方政府发起、主导或批复成立的数据交易所已有39家。

其中，深圳数据交易所（以下简称"深数所"）于2022年11月15日正式揭牌。截至2023年2月28日，深数所数据交易成交规模已突破16亿元，交易场景超过75个，市场参与主体660余家，覆盖省、市及自治区20余个，完成了场内首笔跨境交易，入选"深圳发展改革十大亮点"，成为全国数据交易所中交易规模最大、数据市场化生态参与主体最多、开发应用场景数量最多的数据交易所，是场景驱动数据要素市场化配置机制创新和实践的引领性典型案例。

深数所是在2021年设立的深圳数据交易有限公司基础上成立的，是加快落实中央《深圳建设中国特色社会主义先行示范区综合改革试点实施方案（2020—2025年）》文件精神、深化数据要素市场化配置改革任务、打造全球数字先锋城市的重要实践。深数所以建设国家级数据交易所为目标，按照场景驱动的创新设计顶层逻辑，开展数据要素市场化配置机制探索，推动场景与数据深度融合，加速数字产业化、赋能产业数字化。自成立后，深数所在全国范围内首创供需匹配图谱，以场景高效匹配数据，聚集数据要素生态主体，构建了数据要素跨域、跨境流通的全国性交易平台，进一步以数据要素生态服务融通场景与数据，大幅度提升了应用场景创新能力与数据要素市场化配置效率，取得了阶段性的卓越成效。笔者基于对深数所的参与式跟踪访谈和研究，提炼出了深圳数据交易所场景驱动数据要素市场化配置的创新模式（图10-2）。

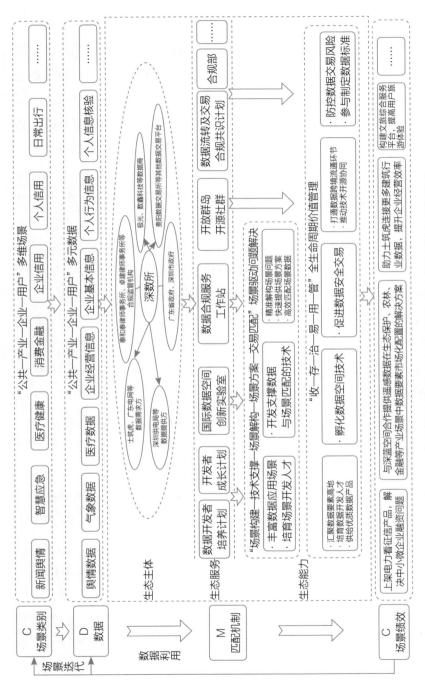

图 10-2 深圳数据交易所场景驱动数据要素市场化配置的创新模式

具体而言，在生态主体汇聚上，深数所广泛对接政府、数商、其他数交所等多元数据要素生态主体，主要通过提供数据交易服务对接数据供需双方，提升数据收集、存储、治理、交易、使用、监管的全流程配置效率。围绕金融科技、数字营销、公共服务等61类重要应用场景，深数所聚集数据交易主体、汇集数据大类、产出数据产品，打造了数据资源和数据产品的聚集高地。应用场景广泛覆盖的重点在于围绕场景重点，连接更多跨地区、跨行业、跨平台的数据商和其他数字化领域专业机构，打造高质量数据要素生态圈。截至2023年2月28日，深数所引入备案数据商117家、数据提供方127家、数据需求方419家，建立了3个品牌数据专区，推出了超50种重点领域的数据产品，联动了13家数字化领域专业机构、89位数据领域资深专家，触达1,000家以上市场主体。深数所的合作数据商具有高度整合场景的数据库和数据产品，为数据资源与数据产品聚集、数据要素市场化配置提供了有力基础。例如，"坤舆数聚"作为深数所首批数据商的重要成员，已是国内首家时空大数据数商，公司自身整合了国内外的一大批优质时空数据，如高分辨率卫星遥感数据、气象预报数据、物联网传感数据等，并与国内外权威机构和部分企业合作，在能源、农业、交通、旅游等场景下开发了一批批解决行业痛点的数据产品。深数所联合这些已具备数据要素化资产化能力的数商，鼓励更多数据源方共同构建更丰富的高质量数据源，在场景驱动下以更低的成本和更高的效率为不同场景汇聚更完备的数据要素和数据产品，以多元生态主体合作共创推动数据要素生态建设与价值激活。

在生态服务与生态能力上，深数所通过部署数据开发者培养计划、开发者成长计划、国际数据空间创新实验室、开放群岛与开源社群、数据合规服务工作站、数据流转及交易合规共识计划、合规部等生态计划，从场景创新与数据要素市场化配置两方面布局数交所生态能力，推动高质量数据精准赋能高价值场景，解决公共、产业、企业、用户等多维场景痛点。

一方面，深数所通过部署数据开发者培养计划、开发者成长计划、国际数据空间创新实验室、数据合规服务工作站联动场景与数据，提升场景培育、解构与场景—数据匹配能力，形成了"场景构建—技术支撑—场景解构—场景方案—交易匹配"的场景驱动问题解决的路径。"数据开发者培养计划"通过模拟数据交易市场，为广大的开发者、高校、学生、企业开发者提供基于数据安全可信的环境，构建基于开发者自身认知的行业应用孵化场景，并从中探索优质的数据产品，助力数交所培育数据开发稀缺人才、丰富数据场景应用、满足解构数据要素业务需求。国际数据空间创新实验室致力于成为国内首个数据空间技术体系孵化基地，通过孵化并构建自主知识产权、安全、可信、可控、可追溯的数据流通技术体系，推动数据、技术、场景融合应用。企业数据合规服务工作站主要提供数据合规和数据交易服务，筛选优质数据产品同时将其上架深数所，并匹配行业需求方的业务诉求。当数据需求方购买数据时，由工作站明确数据应用场景，深数所会为该企业寻找合适的数据商并为其提供匹配合适的数据，协助企业基于业务场景有序、高效地开发利用数据资源。

另一方面，深数所通过开放群岛与开源社群、数据流转及交易合规共识计划、设立合规部等生态计划，既提高了数据交易撮合功能，也可以使深数所利用自身资源完成数据要素"收—存—治—易—用—管"的全生命周期价值管理。开放群岛与开源社群围绕技术开源协同、行业标准制定、数据要素场景落地等具体场景目标开展隐私计算、大数据、区块链、人工智能等前沿技术探索，为连通数据、平台、机构，实现数据跨地区、跨地域、跨平台的交易流通提供数字技术保障。在数据监管方面，深数所除了与政府部门、律所及其他合规机构合作，对内设立合规部，建立完善的数据交易规则制度和管理规范，对外发起"数据流转及交易合规共识计划"，还成立了由 13 位数据流转及法律合规领域具有卓越影响力的专家组成的专家委员会，为数据交易的合规性提供政策依据、法律保障以及操作指南，助力深数所防控数据交易风险。基于场景驱动数据匹配与要素市场化配置机制最终实现场景绩效的逻辑闭环，深数所开拓了场景驱动数据要素市场化配置的高能激活路径，为突破场景与数据难以有效融合的瓶颈问题提供了实践启示。

（二）多维场景驱动的数据要素市场化配置新机制

基于深数所的数据要素市场化配置逻辑，本章针对数据要素市场化配置供需匹配机制难的问题提出"公共—产业—企业—用户"多维场景驱动的数据要素市场化配置的数据场景匹配机制。该机制的核心逻辑在于激活场内交易，数据交易所不仅要提供交易撮合服务，更须发挥场景嵌入的核心职能。在场景驱动顶层逻辑下，由职业经理人寻找实际场景，并将场景内的需求解构为需求清单，数交所联合数字技术服务方、数据产品供给方等多类数据商角色共同把经授权的数据转化为场景化数据产品，以一个专业平台连接海量数据、联动数据要素生态，实行一个平台、一个标准，最终完成"场景—数据"最优匹配（图10-3）。

在数据场景匹配机制下，数据交易所基于公共、产业、企业、个人等多维场景汇聚分散无序的多元数据，通过与政府部门、数据商、数据供需双方、合规机构、其他数据交易平台等生态主体合作，共同构建以数据交易所为中心、政府与多元数商共同赋能参与、合规机构保障、数据供需主体精准对接与场景价值满足的全要素价值共创生态。在此生态中，政府除了提出公共维度场景问题外，主要提供数据要素市场化配置的政策指引与监管规制；负责供给数据和数据产品的数据商只需结合自身专业技术和业务场景打造并提供优质且匹配场景的数

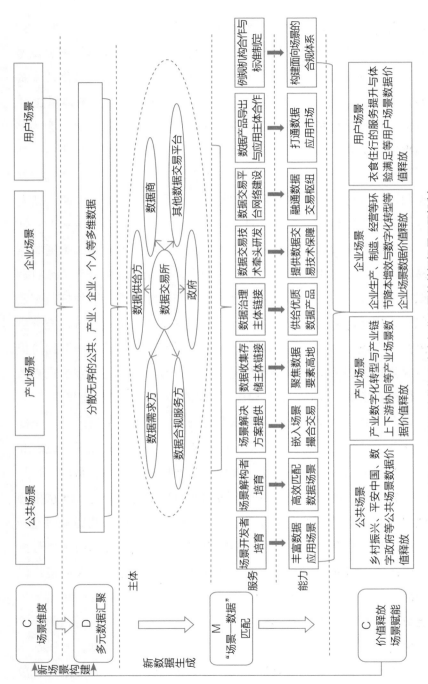

图10-3 场景驱动数据要素市场化配置的数据场景匹配机制

据产品与数据服务，保障有效数据的供给质量与数量；律所等机构主要开展数据合规业务，发挥监管功能，为统筹数据安全与发展提供坚实保障。数据交易所作为生态中心，围绕多维场景与多元数据匹配提供数据要素生态服务，构建场景驱动数据要素市场化配置的体系能力：一方面，通过培育场景开发者、场景解构者并提供场景解决方案为丰富数据应用场景、高效匹配数据场景、嵌入场景撮合交易提供有力抓手。另一方面，持续提供数据要素市场化配置全流程支持，通过链接数据收集、存储、治理主体聚集数据要素与优质数据产品，牵头研发数据交易技术提供技术保障，打通数据"收—存—治"三大环节；通过汇聚各类数据要素市场交易主体建设数据交易平台网络，融通数据交易枢纽；通过导出数据产品并与应用主体建立长远的合作关系打通数据应用市场；通过与合规机构合作并参与制定数据标准发挥数据监管职能，构建面向场景的合规体系；通过多维数据价值释放，充分赋能公共、产业、企业、用户场景。基于数据场景匹配机制，数据价值在多次复用、多元融合与高效匹配中被充分激活，并进一步生成新数据、构建新场景，因此，数据要素市场化配置生态得以更加繁荣。

面向公共、产业、企业、用户多维场景，数据交易所须进一步探索具体业务场景的"场景—数据"匹配机制。面向公共场景，政府和公共事业单位向数据商企业统一授权公共数据，如上海、贵阳、贵州将公共数据统一授权给云上贵州大数据产业发展有限公司，北京市统一授权给北京金融控股集团有限公司。政企合作面向公共场景问题开发数据产品，经过筛选后公开上架数据交易所。数据交易所为该数据产品快速匹配多元场景，结合业务找到该数据产品需求企业并最终促成交易，实现"场景—数据"的多元匹配，打造公共数据在场景下的合规交易模式，解决公共难题。

面向产业场景，企业与上下游合作机构深耕产业数据，开发基于场景的数据产品。在此基础上，企业与交易所合作，共同开拓产业数据产品的应用场景，并将其投入场景试点探索产业数据产品在不同应用场景下的合规交易模式。企业、数据交易所合作共创，打造具有国际竞争力的数据产业集群。

面向企业场景，企业针对业务痛点开发利用数据，通过"场景—数据"匹配使得企业积累的海量数据得到合规有效的开发，提升企业经营效率。企业既可以基于制造、生产等场景购买数据交易所的数据产品，由场景驱动数据高效配置，降低企业生产成本，也可以面向业务维度接入数据交易所，依托数据交易所为企业用户匹配更多数据，提高企业业务收益。

面向用户场景，数据交易所联合数据商针对个人用户在数据分析开发的高门槛痛点，借助个人信息受托机制，开发面向用户的公共数据产品，让数据最大限度地普惠群众，使用户只需通过数据交易所便能以较低的门槛购买所需的数据产品和服务，促进数据价值在用户层面释放，推动用户积极参与数据要素的市场化配置，培育繁荣的数据要素市场主体。

五、本章小结与启示

推动场景驱动的数据要素市场化配置是顺应数字资源共建共享、统筹数字经济发展与安全的重大议题。本章梳理了场景驱动数据要素市场化配置的理论逻辑，提出了数据要素主体生态共创的基本逻辑，梳理了多维场景驱动数据要素市场化配置的过程机制，以数交所为中心提炼了场景驱动数据要素市场化配置的数据场景匹配机制，打开了场景驱动数据要素市场化配置的过程黑箱。数据场景匹配机制要求数据交易所从场景解决方案的角度出发，汇聚链接多元数据要素市场主体，在交易职能中进一步嵌入场景，将"场景—数据"匹配作为数据交易服务突破点，打通数据要素"收—存—治—易—用—管"各流程环节，最终实现数据价值释放与具体场景赋能，解决数据与场景难融合的问题，最终推动数字经济与实体经济深度融合。

本章的关键要点主要有三个：其一，提出了场景驱动的数据要素市场化配置，突破了数据要素市场化配置的线性逻辑，从场景驱动的视角建构了数据要素市场化配置的理论模式；其二，构建场景驱动数据要素市场化配置的共创生态，对标并超越了现有数据要素市场化配置的生态研究；其三，面向多元场景提出了数据要素市场化配置的机制，并以深数所为例提出了数据场景匹配机制，为进一步推动数据、技术和场景需求深度融合，构建中国特色数字经济发展新生态提供了理论价值。

展望未来，在进一步以数据场景匹配机制指导数据要素市场化配置的过程中，我们须强化场景驱动的顶层逻辑和主导地位。数据交易所不仅要注重提高数据产品的质量，还须强化场景问题识别分析与解决的能力，开放公共、产业、企业、用户等多维场景的数据要素，打造专、精、特、新的数据要素专区，面向不同场景提供高效的数据解决方案，与政府、企业、律所、个人等多元主体协作搭建良好生态，进一步激励激发超大规模数据市场，实现应用场景和海量数据的深度融通和赋能成效。与此同时，数据交易所要进一步推进数据要素市场化多元模式探索，重点培育场景创新人才，加快数据要素市场化生态培育，真正意义上把数据产业化、赋能产业数字化，促进新"两化"的发展，实现数字产业化和产业数字化协同发展的两大目标，让全体人民共享数字红利。

本章主要参考文献

[1] JONES C I, TONETTI C. Nonrivalry and the Economics of Data[J]. American Economic Review, 2020, 110（9）: 2819–2858.

[2] GREGORY R W, HENFRIDSSON O, KAGANER E, 等 . Data Network Effects: Key Conditions, Shared Data, and the Data Value Duality[J]. Academy of Management Review, 2022, 47（1）: 189–192.

[3] KRAFFT MANFRED, KUMAR V., HARMELING COLLEEN, SINGH SIDDHARTH, ZHU TING, CHEN JIALIE, DUNCAN TOM, FORTIN WHITNEY, ROSA ERIN. Insight is power: Understanding the terms of the consumer–firm data exchange[J]. Journal of Retailing, 2020, 97（1）: 133–149.

[4] SHARMA MANU, JOSHI SUDHANSHU. Digital supplier selection reinforcing supply chain quality management systems to enhance firm's performance[J]. The TQM Journal, 2023, 35（1）:102–130.

[5] RIZK AYA, STÅHLBRÖST ANNA, ELRAGAL AHMED. Data–driven innovation processes within federated networks[J]. European Journal of Innovation Management, 2022, 25（6）:190–203.

[6] RAJIV KOHLI, NIGEL P. MELVILLE. Digital innovation: A review and synthesis[J]. Information Systems Journal, 2019, 29（1）: 200–223.

[7] PETER C. VERHOEF, THIJS BROEKHUIZEN, YAKOV BART, et al. Digital transformation: A multidisciplinary reflection and research agenda[J]. Journal of Business Research, 2021, 122: 889–901.

[8] 蔡跃洲.中国共产党领导的科技创新治理及其数字化转型——数据驱动的新型举国体制构建完善视角 [J].管理世界，2021，37（8）：30–46.

[9] 刘文革，贾卫萍.基于数据要素驱动的结构转型与经济增长研究 [J].工业技术经济，2022，41（6）：10–17.

[10] 陈国青，曾大军，卫强，等.大数据环境下的决策范式转变与使能创新 [J].管理世界，2020，36（2）：95–105，220.

[11] 江积海，阮文强.新零售企业商业模式场景化创新能创造价值倍增吗？[J].科学学研究，2020，38（2）：346–356.

[12] 俞鼎，李正风.智能社会实验：场景创新的责任鸿沟与治理 [J/OL].科学学研究：1–15.

[13] 尹西明，林镇阳，陈劲，等.数据要素价值化动态过程机制研究 [J].科学学研究，2022，40（2）：220–229.

[14] 刘洋，应震洲，应瑛.数字创新能力：内涵结构与理论框架 [J].科学学研究，2021，39（6）：981–984，988.

[15] 孔艳芳，刘建旭，赵忠秀.数据要素市场化配置研究：内涵解构、运行机理与实践路径 [J].经济学家，2021（11）：24–32.

[16] 顾勤，周涛，钟书丽，等.信息—数据二维视角下的数据权属体系构建 [J].大数据，2022，8（5）：153–169.

[17] 蔡继明，刘媛，高宏，等.数据要素参与价值创造的途径——基于广义价值论的一般均衡分析 [J].管理世界，2022，38（7）：108–121.

[18] 乔晗，李卓伦.数据要素市场化配置效率评价研究 [J].中国科学院院刊，2022，37（10）：1444–1456.

[19] 尹西明，林镇阳，陈劲，等.数据要素价值化生态系统建

构与市场化配置机制研究[J].科技进步与对策，2022，39（22）：1-8.

[20] 李海舰，赵丽.数据成为生产要素：特征、机制与价值形态演进 [J].上海经济研究，2021（8）：48-59.

[21] 胡错，熊焰，梁玲玲，等.技术和数据知识产品交易平台模式及实现路径 [J/OL].科学学研究：1-18.

[22] 易成岐，窦悦，陈东，等.全国一体化大数据中心协同创新体系：总体框架与战略价值 [J].电子政务，2021（6）：2-10.

[23] KENNY D, MARSHALL J. Contextual marketing: the real business of the Internet[J]. Harvardbusinessreview, 2000（78）：119-125.

[24] SHARMA R S, YANG Y.A hybrid scenario planning methodology for interactive digital media[J].Long Range Planning, 2015，48（6）：412-429.

[25] 尹西明，苏雅欣，陈劲，等.场景驱动的创新：内涵特征、理论逻辑与实践进路 [J].科技进步与对策，2022，39（15）：1-10.

[26] 李高勇，刘露.场景数字化：构建场景驱动的发展模式 [J].清华管理评论，2021（6）：87-91.

[27] 莫祯贞，王建.场景：新经济创新发生器 [J].经济与管理，2018，32（6）：51-55.

[28] 尹西明，陈劲.产业数字化动态能力：源起、内涵与理论框架 [J].社会科学辑刊，2022（2）：114-123.

[29] 孙艳艳，廖贝贝.冬奥场景驱动下的北京国际科创中心建设路径 [J].科技智囊，2022（5）：8-15.

[30] 尹西明，苏雅欣，李飞，等.共同富裕场景驱动科技成

果转化的理论逻辑与路径思考 [J]. 科技中国，2022（8）：15-20.

[31] 尹西明，陈劲. 产业数字化动态能力：源起、内涵与理论框架 [J]. 社会科学辑刊，2022（2）：114-123.

[32] 尹本臻，王宇峰. 京沪场景革命对浙江数字化改革的启示 [J]. 信息化建设，2021（7）：25-27.

[33] 钱菱潇，王荔妍. 绿色场景创新：构建数字化驱动的发展模式 [J]. 清华管理评论，2022（3）：34-41.

[34] 邹波，杨晓龙，董彩婷. 基于大数据合作资产的数字经济场景化创新 [J]. 北京交通大学学报（社会科学版），2021，20（4）：34-43.

[35] 缪沁男，魏江，杨升曦. 服务型数字平台的赋能机制演化研究——基于钉钉的案例分析 [J]. 科学学研究，2022，40（1）：182-192.

[36] 陈兵，郭光坤. 数据分类分级制度的定位与定则——以《数据安全法》为中心的展开 [J]. 中国特色社会主义研究，2022（3）：50-60.

[37] 刘然，孟奇勋，余忻怡. 知识产权运营领域数据要素市场化配置路径研究 [J]. 科技进步与对策，2021，38（24）：9-17.

[38] 董微微，蔡玉胜，陈阳阳. 数据驱动视角下创新生态系统价值共创行为演化博弈分析 [J]. 工业技术经济，2021，40（12）：148-155.

[39] 董涛. 知识产权数据治理研究 [J]. 管理世界，2022，38（4）：109-125.

[40] 李佳钰，黄甄铭，梁正. 工业数据治理：核心议题、转型逻

辑与研究框架 [J/OL]. 科学学研究：1-18.

[41] 杨善林，丁帅，顾东晓，等 . 医疗健康大数据驱动的知识发现与知识服务方法 [J]. 管理世界，2022，38（1）：219-229.

[42] 胡泽鹏 . 数据价值化、全要素生产率和经济增长——基于14 家大数据交易中心的分析 [J]. 工业技术经济，2022，41（12）：10-19.

实践篇

场景驱动创新

数字时代科技强国新范式

| 第十一章 |

三峡集团：场景驱动中央企业打造原创技术策源地

打造原创技术策源地，是中央企业强化国家战略科技力量、支撑高水平科技自立自强的关键所在。本章以中国长江三峡集团有限公司（以下简称"三峡集团"）面向碳中和碳达峰重大民生场景的创新实践与探索为例，分析了中央企业（以下简称央企）打造原创技术策源地的战略逻辑，梳理了央企打造原创技术策源地的抓手、重点路径和突出成效，提炼总结了央企通过场景驱动六位一体的整合式创新加快打造原创技术策源地的启示与建议，为央企强化国家战略科技力量、助力高水平科技自立自强和高质量发展提供理论与实践参考。

强化国家战略科技力量，加快高水平科技自立自强，是建设世界科技强国和社会主义现代化强国的重要支撑。2022年6月28日，习近平总书记在武汉考察时强调，科技自立自强是国家强盛之基、安全之要，要把科技的命脉牢牢掌握在自己手中，在科技自立自强上取得更大进展，不断提升我国发展独立性、自主性、安全性。

国有企业特别是央企作为国家创新体系的核心主体、现代产业链的链长和科技自立自强的国家队，必须积极主动承担科技自立自强的使命，努力打造科技攻关重地、原创技术策源地和科技人才高地，加快打造科技领军企业，成为国家战略科技核心力量。习近平总书记强调："中央企业等国有企业要勇挑重担、敢打头阵，勇当原创技术的'策源地'、现代产业链的'链长'。"国务院国资委努力推动中央企业围绕增强自主创新能力打造原创技术策源地，助其成为原始创新和核心技术的需求提出者、创新组织者、技术供给者、市场应用者，掌握技术进步和产业发展主动权。

一、原创技术策源地：从概念到国家战略

（一）原创技术策源地的概念

技术的本质是知识，即解决问题的方法及方法原理；原创技术是研究与试验发展活动产生的技术，基础研究和应用研究是原创技术的知识来源，试验发展是原创技术的实现手段；策源地是策划和发源之地。在科技自立自强视角下，原创技术策源地包含主导从基础研究到产品研发、制造和生产整个创新链的原型系统知识策划和发源的全过程。原创技术的策划和发源受多方面影响，包括保护原创技术研发的制度安排、激励原创技术研发的公共政策、引领原创技术研发的大型企业、支撑原创技术研发的社会资源等。

（二）打造原创技术策源地的必要性

关键领域前沿的原创技术决定了一个国家的国际竞争优势，过去400年，世界5个科学中心的转移历程表明，鼓励原始创新的科技政策、科技人才培养和集聚制度、科技成果转化应用等是促使世界科学中心发生转移的重要影响因素。我国的企业原始性创新能力与科技发达国家还存在差距，从提出需求、创新组织、技术供给到市场应用的原创技术全链条创新生态亟待健全和优化。新发展阶段，我们必须瞄

准国家战略需求，持续增强原创技术支撑力和产业带动力，掌握技术
进步和产业发展主动权。

（三）打造原创技术策源地的可行性

打造原创技术策源地，已经从学术概念上升为新发展阶段的国家
战略，事关科技自立自强和新发展格局的构建。要强化国家战略科技
力量，我们必须充分发挥企业科技创新主体作用。在国民经济发展中
发挥"顶梁柱"和"压舱石"作用的央企，在自主创新方面具有引领
作用，在协同创新方面具有带动作用，在发挥人才引领创新方面具有
核心优势，在科技和经济深度融合、创新链和产业链融合方面具有重
大牵引作用。

打造原创技术策源地，是央企"十四五"期间加快实现高水平自
立自强、增强产业链稳定性和竞争力、打造国家战略科技力量的必然
要求和重要路径。央企通过集聚各类创新要素、着力加快关键核心技
术攻关、完善新时代创新生态体系，能够促进企业、研发机构、高等
院校等不同创新主体之间的融通创新和创新链的有机衔接，营造分工
协作、优势互补、开放融合的良好生态，构建从基础研究、科技成果
转化应用到产业化的创新全链条，增强产业链供应链安全稳定和韧性
发展。

二、三峡集团科技创新体系建设与成效

三峡集团源于1993年经国务院批准的长江三峡工程开发总公司，
2009年更名为中国长江三峡集团公司，2017年完成公司制改革，名称
变更为中国长江三峡集团有限公司。经过近30年的发展，三峡集团实
现从三峡走向长江、从湖北走向全国、从内陆走向海洋、从中国走向

世界的跨越式发展，现已成为全球最大的水电开发运营企业和中国最大的清洁能源集团。

截至2022年年底，三峡集团可控投产装机规模达到1.25亿千瓦，其中清洁能源装机占比96.29%；年度总发电量达到3838亿千瓦时，其中清洁能源发电量占比94.67%，梯级电站设计多年平均发电量约占中国水力发电总量1/4。全球12大水电站中，有5座（三峡、白鹤滩、溪洛渡、乌东德、向家坝）由三峡集团建设运营和管理，年度营业收入1463亿元。三峡集团连续16年在国务院国资委年度业绩考核中获评A级企业，成为国务院国资委确定的首批创建世界一流示范企业之一。

党的十八大以来，三峡集团坚定不移实施创新驱动发展战略，面向国家碳中和碳达峰重大使命型场景和清洁能源发展目标，以自主科技创新机构为主体，以联合科技创新中心为补充，以外部科研单位为协同，以群众性创新为延伸，基本形成了"国家级—省部级—集团级—基层级"的多层次、多专业的层级清晰、分工明确、优势互补科技创新平台体系。在此基础上协同外部产学研优势主体与资源，搭建起了以自主创新为核、以协同创新和开放式创新为辅的科技创新体系，整合了科技创新需求提出者、创新组织者、技术供给者和市场应用者角色，形成了场景驱动、整合式创新循环（图11-1），有力支撑了三峡集团在水电工程建设和生产运营、新能源发展、抽水蓄能业务、海外业务等方面建成一批大国重器、突破多项"卡脖子"关键核心技术，走出了一条具有三峡特色的整合式创新之路。进一步地，借助场景驱动创新，三峡集团面向碳达峰碳中和的重点场景，开辟了"能源＋生态""能源＋交通""能源＋环保""能源＋渔业"等新业务、新业态，形成了清洁能源和长江生态环保"两翼齐飞"的发展格局。

截至2023年9月，三峡集团拥有有效专利总量4200项，其中发明专利936项、海外专利74项、软件著作权890项，共参与编制国际、国家、行业及团体标准 362 项，其中国际标准 12 项、国家标准 86 项。三峡集团共荣获 309 项国家、省部、行业科学技术奖励，包括国家级奖励 35 项、省部和行业级奖励 274 项。其中，"长江三峡枢纽工程"荣获 2019 年度国家科技进步奖特等奖。

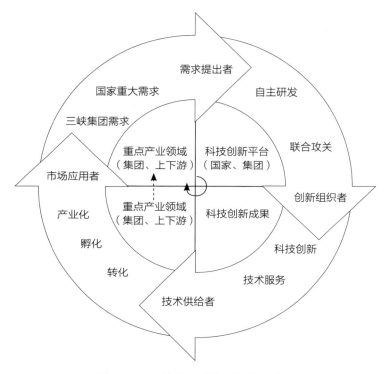

图 11-1　三峡集团科技创新体系过程

党的十八大以来，习近平总书记先后多次对三峡集团作出重要讲话指示批示，多次提到科技创新，不仅为三峡集团擘画了发展蓝图，更对三峡集团科技创新工作提出了殷切期望。例如，2018 年 4 月 24 日，习近平总书记视察三峡工程，强调"真正的大国重器，一定要掌握在自己手里。核心技术、关键技术，化缘是化不来的，要靠自己拼搏"。2020 年 6 月 28 日，习近平总书记对金沙江乌东德水电站首批机组投产发电作出重要指示，强调要"坚持新发展理念，勇攀科技新高峰"。2021 年 6 月 28 日，习近平总书记致信祝贺金沙江白鹤滩水电站首批机组投产发电，强调"全球单机容量最大功率百万千瓦水轮发电机组，实现了我国高端装备制造的重大突破"，强调要"发扬精益求精、勇攀高峰、无私奉献的精神"。

2021 年 11 月，三峡集团党组书记、董事长雷鸣山在集团科技创新大会上指出，"要锚定当好国家战略科技力量的目标不动摇，牢牢把握国家战略科技力量主攻方向，坚定不移建设世界一流创新型企业"。

三、打造原创技术策源地的战略逻辑

三峡集团科学技术研究院（以下简称"三峡科研院"）于 2019 年 6 月成立，作为三峡集团的中央研究院和统一科研创新平台，通过创新策划和创新发源的两个引擎，助力三峡集团打造技术创新策源地。三峡科研院紧紧围绕集团战略布局和核心主业，参与编制集团科技战略发展规划及年度科研计划，负责建设集团产学研协同创新体系与创新攻关平台，跟踪分析科技前沿动态，面向大水电、新能源、新业态能源等战略性场景，开展基础性、前瞻性、应用性、关键共性技术研究工作。

从三峡集团科技创新体系过程来看，三峡科研院作为集团中央研究院，在集团科技创新委员会和科技创新部指导下，按照"小管理、大科研"的原则搭建三峡科研院的科技创新体系。其中，三峡集团科技创新部作为集团科技管理部门，遵循"分类分级、分层分步"管理原则，按照业务全覆盖、项目全生命周期，建立了"集团—子企业—生产单位"科技工作的分层分级管理矩阵构架，统筹指导全集团的科技创新工作。三峡科研院下设综合管理部、人力资源部、科研管理部、党群工作部等 4 个管理部门负责科技管理，设水电工程技术研究中心、电站运维技术研究中心、水资源高效利用技术研究中心、新能源科技创新中心、信息技术研究中心、综合能源技术研究中心、绿氢技术及应用创新中心等7个研究中心负责科技研发。

三峡科研院瞄准碳达峰碳中和重大使命场景和清洁能源开发利用的海量应用场景，通过"科技创新"与"技术服务"双轮驱动，服务国家重大科技攻关需求，组建创新联合体，结合三峡集团自身重大工程项目，整合各个创新主体优势，开展以我为主的联合研发攻关；支撑集团和子企业业务发展中的科技研发和技术服务需求，通过对接集团业务发展中的科技掣肘和卡脖子技术，开展自主研发和联合研发，依托三峡集团全产业链优势支撑业务发展。同时，利用科技研发的技术成果，为各个子企业提供技术咨询服务、知识产权服务、科技查新服务等技术服务。

从功能视角来看，三峡科研院通过场景驱动"科技创新"与"技术服务"双引擎：坚持"方略、方位、方向"三位一体，支持原创技术需求，提供原创技术供给；依托三峡科技的转化推广平台、三峡资本的资本优势、三峡武创园的科创平台，实现原创技术成果孵化和转化；依托集团和子企业的产业链和市场优势，实现核心技术应用示范和重大技术成果产业化；借助三峡资本的资本市场优势，为三峡科技创新体系高效运转持续赋能。

（一）战略方针

央企打造原创技术策源地，需要围绕增强自主创新能力开展原创技术的供给侧改革，把握好产学研用创新链的各种要素资源，针对产业共性问题，以满足上、下游需求为导向，通过技术信息流将需求提出者、技术供给者、技术创新者、市场应用者连接起来，以提出原创技术需求为起点、创新技术攻关组织体系的关键内容，建立原创技术供给的桥梁纽带，并在市场应用中充分试验验证，打造国内外高水平合作创新的新模式，实现技术的经济化与整体目标优化。

以三峡集团科研院为例，在碳达峰、碳中和目标（简称"双碳"目标）场景驱动下，三峡科研院紧紧围绕三峡集团清洁能源战略方向，以"双碳"目标和能源革命为机遇，结合三峡集团在大水电、新能源、新业态能源等重点领域产业发展实际需求，主动对接产业链和创新链上下游的各单位，从生产实践中提炼一般科学问题和共性技术问题，总结原创技术需求，并通过打造战略科技人才梯队、建设重大科技平台、共建创新联合体，牵头组织研发攻关，将成果应用于工程一线。

（二）目标定位

随着新一轮科技革命向纵深发展，传统的集成创新和引进消化吸收再创新发展面临瓶颈，已很难实现核心技术突破，我们必须加强原始创新。为发挥央企在国民经济发展中"压舱石"和"顶梁柱"的作用，央企打造原创技术策源地需要围绕国家科技创新体系，坚持面向经济主战场的定位，聚焦产业发展瓶颈和需求，开展共性技术攻关，促进科技成果转化应用和产业化，打造特定领域行业领先的、具有世界领导力的新型研发机构。在"双碳"目标背景下，构建以新能源为主体的新型电力系统，给从电力生产到终端用户全链条的产学研创新提出了更高要求，要求必须依托央企积极发展开放产业体系。

三峡集团作为全球最大的水电开发运营企业和中国最大的清洁能源集团，清洁能源在发电装机容量中的占比超过 96%。三峡科研院自2019 年 6 月成立以来，始终坚持科技创新与管理创新并重，通过产学研用深度融合及协同创新，实现价值创造。作为三峡集团统一的科研创新平台，三峡科研院面向经济主战场，瞄准国家能源转型的战略需求，扎实推进企业自主创新，全力推动绿色低碳关键核心技术攻关。

（三）技术方向

进入 21 世纪以来，日益增长的能源需求及其伴生的生态环境问题，催生了新一轮能源转换的科技创新，特别是"双碳"目标的提出，给能源科技绿色发展带来了新的机遇和挑战。为此，央企需要聚焦关键核心业务领域，凝练特色技术方向和各个方向的科技树，开展业务和技术布局。

三峡科研院坚持科技创新和技术服务双轮驱动，通过创新策划和创新发源两个引擎，开展战略前沿调研、共性技术凝练和市场项目策划，努力推动绿色能源领域的关键核心技术创新：一是面向"双碳"目标，组建 11 个研发团队开展科技前沿调研，编制完成水电、水资源、风电、太阳能、综合能源、氢能、储能等 7 个重点领域科技树，明确技术发展方向；二是面向国家重大需求，围绕三峡集团清洁能源核心业务发展的战略定位，充分发挥战略科技人才引领支撑，组织150 余次行业共性问题技术研讨，论证未来 5 至 10 年的行业共性技术群，落实技术推广应用发展路径；三是面向经济主战场，对接市场产业化需求，根据全国各地氢能、地热能、综合能源等能源资源开发布局，派出 50 余批次科研团队参与氢能利用、地热能开发、综合能源规划等项目策划和前期工作，谋划产业研发方向。

四、打造原创技术策源地的主要抓手

（一）发挥人才引领支撑作用：打造战略科技人才队伍

央企打造原创技术策源地，需要强化科技人才培养和集聚优势，破解科技领军人才短板，发挥战略科学家的领航领军作用，建设战略科技人才梯队，加强专业技术团队等人才团队建设。

一是发挥战略科学家的领航领军作用。三峡科研院以开放的人才培养模式、市场化的平台建设方式，推动建设自主研发人员为核心、外联顶尖团队为补充的人才队伍。三峡科研院成立以来，聘请18名两院院士、长江学者、百千万人才担任首席科学家，在水电、水资源、氢能、储能等重点研究领域发挥咨询指导作用，并挂帅申报国家重点科研项目。

二是建设战略科技人才梯队。三峡科研院根据战略发展方向提出前沿技术需求和战略科技人才需求，开展业务架构设计和战略科技人才引进工作，从外部行业优势单位和三峡集团内部生产一线引进培养战略型人才；通过打造战略科技人才梯队，走向世界科技前沿，成功申请获批国家自然科学基金、国家重点实验室开放基金、中国科协青年人才托举工程项目、北京市青年人才托举工程项目、中国科协青年科学家沙龙活动项目等多项战略前瞻性项目和科技活动项目，并实现了两院院士、长江学者、青年人才项目等各类人才全覆盖。

三是通过打造专业技术团队，在央企关键业务领域开展核心技术攻关，培养专业技术人才和项目合作团队。以面向水风光资源开发利用和评估的共性问题突破为例，三峡科研院围绕风光水火储一体化和源网荷储一体化的实际需求布局新兴技术，以项目为单元组建专业技术团队，创新组织储能电池的检测、大规模新能源接入仿真、多种储能形式验证、源网荷储功率路由器示范、能量管理系统等储能领域技术研发，开展数字储能电站关键技术研究、静止同步补偿器（STATCOM）集成储能系统研制、智慧联合调控关键技术研究等攻关，解决规模化储能的运行安全和电池寿命问题、功率器件国产化和新型多电平功率变换技术问题，提高了新能源消纳能力。同时，通过创新科研动员方式和模式，借鉴工程项目的组织方式，打造团队协作、协同分工的柔性研发团队；根据重点项目攻关需求，在不调整专业人员所在单位部门隶属关系前提下，跨部门、跨单位组建团队，聘用外部优势人才任职或挂职，联合内外部力量共同开展技术攻关，培养领军型人才；瞄准关键共性核心技术的瓶颈，精选细分领域的专精尖单位近百家，创新组织以我为主的项目联合研发合作团队，强化自主研发，大力支持青年骨干广泛参与项目申报，为自主创新培养了产学研用全链条的人才队伍。

（二）推动重大科技平台建设，发挥科技创新引擎作用

为了促进科技人才培养和集聚、支撑三类人才团队建设，三峡科研院重点构建"研发试验—创新组织—专项攻关"三种平台，支撑多元人才创新成长和原创策源。

一是研发试验平台。构建原创技术、关键核心技术研发所需的实验室、试验平台、检测平台等科研基础设施，提供基础条件支撑。三峡科研院通过主动对接清华大学、华北电力大学等高校，创新策划企业为主体的多维度研发试验平台，例如，搭建高性能计算平台、海上风电自升式勘探试验平台、海上风电大吨位桩基检测系统、光伏发电功能材料与光电子器件实验室、氢能实验室等，满足新能源和新业态能源开发的技术创新研发需求。

二是创新组织平台。以企业为主体申请国家和地方科技创新平台，集聚人才、设备和经费等资源，提供创新能力支撑。三峡科研院依托三峡集团在内蒙古自治区乌兰察布市建设的全球规模最大源网荷储示范项目，打造集研发、实证和应用为一体的源网荷储技术研发试验基地；联合水电行业上、下游产业链20余家单位，牵头申报获批湖北省智慧水电技术创新中心，并将成功经验应用于申报西藏自治区藏东南水电技术创新中心、4个国家能源研发中心和内蒙古自治区重点实验室等工作，不断夯实企业创新的资源和平台基础。

三是专项攻关平台。以企业为主体，联合国内外行业领先高校和

三峡科研院所共同申报、同台竞争申报国家和地方技术攻关项目，以竞争压力促进企业自身能力提升，培育各类创新要素，提供企业集群合作研发能力支撑。三峡科研院紧跟国家重大需求，构建项目申报平台，牵头或参与申报"储能与智能电网技术专项"等8项"十四五"国家重点研发计划，与行业优势单位同台竞争中展现了实力；联合储能领域知名高校和装备制造的头部企业，成功申报一批揭榜挂帅项目，成为行业共性难题的技术供给者。

（三）激发产学研多元合作主体活力，共建创新联合体

要打造原创技术策源地，还须激发产学研多元合作主体活力，共建创新联合体，促进行业技术进步。三峡科研院积极推进任务型创新联合体建设，与南开大学联合建设太阳能高效利用技术联合研究中心，通过设立专项课题基金、探索柔性化用工机制等手段，深入推进产学研协同创新；与青海大学联合建设三峡集团—青海大学压缩空气储能联合实验室，以协同创新带动区域产业发展。同时，三峡科研院全力推进三峡集团自主创新基地建设，带动产业链上下游共同参与研发。例如，通过在内蒙古自治区乌兰察布建设乌兰察布源网荷储技术研发试验基地，实现了"源网荷储一体化"功率路由器示范工程、大规模新能源及储能综合仿真与实验平台、兆瓦时级固态锂离子电池储能关键技术及工程应用、兆瓦级直流耦合接入的锂离子电池/超级电容器混合储能系统和飞轮储能系统等一批科研成果投运，创下多个"国内之最"和"行业首次"纪录。

五、打造原创技术策源地的重点路径

央企要打造原创技术策源地，关键是做好原创技术的创新组织

者，紧密对接原创技术需求，重点做好原创技术、示范技术和推广应用技术等三种技术的策划和发源；通过有组织的创新策划和创新发源，高效协同实现持续的关键共性技术供给，高质量推进产学研、大中小企业融通创新，强化创新链和产业链自主可控；通过开放合作、融通创新，形成科技领军企业主导的原创技术方向、创新联合体和多维度新型研发平台，以央企主导的重大工程场景为驱动，实现从集成创新和引进消化吸收再创新向整合式创新的跃迁。

（一）场景驱动平台支撑有组织科研，加快原始性创新突破

对于原创技术需求，央企要集中力量进行研发攻关，在坚持集成创新和引进消化吸收再创新的基础上，加强从基础研究开始的原始创新，通过原创技术研发保障创新链稳定。例如，三峡科研院通过构建创新组织平台，面向双碳应用场景，以工程建设经验指导技术研发，举全院之力打造乌兰察布源网荷储技术研发试验基地，跨部门调派专业技术人员开展 8 个项目 24 个专题的联合研发，在半年时间内搭建了风光储场站智慧调控系统"首台套"开发应用的 8 套算法模型和 2 套新型装备，满足了工程投产需要，掌握了持续迭代开发的核心技术，奠定了原创技术供给者的基础。

（二）产业与学科深度融合，加速关键核心技术熟化示范

对于具有一定成熟度的关键核心技术成果，央企要依托丰富的市场应用场景开展技术示范。三峡科研院通过对接产业和学科集群，为自主科研人才成长营造实践条件，选派研究人员赴工程一线挂职锻炼，有力推进了海上升压站挂轨式自动巡检机器人等多项原创技术的推广应用，大大降低了出海作业频次及安全风险。2021 年，三峡科研院与

清华大学联合攻关，成功研发自主化海上风电柔直换流阀的技术路线（IGCT-MMC）子模块和阀段样机，打破了国外技术路线的长期垄断，为海上柔性直流换流站向轻量级转型，进而推动我国深远海海上风电规模化、连片化开发做出了积极贡献。在国家能源局公布的 2021 年能源领域首台（套）重大技术装备项目中，依托"源网荷储一体化"项目实施的"适用于新能源电站惯量和调频支撑的兆瓦级飞轮储能系统"被列入储能领域重大技术装备项目，是唯一入选的应用于新能源调频的技术装备，对推动新型储能技术的工程化场景化应用起了重要作用。同时，以兆瓦时级固态锂离子电池储能关键技术工程实践为载体，实现了储能型固态锂离子电池在全球的首次示范应用。

（三）面向多元需求场景，加速重大技术成果产业化应用

对于已经相对成熟且具有商业化推广价值的技术，央企应为成果应用和转化提供场景，加速原创技术的产业化应用。科研院把应用效益作为技术成果评价的重要维度，截至 2021 年年底已有 10 余项成果在产业中应用。例如，基于水轮机平行仿真模型的一次调频算法已应用在三峡电站 24 号机，国产漂浮式水文气象综合观测平台已布放在青州海域执行观测任务。

六、打造原创技术策源地的突出成效

三峡科研院自 2019 年成立以来，抓住国家能源体系和科技体制改革机遇，围绕"建设新型企业中央研究院，推动高水平科技自立自强"的使命和目标，通过革新性举措，在国家重大项目、重点研发平台、研发队伍建设等方面取得了突破性进展，所取得的科技成果在 2021 年实现了飞跃式增长（表 11-1），在掌握具有自主知识产权的核心技术

方面取得了突出成效，助力三峡集团荣获中央企业 2019—2021 年"科技创新突出贡献企业"称号。

表 11-1　三峡科研院成立以来年度科技成果指标汇总

类别	2019 年	2020 年	2021 年	2022 年
员工数量	34	115	173	212
科研人员数量	20	101	157	180
博士学位人员数量	21	80	122	142
国家级项目	—	—	7	23
科技奖励		1	5	10
国家级科技奖励	—	—	—	—
省部级科技奖励	—	1	5	10
国内专利	—	21	101	347
发明专利		7	12	170
实用新型专利	—	14	89	177
国际专利	—	3	12	32

创新人才梯队建设方面，截至 2021 年年底，三峡科研院规模已达到 173 人，其中研发人员 157 人，平均年龄 32.6 岁，具有博士学位人员比例达 70%，在中央企业研究院中名列前茅。

原创技术方面，三峡科研院成功申报国家级重大项目 7 项，包括 4 项国家"十四五"重点研发计划项目。尤其是依托三峡集团重大工程，牵头申报 1 项"规模化储能系统集群智能协同控制关键技术研究及应用"项目，首批发布多项行业领先成果。其中"源网荷储一体化"功率路由器示范工程打造了国内容量最大的功率路由器设备；大规模新能源及储能综合仿真与实验平台是目前国内规模最大、类型最丰富的储能系统动态模拟平台。

关键核心技术熟化示范和产业化应用方面，三峡科研院成功研发实物样机及软件系统 15 项，并应用于三峡集团生产一线。例如，三峡枢纽工控系统升级改造项目，S.CTG 大型 PLC 在三峡左岸电站 12 号机的现地控制单元（LCU）改造项目中顺利投运，为我国水电站实现自主可控奠定了基础，在水电行业具有显著地示范效应。

知识产权创造和运营方面，三峡科研院持续加大知识产权创造和应用力度，成功实现知识产权工作从实用新型专利向发明专利的工作重心转变。获批建设"碳中和"产业知识产权运营中心，推进三峡集团在关键领域、核心技术上拥有自主知识产权。截至 2022 年 6 月，三峡科研院有效专利授权量达 189 件，人均专利拥有量 1.1 件，在中央企业研究院专利质量评价结果中位于前列。经过两年多的攻关，2022年上半年，三峡科研院有效专利授权量占累计授权量的 52%，有效发明专利授权量占累计发明授权量的 85%，发明专利授权占比达 58%，助力三峡集团专利数量和质量实现双提升。

三峡科研院的创新实践表明，通过建立"技术需求提出者—创新组织者—技术供给者—市场应用者"之间的双向快车道，依托中央企业完整的产业链平台和应用示范，能够有效促进政策链、创新链、产业链、资金链和人才链"五链融合"，实现人才在实践中成长、成果在应用中转化、技术在示范中提升价值；充分体现了央企打造原创技术策源地的四个定位，为能源领域央企实现科技自立自强做出了突出贡献。

七、打造原创技术策源地的启示

三峡科研院助力三峡集团打造原创技术策源地的探索与实践为中央企业加快打造原创技术策源地提供了重要的经验启示。中国式现代化新征程上，央企要坚持和强化党对科技创新工作的全面领导，坚持"四个面向"，锚定中国式现代化新征程上的重大使命型场景，牢牢把握国家战略科技力量主攻方向，进一步通过"愿景使命牵引，坚持战略目标驱动，健全人才队伍支撑，强化重大科技平台赋能，面向多元重大场景，建设高能级创新联合体"六位一体的整合式创新，全面提升企业科技创新生态系统效能，多路并举推进原始性创新、关键核心技术突破和重大科技成果产业化应用，加快打造原创技术策源地，强化国家战略科技力量使命担当，以科技创新引领现代化产业体系建设，有力、有效支撑高水平科技自立自强和高质量发展（图11-2）。

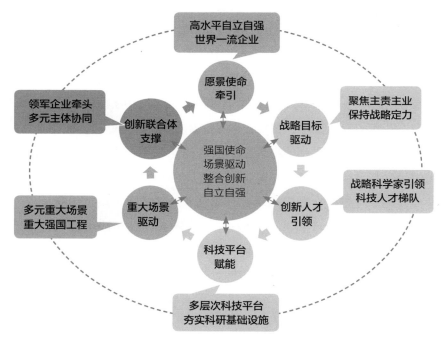

图 11-2　场景驱动央企打造原创技术策源地的整合式创新模式

（一）强化愿景使命牵引

三峡集团以"在保护中发展、在发展中保护，更好造福人民"为使命，以"奋进两翼齐飞，创建世界一流"为愿景，坚持和强化党对央企科技创新工作的全面领导，以愿景使命为牵引，以三峡特色的企业中央研究院为创新组织管理抓手，将党的政治优势、组织优势，转化为科技创新制胜优势。作为三峡集团的中央研究院和统一科技创新平台，三峡科研院不断锤炼大水电核心引领优势，通过培育产业链自主创新组织能力和自主研发能力，破解新能源业务发展中的科技掣肘，推动三峡集团加快建设具有全球竞争力的世界一流清洁能源集团。

（二）坚持战略目标导向

三峡集团作为我国最大的清洁能源集团，始终保持战略定力，坚定清洁能源发展方向，打造世界最大清洁能源走廊，清洁能源装机占比超过95%。在"双碳"目标背景下，三峡科研院围绕水电、新能源与新型电力系统、新业态能源等领域多维度开展科技创新和产业示范，坚持原创技术需求提出者、重大创新组织者、高质量技术供给者和产业化市场应用者的战略目标定位，以科技创新助力三峡集团"双碳"目标实施。

（三）健全人才队伍支撑

三峡科研院通过科技人才的培养和集聚，破解科技领军人才偏少的短板，打造三类人才团队，逐步健全战略科技人才梯队：一是聘请18名两院院士、长江学者、百千万人才担任首席科学家，发挥战略科学家的领航领军作用，并合作申报重点科研项目；二是外引内联，引进培养战略型人才，逐步健全科技人才梯队结构；三是项目支撑，通过柔性打造专业技术团队，开展关键业务领域核心技术攻关，培养卓越工程师。

（四）强化科技平台赋能

以"国家级—省部级—集团级—子企业级"的多层次、多种类科技平台为纽带，将构建原创技术、关键核心技术研发所需的实验室、试验平台、检测平台等科研基础设施和各类科技资源有机衔接，为打造原创技术策源地提供基础条件支撑。创新组织平台用于集聚人才、设备和经费等资源，提供创新能力支撑，不断夯实企业创新主体的资源和基础。项目申报平台提供企业集群合作研发能力支撑，促进以企业为主体、联合国内外高校和科研院所共同开展科技攻关合作。

（五）面向多元重大场景

央企打造原创技术策源地，关键是聚焦主责主业，抓住场景驱动创新的范式跃迁机遇，聚焦碳达峰、碳中和等社会民生发展重大场景、"大国重器"等重大工程和市场应用场景中的重大需求，以服务市场和服务行业为导向集聚科技资源，发挥我国超大规模市场、海量数据和丰富应用场景优势，加速原始性创新、关键核心技术突破和重大新兴技术成果应用。

（六）高能级创新联合体支撑

央企打造原创技术策源地，还应超越高校和科研院所主导的产学研协同创新模式，通过"使命驱动、问题驱动、场景驱动"三位一体，打造由领军企业牵头主导、高校和科研院所等多元主体高效协同的高能级创新联合体，健全和完善企业科技创新生态系统，全面强化企业创新体系效能，持续推进原始性创新、关键核心技术高质量供给和重大新兴科技成果产业化应用，加快科技创新转化为新质生产力。

对于原创技术需求，发挥平台支撑的有组织科研优势，集中力量进行研发攻关，超越集成创新和引进消化吸收再创新的传统科技创新路径，加强从基础研究开始的原始创新，加快原始性创新突破，通过原创技术研发保障技术供应链的安全稳定；对于成熟度较高的技术，依托中央企业丰富的场景需求，开展技术应用示范，通过产业与学科深度融合，加速首台套核心技术熟化示范；对于已经相对成熟且具有商业化推广价值的技术，为其成果应用和转化提供多元场景，加速重大技术成果产业化应用。

八、打造原创技术策源地的对策建议

打造原创技术策源地，要求央企进一步强化高水平科技自立自强的使命担当，坚持"四个面向"，发挥科技领军企业的引领性和平台性功能，瞄准国家和产业重大战略需求场景，打造产学研用一体化的创新联合体，加强从基础研究到产品研发、制造和生产整个创新链的全过程创新，推进从提出需求、创新组织、技术供给到市场应用的全链条创新。

尤其是在建立以企业为主体的新型研发机构过程中，央企要结合其所在的产业链和科技创新链的位置确定战略重心，做好原创技术的需求提出者、创新组织者、技术供给者、市场应用者，持续提升产业链供应链安全韧性水平。同时，企业科技创新体系还要有效衔接和融入国家、区域、产业科技创新体系，全面提升国家创新体系效能，为加快实现高水平科技自立自强和建设世界科技强国贡献力量。

鼓励原始创新的政策是打造原创技术策源地的保障，为了进一步推进原创技术策源地的方略、方位和方向，央企在集团企业科技创新管理过程中还需要加强资源、制度、团队、激励等四个方面的机制保障建设：一是激励相容的制度设计，以制度创新确保责任落实，明确各单位、各团队责任，并保障责任落实。二是资源保障，充分保障原创技术研发需要的不同专业人才、经费和其他资源。三是团队建设，加强领军型人才、战略型人才、专业技术型人才等不同类型人才培养，保障不断吸引外部优秀人才加入团队，大胆使用各类人才，制定保证人才脱颖而出的各项政策。四是人才引进留用激励机制，坚持目标一致性和发展多样性原则，为各类人才发展和潜能发挥创造条件。

在此基础上，央企还需要进一步以企业中央研究院为抓手，以场景驱动创新为契机，牵头打造面向科技自立自强的高能级创新联合体，推动产学研用全链条的创新和共创共赢的科技创新生态，促进全社会的技术和产品能够实现跨地域、跨行业的顺畅流动，在保障国家发展独立性、自主性和安全性基础上，加快建设具有全球竞争力的开放型创新生态，为发展新质生产力和开辟国家发展新优势提供强大科技先导动能。

| 第十二章 |

京东方：场景驱动半导体显示领导者向物联网创新领军者跃迁

秉持"使'屏幕'集成更多功能、衍生更多形态、植入更多场景"的发展理念，陈炎顺带领京东方把握产业变革趋势，以场景驱动打造产业数字化动态能力，构建物联网产业整合式创新生态，加速从半导体显示领域全球领导者向物联网产业全球领军者跃迁，开辟京东方"第二曲线"的同时，以场景创新加速中国产业数字化进程。

一、转型背景：从行业领军迈向世界一流

抓住数字经济发展机遇，培育科技领军企业，加快实现高水平科技自立自强，成为科技创新强国建设的重要时代任务。京东方作为中国企业自主创新的典型代表，在实现显示业务全球领先后，准确把握数智化转型升级的战略机遇和创新管理变革趋势，以"屏之物联"为全新战略定位，通过持续的技术、管理与文化创新，朝着"打造世界一流科技领军企业、成为物联网创新领军者"的目标稳步迈进。

在"屏之物联"的战略引领下，京东方以显示业务为抓手，打造新引擎，迎来新增长，迈向新高地。2021年在全球产业链供应链"少屏、缺芯、塞港、断电"等困局频现和半导体显示产业步入结构性

调整期的背景下，京东方逆势实现指数型增长，总营收规模突破第二个千亿（2193.1 亿元），净利润高达 258.3 亿元，同比增长 413%（图 12-1）。2022 年，面对全球疫情反复、经济承压与半导体显示产业持续下行等多重挑战，京东方依然保持稳定发展和领军优势，上半年度营收达到 916.1 亿元。一方面，显示业务全面开花：五大主流应用领域液晶显示器（liquid crystal display，LCD）出货量稳居全球第一；柔性有机发光显示器加速创新，首推新一代 Q9 发光器件并全新自研蓝钻™像素排列方式；福州第 8.5 代半导体显示生产线入选"灯塔工厂"，为行业带来全新突破。另一方面，物联网业务也逐渐全面铺开：以 2022 年北京冬奥雪花为代表的高精尖科技创新成果，彰显公司颠覆性科技实力，助力其再次入选《麻省理工科技评论》"50 家聪明公司"（TR50）；智慧金融解决方案为工行、建行、农行等多家银行近 20 个省份 2700 个网点提供服务，通过智慧银行综合管理平台加速银行数字化和产融结合；智慧零售解决方案覆盖全球超过 60 个国家的 3 万家门店，利用人工智能打造集商品识别、物联网集成管理于一体的智能营销终端。

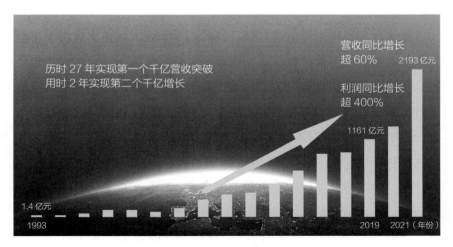

图 12-1 物联网创新转型开启京东方指数型增长

作为京东方开启物联网创新转型的领航者，董事长陈炎顺先后获评 2019 福布斯中国企业跨国经营杰出领导人和中国新闻周刊 2021 年度经济人物。京东方已然成为全球物联网领域的先行者，其物联网转型的创新探索不但具有重要的管理启示，更有助于加快中国制造业数字化智能化转型与科技自立自强步伐。

二、战略引领：以显示联万物

（一）前瞻未来，屏之物联领航产业变革

京东方"屏之物联"的战略转型并非一时心血来潮，而是以前瞻思维把握产业革命重大机遇，基于对物联网产业融合发展的市场特征、产业运行内在规律的深刻认识和企业创新发展的深厚积累，不断深入探索和突破的过程（图 12-2）。

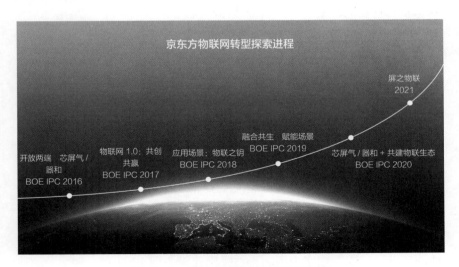

图 12-2　京东方物联网转型探索进程

2013 年，京东方持续多年的高强度投资初见成效，实现显示领域全球领先，谋求长远发展，抓住以生态链价值延伸为特征的产业发展第二阶段机遇，加快面向多元显示场景的生态链圈层拓展和价值链提升步伐。2016 年，京东方明确了企业的物联网属性，提出"开放两端、芯屏气 / 器和"的物联网发展战略，正式从半导体显示企业向物联网企业转型。2017 年和 2018 年提出了"物联网发展阶段 1.0 论""应用场景是打开物联网价值创造之门的钥匙"等观点，用以指导企业物联网转型实践探索。

2019 年，陈炎顺接过王东升的接力棒，基于科技自立自强的使命意识，对产业发展规律的深刻洞察，持续创新的基因以及深厚的技术、管理与文化积淀，先后提出"融合共生、赋能场景""芯屏气 / 器和 共建物联生态"的价值主张和观点，并于 2021 年进一步提出"屏之物联"的发展战略，即使"屏幕"集成更多功能、衍生更多形态、植入更多场景。京东方也明确定位为物联网创新领域全球创新型企业，这标志着其物联网转型进入全新的战略阶段。

"屏之物联"战略是对京东方发展之道的承传与超越。这一阶段，京东方在"对技术的尊重和对创新的坚持"的基础上，更加强调抓住数字化时代的发展趋势，通过"1+4+N+ 生态链"全新战略布局，基于"屏即终端，屏即系统，屏即平台"的全新理念，充分发挥"屏"之核心优势，聚合产业链和生态链资本，通过面向多元的物联网场景，驱动技术体系、组织管理和运营体系的重构优化，激发全员创新动能与潜能，打造产业数字化动态能力，赋能千千万万物联网细分市场和场景业务发展，立志成为"地球上最受人尊敬的伟大企业"（best on earth，BOE），在实现企业高速高质增长的同时，领航产业链供应链韧性创新发展，支撑数字中国和科技强国建设（图 12-3）。

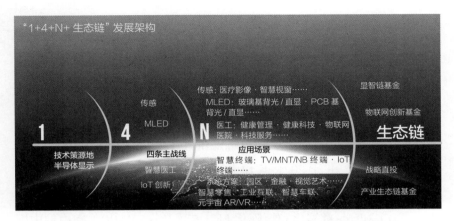

图 12-3　京东方"1+4+N+ 生态链"的物联网转型总体战略架构

（二）专注创新，奠定物联网战略转型坚实基础

京东方的逆袭突围成长史可以总结为"对技术的尊重和对创新的坚持"。初入行业时被日企、韩企等围追堵截的惨痛经历，使京东方意识到，"技术进步与产品创新是企业的制胜之道，技术行不一定赢，但技术不行一定输"。因此，京东方 2003 年收购了韩国现代薄膜晶体管–液晶显示器（thin film transistor–liquid crystal display，TFT–LCD）业务，建设了中国大陆首条自主技术的第 5 代液晶显示器生产线，全面启动 25 年战略布局，多年坚持 7% 左右的高研发投入强度，形成了专心专注、激励创新的企业制度和文化。

陈炎顺接任董事长后，更是强调，将年度销售收入的 1.5%、超 20亿元，用于基础与前沿技术研究，以强大技术实力巩固全球竞争优势。在陈炎顺看来，京东方具备物联网创新变革的"天然优势基因"——显示先导力、技术引领力和平台整合力，这"三驾马车"将助力京东方转型与突围。"京东方以'屏'起家，拥有丰富的面板产能资源、领先的半导体显示技术、知名的市场客户资源等，在显示无处不在的物联网时代，核心优势无疑是'屏'及围绕屏的周边能力"。

物联网创新中，京东方坚持技术领先、全球首发、价值共创：一方面，在集团技术中心设立前沿技术寻源组织，跟踪全球未来显示技术；另一方面，以开放包容的心态，联合产业链上下游企业协同开发，推动产学研深度合作。得益于持续的自主创新，京东方连续突破超高清显示、柔性显示、微缩化和矩阵化 LED 技术（MLED）显示等前沿技术，并于 2021 年 12 月正式发布包括超高级超维场转换技术（advanced super dimension switch，ADS Pro）、f-有机发光显示器（f-OLED）和 α-微缩化和矩阵化 LED 技术（α-MLED）在内的中国半导体显示领域首个技术品牌，开创了"技术 + 品牌"双元价值驱动的行业发展新模式。京东方目前拥有 16 条半导体显示生产线，其中包括中国大陆首条自主技术建设的第 5 代薄膜晶体管-液晶显示器生产线、第 6 代、第 8.5 代薄膜晶体管-液晶显示器生产线，终结了中国大陆"无自主液晶显示屏时代"，打破了中国大陆消费电子产业及平板显示产业被扼住咽喉的困局，真正实现了中国全系列液晶屏国产化。这 16 条产线中，有全球首条 10.5 代 LCD 生产线、中国首条实现量产的 6 代柔性有源矩阵有机发光二极体生产线等。其中，布局于成都、绵阳、重庆的 3 条柔性有源矩阵有机发光二极体生产线均已实现量产并稳定出货。2022 年上半年，京东方在显示屏总体出货量，以及手机、平板、笔记本、显示器、电视等五大主流领域液晶显示器出货量均稳居全球第一；在柔性有机发光显示器领域，京东方柔性有机发光显示器显示屏出货量稳居中国第一、全球第二。

（三）场景驱动，构建融合共生物联网创新生态

在战略布局层面，京东方立足显示主业，以应用场景这把钥匙打开了物联网价值创造之门。对此，陈炎顺解释，随着物联网应用场景

的涌现，基于业务细分场景的定制解决方案正在取代标准产品和通用平台，成为满足个性化需求、创造价值的有效途径。近年来，京东方以显示开拓应用场景，创新求变，不断丰富拓展技术能力和业务领域，逐步确立"1+4+N+生态链"发展架构，形成基于显示和传感两大核心能力，向半导体显示产业链和物联网场景价值链延伸的战略布局。

战略执行过程中，京东方凭借丰富面板产能资源与知名市场客户资源、领先显示技术硬实力与灵活创新变革软实力、显示产业链主地位与强大产业链整合能力等优势，全面构建人工智能开放平台等技术开发载体；打造以市场和客户为中心的产品企划能力，持续领先的制造能力，以及支撑物联网转型的核心架构能力、软件开发能力与软硬融合系统整合能力，在金融、园区、零售、医疗等行业实现跨界创新，多领域多层次赋能场景。

三、创新筑基：领航物联网转型

京东方物联网转型是响应国家发展重大需求、顺应时代变化趋势、符合行业发展规律的全局性与长期性战略决策。京东方应用整合式创新思想，打造以场景驱动创新为特色，以屏之物联战略为引领，以一流技术体系为基础，以一流管理体系为支撑，以一流文化体系为保障的物联网创新体系，实现技术、管理、文化的有机统一，在实现自身转型的同时，领航产业数字化智能化创新跃迁。

（一）"软硬融合、智能物联"，建设一流物联网创新技术体系

以创新引领发展，始终秉持对技术的尊重和对创新的坚持，通过持续的高强度研发投入，打造一流的物联网技术创新体系，是根植

于京东方企业文化中的基因。技术创新夯实核心能力，使企业时刻拥有竞争锋芒；技术能力连接现有业务，驱动新兴业务发展；核心能力与业务围绕场景紧密协同，进化共生，构成了京东方业务演变的内在逻辑。

对于物联网转型中的技术要点，京东方高级副总裁和联席首席技术官姜幸群在访谈中指出，随着京东方物联网战略转型，事业格局从半导体显示器件向多元化、立体化的方向发展，技术创新体系也需要相应升级。京东方的物联网转型，是立足于显示器件，发力于产品，落脚于场景化应用。与之对应的技术体系，也需要支撑器件、整机、系统、平台等多模式多形态的业务需求。

确立转型战略后的两年中，京东方专注顶层架构设计，强化物联网业务发展的基础技术底座，逐步形成"软硬融合—智能物联—场景赋能"三位一体的人工智能物联网（AI+IoT，AIoT）技术创新体系（图12-4）。

其中，"软硬融合"强调物联网端口的传感化与智能化，包括以芯片、屏幕、通信、传感等的系统集成，以及嵌入终端的操作系统和各类上层应用。"智能物联"指以人工智能、大数据、云计算、物联网等技术为牵引，打造以新一代信息技术为代表的技术创新能力。"场景赋能"注重围绕丰富应用场景，依托产品平台实现核心技术的智能应用。其要义在于通过制造技术与数字技术结合，推动实体经济与数字经济融合，向特定应用场景提供更便捷、更智能、更优质的解决方案，全面形成以半导体显示器件为基石，以新一代信息技术为差异化优势的物联网业务能力。

京东方人工智能物联网技术创新体系以物联网细分领域的需求为导向，以共性核心技术和客制化应用开发为支撑，构建了"软硬融合—智能物联—场景赋能"三级矩阵式结构，形成了从技术创新到产品创新再到物联网解决方案的全价值链技术创新核心能力体系。"场景

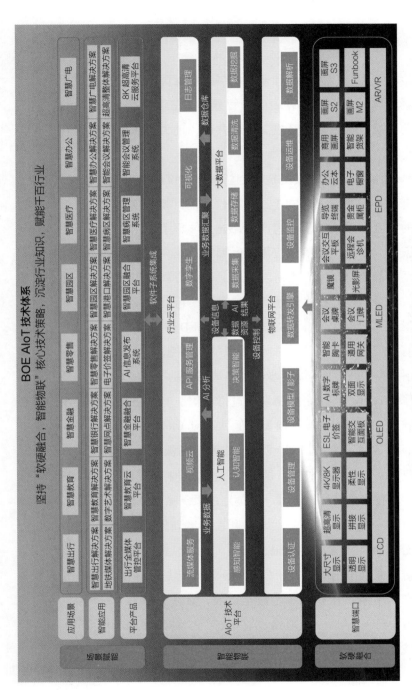

图 12-4 京东方人工智能物联网技术创新体系

赋能"以真实场景需求为导向，赋予京东方透过场景解决问题的专业能力，为技术创新提供持续动力。"软硬融合"与"智能物联"打造的技术核心能力，则为产品和业务发展提供保障。细分场景应用、人工智能物联网技术平台、软硬融合智慧端口三者互为依托，相互优化，并推动与重点客户协同开发、价值共创，助力京东方物联网转型获得可持续竞争优势。

"场景赋能"是物联网技术创新体系建设的出发点，也是落脚点。2022 年北京冬奥会开幕式上，点火仪式的巨型"雪花"主火炬台作为复杂的物联网系统工程代表产品，充分体现了京东方物联网技术创新在国家重大场景中的落地应用。巨型"雪花火炬"从整体硬件支撑到软件系统都由京东方自主研发设计。京东方攻克了极窄发光面、异型显示、信号同步等技术难题，打造了这一行业内发光面最窄的单像素可控发光二极管（light emitting diode，LED）异形显示产品。巨型雪花嵌有 55 万颗灯珠，每一颗灯珠都单点可控，出光面仅 4.8 毫米，基于京东方自主研发的同 / 异步兼容终端播控系统，实现了 102 块双面屏幕毫秒级响应；高冗余控制系统进行通信、电路多重备份，在有线控制基础上，搭配大型语言模型的低秩适应（low-rank adaptation of large language models，LoRa）无线控制技术，确保信号同步万无一失。巨型雪花这一场景赋能成果，是京东方物联网创新技术实力的典型体现。

一流技术创新体系支撑一流创新成果。截至 2021 年年底，京东方累计申请专利超 7 万件，发明专利占年度新增专利申请比例超 90%，海外专利 35%，覆盖了美国、欧洲、日本、韩国等多个国家和地区。年度新增专利申请中，有机发光显示器、传感、人工智能、大数据等领域专利申请占比超 50%。截至目前，京东方共有 10 项人工智能算法取得全球测评第一，30 余项算法位列全球测评前 10，其中 90% 已完成技术产品化。根据美国专利服务机构美国商业专利数据库（IFI Claims）发布的 2021 年度美国专利授权报告，京东方全球排名跃升至第 11 位；根据世界知识产权组织（The World Intellectual Property Organization，WIPO）报告，京东方 2021 年国际专利申请位居全球第 7，达到 1980 件，连续 6 年位列全球专利合作条约（patent cooperation treaty，PCT）专利申请 TOP10（图 12-5）。

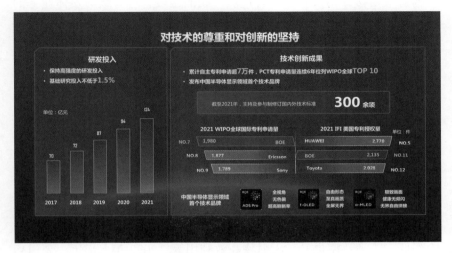

图 12-5　京东方技术创新体系投入和产出成效

（二）"三横三纵"，建设一流物联网运营管理体系

对于公司管理核心能力的打造，陈炎顺指出，对行业内在规律的充分理解是管理理念凝练、管理方法提出和管理体系构建的关键。这不仅有益于企业自身可持续发展，还有助于引领产业发展变革。因此，一直以来，京东方始终贯彻"站在月球看地球"的战略理念，以对行业发展趋势的充分认知为基础，确立长期发展战略和中短期战略目标，而后，打造平台型组织架构和独立运营机制，并基于"战略（strategy）、组织（organization）、流程（process）、信息化赋能（IT）、内控（control）"的 SOPIC 创新组织变革模型将"1+4+N"的战略架构

映射到"三横三纵"运营管理体系，将物联网创新战略落到经营管理实处，以敏捷响应、高效协同的组织管理和流程提升应对行业周期性波动的组织韧性。

在 SOPIC 创新组织变革模型指导下，京东方将物联网战略与组织行为有效对接，不仅将运营管理从产线的区域管理升级为整体业务的全球管理，还将业务模式从供应硬件器件转变为提供物联网产品、技术和解决方案。由此，京东方不仅增强了洞察力、整合力、创新力、员工能动性和市场反应力，还提升了专业化、集中化和信息化程度，为物联网创新提供了机制保障。此外，公司还采用多种先进管理方法来协助 SOPIC，如引入面向创新的精益管理体系，将技术创新管理与质量管理有机结合，确保技术创新成果转化为高质量、高品质的成熟产品，实现技术和管理核心能力的协同整合，进而输出为数智化产品与解决方案，形成物联网动态核心能力。目前，京东方精益管理已取得了一系列阶段性成效，包括业务流程优化、管理体系强化、成本风险降低、管理效率提升、人财物高效利用等。2022 年上半年，公司高端产品交付达成率较去年提升 6.3%，"双碳"管理工作进度也处于国内电子行业领先水平，目前京东方共拥有 11 个国家级绿色工厂。其研发的电子标签作为无纸化显示，高度践行绿色低碳，该产品全球出货近 3 亿只，每年 50 亿次变价，相当于节约纸张 6000 吨，保护树木 10 万余棵。

在长期经营探索中，京东方打造了面向物联网创新转型的"三横三纵"运营管理体系（图 12-6）。"三横"包括敏捷前台、集约中台和保障后台，贯彻企业运营管理全过程。敏捷前台即快速应对市场和客户的反应机制；集约中台由技术核心能力、产销协同能力、集成制造能力构成，包括技术与产品中台、供应链中台、制造中台、品质中台；保障后台为市场营销和运营管理提供支撑保障。"三纵"主要包含纵向贯穿的战略管理、流程管理和绩效管理三大核心职能，构成了贯穿前中后台的垂直管理体系。"三纵"虽是管理职能，但本质上具备服务属性，推动前中后台战略贯穿与流程互通。战略管理体系将战略目标细化为重要措施和关键项目，分层级落实责任并执行、跟进；流程管理体系以控制系统性风险为目的，以严格责权划分和标准化流程管理为手段；绩效管理体系以项目为单位，以执行进度为标准，实行一体化监管，由专门绩效管理部门设定奖励，再由高层管理者审批。

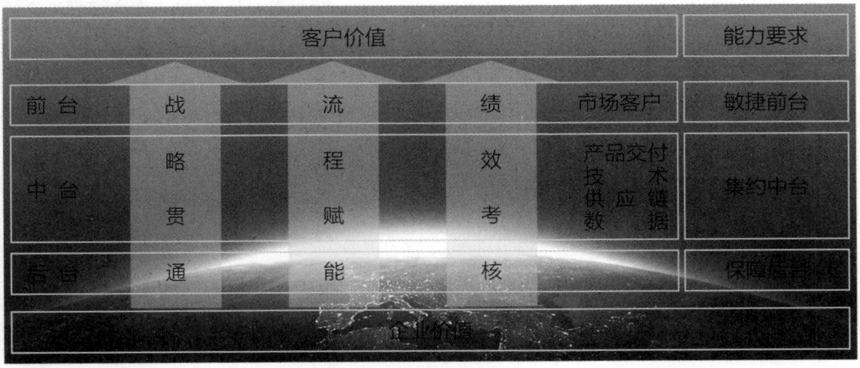

图 12-6　京东方"三横三纵"运营管理体系

"三横三纵"运营管理体系重在实现"五个拉通"：业务拉通，即四大业务板块互联互通；产品线拉通，即器件、整机、系统有机整合，形成完整物联网产品和解决方案；产品生命周期拉通，即打通物联网产品从企划、研发、制造、营销到售后的全流程；平台拉通，即内部协同、产品相连和员工互通；机制拉通，即各事业部统一机制。五个拉通的本质在于提升物联网转型运营的管理质量和运营效率，最大化企业的价值创造。

总体来看，京东方运营管理的高效顺畅是通过"三横三纵"运营管理体系各关键节点的打通来实现的，这有赖于公司平台化、数字化、标准化体系和企业文化系统形成的协同效能。陈炎顺将"三横三纵"运营管理体系视为企业生命体的骨架系统，数字化平台是其构架中的神经系统和活力，企业文化体系则是京东方的精气神。

（三）信任为王，建设一流物联网创新文化体系

谈及企业文化建设，陈炎顺特别强调，饱含"志气、勇气、骨气、士气、底气"的创新文化体系是京东方的血液和精气神，贯彻京东方从半导体显示颠覆者到物联网创新领航者的全过程，融入京东方从战略规划到日常运营的全流程，赋予京东方人独一无二的创新特质，汇聚成京东方强大的创新活力。在创新文化体系的熏陶下，京东方从高层管理者到基层执行者，始终怀着敬畏之心、感恩之心和创业之心，树立起"在关键时刻站得出来敢于担当，在危机时刻豁得出去勇于奉献"的企业人才观和团队价值观，以此应对物联网转型中的风险与挑战。如今，半导体行业陷入周期性低潮，京东方上下始终坚守战略目标。2022年上半年京东方业绩表现优于同业，以战略坚定、管理独立、执行坚定来稳固精气神，在以组织韧性保障稳定发展的同时，积极寻求机会，拓宽增长潜力，为未来行业上行周期时的厚积薄发修炼内功。

值得一提的是，京东方物联网创新文化体系中尤其强调信任与合作，并把"简单、直接、深刻、妥协"作为沟通法则，注重通过换位思考和求同存异来解决分歧矛盾。如"三横三纵"运营管理体系中各事业部、产品线、运作机制协同的关键在于信任互联，产业生态中各供应商、客户、投资者共赢的关键在于信任、真诚。

四、场景驱动加速构建物联网创新生态系统

（一）场景驱动，打造物联网创新范式

场景驱动创新是基于未来状态设想与创意，将技术应用于特定领

域，进而实现更大价值、获得技术突破、创造未来的过程。场景驱动创新在大数据等技术密集型产业中能够发挥关键作用，帮助企业通过市场化运作获取前沿技术研发所需的海量数据和商业资源，快速验证待成熟的新技术，找寻潜在的商业模式，在场景实践中实现技术颠覆与商业爆发。

京东方在布局其物联网业务中应用场景驱动创新思路，提供体系化的解决方案。通过场景驱动的管理模式，以 N 类应用场景为抓手，驱动技术核心能力和管理核心能力整合转化为一流的创新服务与价值创造能力，真正解决特定场景和客户的实际需求与痛点问题。

京东方场景驱动的物联网创新范式探索取得了卓越的阶段性成效：业务布局上，从专注显示发展为新业务矩阵；运营模式上，从矩阵式管理转变为"三横三纵"授权赋能型运营管理；技术应用上，持续推动超高清 8K 显示技术普及，推出全面屏、折叠、卷曲等柔性有机发光显示器创新产品，应用于众多一线品牌厂商，还推出 75 英寸、86 英寸玻璃基主动式驱动迷你发光二极管（Mini LED）产品和超高刷新率 500+Hz 显示产品等。

此外，公司多项创新成果已实现了基于场景应用的转化与落地：在视觉艺术场景中，自主研发设计的巨型雪花装置是行业内发光面最窄的单像素可控发光二极管异形显示产品，在全球瞩目的北京冬奥会上大放异彩；自主研发的 3290 块手持光影屏系统应用于新中国成立 70 周年庆祝活动，实现了举世惊艳的动态化广场表演；参编 4 项"百城千屏"超高清视音频传播系统技术标准的研制工作，并率先在北京落地全国首批 8K"百城千屏"建设项目。智慧金融场景中，智慧网点管控系统已交付 40 余个标杆项目，为全国超过 2700 家银行网点提供服务。智慧园区场景解决方案已在北京、天津、重庆等 20 余个城市落地应用，涵盖 7 大可视化主题及 20 余项闭环功能，覆盖 700 余家客户。面向智慧医工场景，构建以健康管理为核心、医工终端为牵引、数字医院为支撑的全周期健康服务闭环；除布局多家数字医院并实现正式运营外，重疾早筛查业务已累计签约 32 家合作代理商，授权 211 家医院，为近 9 万人提供便利。

（二）屏之物联，融通 N 大场景生态链

屏之物联是京东方物联网转型的关键，基于此，京东方依托显示、传感、人工智能物联网等核心技术，为出行、园区、金融、零售、教育、商显、展陈、工业等各个应用场景提供智慧化、个性化的物联网解决方案。

以智慧出行为例，近年来，随着汽车产业向电动化、智能化、网联化、共享化转型，创新显示技术在汽车领域加速应用，汽车座舱正从传统液晶仪表显示时代，快速进入智能交互显示时代，车内空间大屏化和智能化已成为车企差异化竞争的主战场。京东方以场景驱动型技术创新，以超大尺寸高清联体智能屏为核心，集成设计、系统板卡、微控制单元芯片（microcontroller unit，MCU）软件，提供面向汽车智能化的高质量一体化智能座舱整体解决方案，持续赋能中国新能源汽车"先发优势"转向"领先优势"。在设计方面，京东方采用背光一体化压铸技术和二合一板卡集成技术，让整体车载显示产品更加轻薄。在系统方面，嵌入式微控制单元芯片软件，使得显示屏能自动调节亮度，诊断车载显示功能在内的系统级技术应用，也极大提升了用户的智能化驾驶体验。目前，京东方已推出柔性有源矩阵有机发光二极体、柔性多联屏、全贴合显示、曲面显示、迷你发光二极管、BD Cell、超大尺寸显示等多款前沿技术产品，并全面应用于全球主流汽车品牌的汽车仪表、中控总成、娱乐系统显示、抬头显示、后视镜等多个车载显示细分场景。根据科技行业领先研究及咨询集团 Omdia 发布的报告，京东方车载显示出货量及出货面积在 2022 年上半年均位居全球第一。

随着万物互联时代的到来，数字化和智能化的显示产品正加速融入社会生活的各个场景，数智化正在改变汽车等各大传统产业的底层逻辑与生态体系。京东方持续推进智慧车载显示和交互领域的产品创新，携手全球合作伙伴持续打造智慧出行新生态，成为其融通 N 大场景生态链的一个典型实践。

（三）自主开放，建设物联网整合式创新生态

数字化时代，物联网技术创新和应用强调协同共享，要求企业突破传统组织边界，构建开放式创新网络，实现从自主创新到基于自主的开放整合式创新转型。因此，在物联网转型战略引领下，京东方重点打造全新的产业合作平台——智慧系统创新中心。通过搭建软硬融合技术开发平台、国际人才交流与培训平台、新型材料与装备产业转化平台、产品与服务营销推广展示平台、开放式技术与市场合作平台五大平台，推动芯片、显示器、软件内容、功能硬件等物联网要素融合，构筑资源共聚、信息共联、机会共创、价值共赢的场景驱动型物联网整合式创新生态（图 12-7），使技术研发重自主，对外开放有底线，多方合作有章法，版图拓展有方向。一方面，京东方继续将自主创新摆在创新战略的制高点，潜心钻研物联网系统架构和人工智能与大数据底层技术架构，在显示、传感、人工智能、大数据等核心领域加快实现技术突破，掌握自主知识产权，领航产业价值跃迁；另一方面，坚持开放共赢和协同整合，积极扩大自主技术体系的全球影响力，从而完成由重资产向轻资产、硬件制造向解决方案、资本牵引向智力牵引的三个重要转型。2022 年 9 月，由凯度集团（Kantar Group）、《财经》杂志、牛津大学发布的 2022 年生态品牌认证榜单及《生态品牌发展报告（2022）》，京东方成为首批获得生态品牌认证的 12 家品牌之一，为全球企业和品牌加快生态化转型提供实践启示，更为物联网行

业提供了生态品牌建设的全新范式。

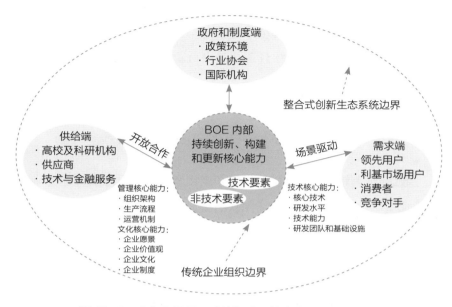

图12-7　京东方场景驱动的物联网整合式创新生态系统

为了融入全球技术话语体系，在国际市场实现持续突破，京东方积极与高校科研院所深度合作，强化颠覆性技术前瞻布局能力；与同行业巨头开展战略合作，形成平台型互补资源；牵头推进国内外技术标准制修，提高行业标准制定的话语权；在合作基础上开放专利，合理应用成熟技术方案，既从他人的成熟先进技术中获利，也为世界技术体系发展贡献力量。

五、穿越周期，向全球物联网创新领军者迈进

在京东方创立 10 周年时，陈炎顺以"明天会更好"致辞，开篇指出"有战略的企业是幸运的，有战略家的企业是幸福的"。如今，"三十而立"的京东方，建立了支撑物联网数智创新的一流技术、管理

和文化体系，并以"屏之物联"透过现象看本质，把握物联网行业发展规律，抓住场景驱动的创新机遇，构建起场景驱动的物联网整合式创新生态，迈向全球物联网创新领军者。

展望未来，在通过物联网创新"成为地球上最受人尊敬的伟大企业"的新征程上，陈炎顺和他所领航的京东方无疑要直面更多的挑战与机遇。例如：如何建设场景驱动的新型物联网创新生态，提升数字化创新生态治理能力，持续深化技术、管理和文化体系的协同整合和动态更新，真正实现"五个拉通"，加速京东方向全球物联网领军者迈进；如何实现京东方人才能力的二次跃迁，打造适配物联网转型所需的"战略创新型人才"和创新梯队，有效支撑乃至领航企业的创新跃迁；如何激发全员创新活力，强化一流创新人才引领一流创新体系和创新机制、一流创新体系和创新机制赋能一流创新人才效能发挥的良性循环；如何发挥产业链链长优势，打造产业数字化动态能力，在保障产业链供应链安全稳定和韧性增长基础上，探索形成扎根中国、引领全球的物联网创新模式，为全球物联网发展贡献中国智慧。

新征程，新挑战，新机遇，这要求京东方继续保持战略定力，坚守企业愿景与使命，坚持技术创新、管理创新与文化创新，掌握核心技术，继续守正创新，实现高质量发展，更需要京东方在复杂多变、模糊不定的环境中强化组织韧性，在坚定自主创新的基础上，进一步重视场景驱动的创新范式新机遇，打造产业数字化动态能力，持续赋能产业链供应链韧性发展，引领共创、共生、共赢的物联网时代产业生态新模式，创造企业和产业、用户的更加美好的明天。

| 第十三章 |

中国铁建：场景驱动工程建设产业数字化转型

动态能力是数字经济背景下驱动企业加速创新、打造新竞争优势的原动力，然而，现有研究缺少对场景驱动领军企业打造产业数字化动态能力、加快自身和行业数字化转型的过程机理的深入研究。本研究以工程建设领域的领军企业中国铁道建筑集团有限公司（以下简称"中国铁建"）为案例，从产业机会感知、产业机会把控、产业生态重构三大核心场景出发，系统研究了场景驱动的产业数字化动态能力的作用机制。研究发现：中国铁建围绕三大核心场景对数字化转型提出的复杂综合性需求，通过构建产业数字化动态能力，显著提升了商业机会的精准感知力、商业机会的高效把控力和内外部多元主体的协同能力，加速了组织自身效率的提升和产业链供应链的变革重构，进一步归纳了场景驱动的产业数字化动态能力的作用机理（即以"数据要素驱动、科技平台支撑、生态融合共生"为引领），建构了"环境感知、资源整合、优化配置"的动态能力，二者围绕商业机会感知、商业机会把控、供应链及产业生态重塑三个场景中的复杂综合性需求融合互动，最终实现了企业自身竞争优势重塑和加速产业数字化转型的"内与外"双重价值。本研究从场景驱动的视角拓展了动态能力理论，为加快推进产业数字化与数字中国建设提供了重要政策和实践启示。

一、工程建造产业数字化转型的时代背景

加快推进产业数字化转型，是数字经济时代推进中国式现代化的重要引擎，是开辟经济发展新领域、新赛道，培育国家竞争新动能、新优势的有力支撑。2022 年 1 月，习近平总书记在《求是》杂志发表的重要文章《不断做强做优做大我国数字经济》中强调，面向未来，我们要站在统筹中华民族伟大复兴战略全局和世界百年未有之大变局的高度，不断做强做优做大我国数字经济。党的二十大提出要加快建设数字中国，2023 年 2 月中共中央、国务院印发了《数字中国建设整体布局规划》，进一步强调要促进数字经济和实体经济深度融合，为以中国式现代化全面推进中华民族伟大复兴注入强大动力。

数字化转型，不能简单理解为信息化、数字化发展的一个升级阶段。虽然它以信息化、数字化为基础，但其本质上是以数据要素为关键驱动，创新和重构生产方式、组织方式、价值体系，打造数字化动态能力的过程。例如，刘昌新和吴静（2021）等学者提出数字经济将告别"野蛮生长"阶段，未来数字化场景将从"技术孪生"扩展到"治理规则孪生"阶段，形成发展与治理并重的新格局。全球新冠疫情冲击和新一轮产业革命的加速演进，让很多原本处于观望、探索阶段的企业，感受到了不得不转的紧迫感。如何抓住数字中国建设的历史性机遇，充分释放数字化转型对企业和产业发展的赋能作用成为学术界、政策界和产业界共同关切的议题。

动态能力理论为破解数字化转型的难题提供了理论依据，特别是在数据要素的加持下，能够更充分地发挥动态能力的创新指导作用。从动态能力的内涵出发，动态能力强调使用机会感知、机会把控和变革重构能力推动企业创新，并提升企业对市场的适应能力。蒂斯（Teece，2010）在研究中认为动态能力可理解为"感知""摄取"以及"转化"三方面的能力，支持企业在新的市场变革下获得创新能

力。焦豪和崔瑜（2008）在研究中认为企业应当充分开发和利用动态能力的四个构面，即环境洞察、变革更新、技术柔性能力和组织柔性能力。蒂斯（2018）对数字经济的创新驱动点进行了分析，认为数字经济时代的企业发展需要数字平台赋能和生态系统的创新。

因此，在数字经济背景下，企业需要深入探究数据要素对市场战略、经营绩效和内控管理等方面所带来的决策基础和决策方式的变化，并运用动态能力作为方法指导，帮助自身实现动态调整和敏捷创新。这为本研究从场景驱动效应角度展开提供了切入点。刘婕等（2021）认为平台型企业需要充分认知其所处的市场情景，并根据企业的不同发展阶段对平台形态进行适应性调整（包括企业的发展目标、市场定位和资源基础），以形成敏捷的市场适应能力。尹西明和陈劲等（2022）提出数字经济时代需要产业领军企业发挥产业链链长优势，通过构建产业数字化动态能力，整合带动自身发展和产业创新跃迁。然而，现有研究缺少对场景驱动领军企业打造产业数字化动态能力、加快自身和行业数字化转型的过程机理的深入研究。产业领军企业如何抓住场景驱动的创新范式跃迁机遇，打造产业数字化动态能力，整合发挥超大规模市场、海量数据和丰富应用场景的优势，加快重塑自身竞争优势、产业创新生态，实现可持续发展，成为产业数字化和数字中国建设的重要而紧迫的议题。

中国铁建是国有特大型建筑企业。从外部环境来看，国际市场不确定性增加，全球产业链面临重构，中国经济也在努力转型升级，与此同时，市场竞争加剧，这些都倒逼中国铁建通过技术创新突破产业瓶颈；从企业经营管理视角，以数据驱动为核心的应用场景日益丰富，这能帮助企业实现市场分析、机会洞察和经营决策；从中国铁建所在核心产业的数字化变革来看，数字化的创新机制以及信息技术的赋能，使得基于多元主体协同的产业链新形态成为可能，实现了产业链企业之间的多链路连接，创造了更多的合作机会，提升了产业链协同创新能力，实现了产业链供应链的安全创新和韧性发展。

二、文献综述及研究理论框架

（一）产业数字化

产业数字化指的是在新一代数字科技支撑和引领下，以数据为关键要素，以价值释放为核心，以数据赋能为主线，以"数据要素驱动、科技平台支撑、品牌价值赋能、生态融合共生和政府精准施策"等五个方面为着力点，实现对产业链上下游的全要素数字化升级、转型和再造的过程。易观发布的《中国产业数字化趋势报告 2023》认为，探索数字经济与实体经济有机融合的方向，将充分体现数字技术对实体产业的赋能作用，推动实体产业结构升级和价值释放。同时，谢智刚（2021）的研究中认为产业数字化具备三个典型效应：一是"市场效应"，产业数字化是供给市场和需求市场的连接媒介，要求产业龙头企业充分发挥数据要素资源的价值，构建全新的供需平衡。二是"灯塔效应"，即重点龙头领军企业通过建立"行业灯塔"来引领行业数字化转型，通过数字化实践的经验赋能中小企业，形成对上下游相关主体的支撑。三是"共振效应"，在产业数字化的链接作用下，不同行业的企业能够实现共同参与、资源共享、协同治理和共同发展，从而提升产业的全价值链要素的数字化变革和有机整合。

结合文献梳理，现有研究与产业数字化相关的三个关键着力点包括数据要素驱动、科技平台支撑和生态融合共生。数据要素驱动是指在新一代信息通信技术的广泛应用背景下各行业领域积累的海量数据所形成的新生产要素，数据要素同时也是数字经济发展的重要基石。精准触达市场需求、催生全新商业模式是数据要素驱动产业数字化发展变革的主要表现形式。

科技平台是产业数字化转型的具体落地方式和基本载体:一方面,数字科技企业或传统行业领先企业通过打造互联网平台、物联网平台等各类科技平台,率先成为平台构建者及产业数字化转型领头羊,基于科技平台为中小企业"上云、用数、赋智"提供核心支撑;另一方面,科技平台依托科技平台整合上下游产业资源,为中小企业调用共享数字资源提供更多选择的同时也催生出了平台托管、按需调用、技术加盟等新商业模式。

纵观国内外各行业领域产业数字化成功转型的典型案例可以发现,"融合 + 创新"一体化的生态融合共生是其共同特征。新一代数字科技广泛渗透、消费习惯急剧变化、新商业模型快速迭代使得传统产业发展面临的压力不言而喻。线下企业数字化转型主动意愿的增强和线上企业打破发展瓶颈的制约成为产业数字化发展的新动力。

(二)动态能力模型

"动态能力"由大卫·蒂斯(David Teece,1997)提出,他认为这是一种"难以复制和模仿的能力,能够驱动企业永续经营",指出它"通过整合、重构、建立相关资源与能力,实现对环境变换的及时、快速应对"。动态能力是指企业通过合理地适应、整合与重置内外部的组织技能、资源和功能性,更新其才能以适应变迁的商业环境的能力。动态能力模型对企业运作效率、经营绩效和资源协同产生赋能作用。动态能力研究框架被定义为"企业通过整合和重构内外部资源、技能和能力,能够在不断变化的外部环境中实现动态适应的能力"。其中,"动态"描述的是不断变化的内外部环境,"能力"具体指的是企业不断通过自我革新来适应外部环境的能力。

从动态能力理论发展视角看,不同学术流派对动态能力的内涵、理论和构成要素形成了差异化见解。其中,赫尔法特(Helfat,1997)

认为动态能力是一种企业通过重组产品流程实现环境适应的方法。巴克马（Bakema，1999）在研究中提出，企业通过识别市场机会、优化市场战略和重组内部资源的方式形成动态能力，动态能力可以帮助企业实现自我革新。艾森哈特（Eisenhardt）和马丁（Martin，2000）在研究中认为动态能力是企业通过资源释放、重组、获取等方式实现市场匹配的能力，该能力可提升自身的环境适应能力。苏巴纳拉辛哈（Subbanarasimha，2001）从生物免疫学的视角阐释动态能力，认为动态能力是企业应对环境变化产生抗体的能力。

从动态能力对于资源协同的影响的视角看，学术界将动态能力定义为企业整合、构建、重置内外部资源实现适应环境变化的能力，认为动态能力反映了在给定路径依赖和市场地位的情况下，组织获取新颖的创新性竞争优势的能力（leonard–Barton，1994）。达塔尔（Daetal，2014）通过对 217 家中国企业的实证研究，发现动态能力有显著差异正向影响竞争优势，环境活力是驱动因素而非减缓因素。约韦塔尔（Yeowetal，2017）认为通过应用动态能力方法能够形成组织的感知、抓住和转变的能力。温特（Winter，2003）认为可以将动态功能定义为用于扩展、修改或创建的普通功能，并应用于企业战略活动和模式化创新中，用于解决投资成本与收益的特别问题。周翔等（2023）认为模块化协同的开放平台有利于组织广泛吸收各个领域的知识，进而通过能力模块的组合快速构建把握机会所需的新能力。综合而言，动态能力是一种企业为了适应变化的环境而做出自我调整的能力，主要通过战略结盟、技术研发、战略制定等方式，实现自身的调整、整合和资源优化配置。

（三）产业创新生态系统

产业生态是指产业内的相关企业在市场、技术和资源方面所形成的关联形态。企业可根据发展战略需要，在理清产业生态链的基础上，进行产业链整合。王如松和杨建新（2000）认为，产业生态的本质是创新工程，通过技术创新作为基础，以产业发展为最终目标，产业链中的各个企业形成链接结构、运行模式、资源协同方面的创新，从而作用于产业链，实现产业链的全面重构和秩序革新。王寿兵和吴峰（2006）的著作中认为产业生态链的创新包含两个要素：其一是产业链的重新设计和开发；其二是产业链中的技术、管理、制度创新融合。

产业创新生态系统的概念在学术界形成了两个方向的研究成果：一方面是从产业生态体系出发，对其结构和功能的定义；另一方面是结合具体产业的特征进行解释。其中，马莱尔巴（Malerba，2002）在研究中认为，产品、技术和销售渠道组成了产业创新生态系统，其创新点来自知识、技术和政策制度。弗兰斯曼（Fransman，2009）对信息通信产业的创新生态系统要素进行研究后，认为系统主要由产业体系、创新技术人才、软硬件以及外部环境组成。傅羿芳（2004）在研究中定义了高科技产业集群的创新生态系统，认为系统主要由制造网络、研究网络、中介网络和内外部环境组成。陈劲等（2021）认为以央企为主导的整合式创新模式依然需要民营企业的广泛参与，以形成"央企＋民企"的融通创新共同体。

笔者认为，产业创新生态的类型主要包括三类，即横向整合、纵向整合和混合整合：横向整合是指产业生态中相同业务类型的企业形成链接，提升行业的集中度；纵向整合是指产业上下游相关企业形成一体化合约，提升定价权和产业利润；混合整合则是横向和纵向的结合。许多企业发展到一定的规模都会进行产业整合，形成独特的产业生态。

（四）场景驱动创新

场景驱动创新是数字经济时代的创新范式，该范式的产生颠覆了传统创新理论的边界，是数字经济时代下技术驱动要素和数据驱动要素的集中体现，能够帮助企业应对数字经济时代下的新任务和新挑战。尹西明等（2022）认为，场景驱动创新是技术、市场、数据等创新要素在具体场景中的多元融合，是新一代信息技术在特定场景下的赋能实践，可以推动企业战略、先进技术、市场需求的有机共融，从而实现技术、产品、渠道、商业模式的创新。场景驱动创新的要素包含四个方面：第一是场景，即在特定的场景中实践具体创新路径；第二是战略，场景驱动创新应当作为企业战略，指导企业生产经营；第三是需求，企业需要识别产业、组织、用户等维度中的核心需求，从而形成发展战略；第四是技术，即实现新技术与场景应用的融合。

江积海和廖芮（2017）在研究中认为场景价值体为顾客感知价值，即特定的时空条件以及消费者需求下企业能否洞察客户需求，及时提供产品和服务来满足顾客需求并增加顾客体验，从而提升顾客感知价值的动态能力。有学者对印度汽车行业进行研究，发现了企业所需的颠覆性创新的要点，即动荡的环境中管理创新政策的重要性。陈劲（2021）认为场景驱动创新是当前个性化市场经济的模式转型，能够推动企业组织边界的进一步模糊和开放，从而形成创新联合体，实现个性化、多产品集成和生产向服务延伸的全新商业模式。邹波（2021）等在研究中结合数字技术的赋能作用，提出场景渠道创新具备数据支撑性、价值共创性、快速适应性三个特征。

综上而言，场景驱动创新应当是场景、战略、需求和技术四者紧密相连，互为促进，协调一致，构成场景驱动创新的整体范式，从而在特定场景下形成生产资源的全局重构和优化。

（五）案例分析框架

基于对现有文献的梳理和产业数字化、动态能力、产业创新生态系统和场景驱动创新相关理论逻辑关系和相互作用，本研究梳理提炼了场景驱动的产业数字化动态能力作用机制理论框架（图13-1）。

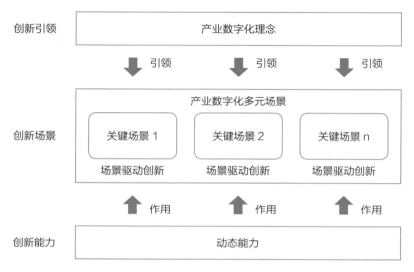

图13-1　场景驱动的产业数字化动态能力作用机制理论框架

其中，产业数字化理念是创新引领，可作为产业数字化创新的指导思想，以动态能力理论作为创新能力，在创新场景中，可作用于案例企业业务的关键场景，形成场景驱动的数字化创新。同时，此类创新方法同样可作用于案例企业参与的产业数字化多元场景中，形成产业生态范围内相关方在关键场景的创新协同变革。

三、案例简介与分析过程

（一）案例简介

本章的研究目标是探索场景驱动的产业数字化动态能力作用机制，即企业如何在产业数字化背景下通过数字化实践形成动态能力，实现场景驱动创新的内在机理，采用的是归纳式的单案例研究设计（Eisenhardt，1989）。根据典型性原则以及调研的便利性原则，最终选择了中国铁建作为研究案例。

中国铁建是中央管理的特大型工程企业，在多年的经营实践中发现内外部复杂多变的市场环境会对企业的生产方式、组织架构、经营管理、业务模式等产生巨大冲击，为了能够实现多级组织的全方位统一高效管理，达到数字铁建以及总部级管控的目标，在国务院国资委《关于加快推进国有企业数字化转型工作的通知》的要求和指导下，从战术层结合自身经营特点以及数字化转型需要将战略层的目标做了分解，从业务梳理、数据架构、应用架构、技术架构四大维度进行总体架构设计，制定了以"MAS13N56工程"为核心的数字化转型战略规划，形成了具备鲜明特色的大型企业数字化治理体系。中国铁建"MAS13N56工程"总体规划如图13-2所示。

其中，"M"代表治理体系，"A"代表架构管控体系，"S"代表安全与风控体系，"1"代表一体化技术平台，"3"代表"人力资源、经济管理、财务管理"三大核心业务系统，"N"代表数量庞大的其他业务系统。"5"包括基础设施建设、运维体系建设、工作考核体系建设、队伍建设、新技术应用预研五项重要举措。"6"代表六个实施策略：一是坚持"端到端"的信息化实施总体策略；二是坚持"业务驱动、先纵后横"的工作模式；三是立足现状、快速迭代；四是实现"制度镜像，业务替代"的应用效果；五是平台支撑、标准管理、确保互联互通；六是试点先行、全面推广、少走弯路。

中国铁建采用端到端的策略，采取"组织适应"的方式，松耦合管理层级，在数据架构上从"人、机构、项目"贯通到"人、财、物"这三大核心要素上，以"业务驱动、统一规划、统一标准、分层分步实施、互联共享、迭代更新、自主可控"三十字方针为信息化发展原则，实现了中国铁建数字化战略规划的逐步落地。

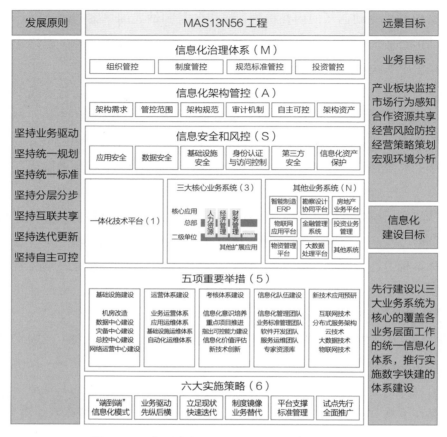

图 13-2　中国铁建 MAS13N56 工程框架示意图

　　在中国铁建数字化战略实施的保障措施方面，公司持续提升五大能力：第一完善"三大核心业务系统"中的应用系统功能，形成高度可复用的业务支撑能力；第二是建立公共数据服务平台，形成多源数据的高度汇聚，将公司的数据资产集中统一管理，提升数据利用深度；第三是完善平台基础公共服务组件，进一步抽象至统一技术平台，降低各应用系统的开发成本；第四是推进云数据中心的存储、运算、安全保障和灾备能力；第五是按照法律、法规、制度和信息安全标准要求建立信息安全体系。

中国铁建在场景驱动的产业数字化动态能力理论和实践方面取得的丰硕成果为本研究提供了合适的样本。因此，该案例的选择具有典型性和代表性。

（二）数据收集

研究团队对中国铁建信息技术部门、经营管理部门、市场部门、战略管理部门的关键人员开展走访调研，通过半结构化访谈、参与式观察获取了许多一手数据。在开展调研前，研究团队根据访谈主题进行了二手资料的收集与整理，针对性地梳理出了核心访谈问题，从而确保访谈数据收集与研究问题相匹配。访谈过程及访谈数据收集情况见表13-1。

表 13-1　访谈过程关键信息记录汇总

角色	参与人员	访谈时间	访谈时长	主要访谈内容
信息化管理部，MAS13N56工程项目核心架构师	1人	2022-11-30	66分钟	MAS13N56工程概要情况、核心建设内容、当前实施阶段和效果
科技创新部技术中心办公室职员	2人	2022-12-2	53分钟	公司数字化转型总体规划、关键业务（商业分析、项目管理、供应链管理）的信息化应用情况
经营部商业分析经理	2人	2022-12-5	95分钟	中国铁建的主要项目情况，项目商机识别、分析的过程、制度和工具
发展规划部战略规划经理	2人	2022-12-11	58分钟	中国铁建在2022—2024年的主要战略规划、数字化转型相关的重点规划
经营部项目经理	3人	2022-12-15	105分钟	中国铁建重点项目管理的流程、商机到项目转换的主要环节和管理标准
企业管理部供应链管理经理	2人	2023-1-19	92分钟	中国铁建供应商的基本情况，如类型、数量、参与度等，供应链管理的现状、问题和规划

（三）研究过程

通过文献整理的方式，整理了关于数字化转型、场景驱动创新、动态能力模型相关的研究文献，国内外各领域的研究成果。同时，整理了产业数字化、动态能力模型、产业生态、场景驱动创新的定义和内涵，形成了研究的理论框架支持。以中国铁建的企业数字化转型实践展开案例分析，深度剖析 MAS13N56 工程在商业机会感知、商业机会把控和产业生态供应链整合方面的赋能作用，梳理上述三个关键创新单元的关键过程和实现路径。根据案例研究中的关键发现，归纳抽象场景驱动的产业数字化动态能力作用机理，形成本章的理论研究成果。

四、中国铁建场景驱动产业数字化的主要模式

（一）基于产业数字化的数据挖掘实现商业机会精准感知

近年来，数字化正在成为新的生产工具，但是数字化不是简单的信息化，无论从数字化的内涵还是应用角度来看，数字化远远比在线化、信息化更加深刻。在中国铁建的数字化转型过程中，数据的链接、数据的沉淀和数据的价值挖掘呈现出递进和深化关系，企业数字化应用体系的构建着重关注如何发挥数据真正的价值。研究发现，中国铁建依托 MAS13N56 工程，实现了基于产业数字化的数据挖掘实现商业机会精准感知。

具体来说，中国铁建基于产业数字化的数据挖掘实现商业机会精准感知包括如下几个步骤。

1. 基于一体化平台的产业数据资产全盘管理

从中国铁建依托 MAS13N56 工程的框架分析，一体化技术平台承

接了企业数字化 IT 架构的中台角色，标志着中国铁建内部各信息化系统、数据源相关的多维数据整合形态初步构成，实现了中国铁建关联产业的、统一的数据资产仓库，连通了数据孤岛，共享了数据资源，为进一步实现深入的数据挖掘提供了可能。

按照数据获取、判断、规划和管理的步骤，落地搭建企业级的大数据级数据仓库，获取相关的数据，并搭建相应的平台数据指标体系，完成关键数据要素的特征分析和标签提取，为数据的深度利用提供基础支撑。构建商业机会识别数据标签体系，着重分析当前需要但是无法获取到的指标，描述使用不便的指标，分析问题原因，绘制数据链接地图。

2. 基于"经济管理"应用群的产业数据挖掘的市场分析

在中国铁建统一的一体化平台之上，建设了"人力资源、经济管理、财务管理"三大核心业务系统以及 N 个子系统，其中"经济管理"系统作为中国铁建市场和商业机会管理的核心应用系统，采用基于数据挖掘的市场分析方法，让中国铁建能更好地认识和分析市场，具体体现为如下三个方面：

一是市场态势精准呈现。通过可视化方式向市场人员展示市场现状，通过数据挖掘的方式对市场数据进行描述和分析，主要包括属性分析、类别识别和概念描述，统一通过可视化数据看板展示市场概况和特征数据。如，根据同一类工程在不同市场区域的频次和时机，对该类工程的商机规律进行洞察，有助于市场人员提前筹备资源，从而提升项目机会的响应饱和度。再如，通过类别识别或概念描述的方法识别典型市场的特征，有助于对目标市场设定有效的市场策略。

二是市场态势偏差感知。通过神经网络等深度学习工具实现市场特征信息的偏差检测和分类，更好地指导市场人员洞察市场的变化，有助于甄别无效市场机会；同时，市场态势偏差感知还能够帮助市场人员跟踪公司市场战略变化产生的效果，以检验和纠正市场策略。

三是市场态势趋势分析与预测。通过可视化的呈现方式展示市场的趋势，提供对市场未来走向的系统性判断，为市场人员提供丰富的数据相关性分析，指导其形成更加主动的市场策略。同时，对公司在市场中的竞争地位进行趋势分析，自动检索市场竞争者数量、市场份额变化、市场排名情况等，从而形成不同的市场趋势判断，如市场竞争度、市场成熟度和市场机会指数等决策报表。

基于产业数字化的数据挖掘实现商业机会精准感知，是产业数字化理论中的"数据要素驱动、科技平台支撑"两个关键工具的深度应用，标志着中国铁建商业机会的识别和分析开始从流程优先向数据优先转变。

（二）基于场景驱动的数字化动态能力达成商业机会高效把控

为了应对激烈的市场竞争，中国铁建以 MAS13N56 框架中的一体化技术平台为支撑，以"经济管理"应用群为抓手，建立了商业机会评估数据模型，以此来判断概率；建立了商业机构跟踪机制，管控商业机会的跟踪过程；生成商业机会跟踪结果反馈，从而形成闭环。研究发现，中国铁建通过 MAS13N56 工程，实现了基于场景驱动的数字化动态能力达成商业机会高效把控。

具体而言，基于场景驱动的数字化动态能力达成商业机会高效把控实现路径如下。

1. 多路数据的关联汇聚和权限管理

如前文所述，基于 MAS13N56 框架中的一体化技术平台，中国铁建已经实现了数字化 IT 架构全盘数据在业务流程链条中的流动互通，激活了数据挖掘利用、数据流动互通、数据循环反馈三大功能，实现了企业业务和流程数据的高度统一；同时，一体化技术平台实现了单点登录、身份认证、统一的企业门户、信息聚合、API 分级注册、授权使用和管理、分级管理、监控等职能，根据用户在业务组织中的角色，赋予其在平台中所相适配的身份、权限，实现了平台用户授权管理问题，从而避免了商业机会的泄露和其他数据风险。

2. 商业机会动态评估模型

以"经济管理"应用群的海外业务信息服务管理系统为例。该系统以"市场与商机分析"这一特色业务场景，利用一体化技术平台中的数据资源，建立了商业机会动态评估模型，实现了商业机会的全面分析、评估和预测。结合路数据的关联汇聚基础，中国铁建 MAS13N56 工程的一体化技术平台中收集了中国铁建在海外业务中的超过 500 个历史项目的数据，涵盖了项目商机拓展、立项、签约、采购、施工、验收、转收等七个环节的内容，通过项目落地情况与项目商机来源情况进行多维度匹配建模，以此对新项目商机进行价值评估并将其作为切入点。基于大数据分析、全流程跟进、数据筛选、多维度模拟、数据建模、场景展现等技术手段，建立了"项目商机价值评估筛选模型"，应用于实际项目的商机拓展中。商机信息提取了商机来源、资金来源、项目规模、项目模式、商机归属行业等五大维度作为影响因子，根据样本项目归类分析多个影响因子，以此建模形成项目商机价值评估模型，实现主要对新项目商机进行价值预判分类，以便各市场区域集中优势资源拓展高价值项目，同时对低价值项目进行立项前的风险评估，降低潜在风险。

3. 商业机会规划及跟踪管理

应用商业机会动态评估模型，初步对各区域的项目商机进行应用，从而帮助中国铁建的市场人员有效解决了对商机进行规划的瓶颈问题。例如，通过商机跟踪看板展示各商机的跟踪阶段、当前任务和下一阶段节点等信息，有助于商机管理的进度安排和资源协调。同时，在项目投标前或签约前进行预判，提前对项目预审决策提供指导方向及风险预判，增加高价值项目的筛选途径，改变传统商机规划过程中依赖经验判断的方式，以商机跟踪漏斗功能对所有项目进行分析统计，涵盖了从潜在项目到成交项目的全过程，所有问题一目了然，便于相关人员对呈现的问题及时给予解决。此外，科学的数据统计、分析能够帮助管理者做出科学的规划和预测。同时，基于业务驱动的数字化商机跟踪管理引擎，能够实现不同地区、不同类型和不同规模的商机跟踪过程管理，在不同的商机跟进阶段，自动推荐商机跟进的策略和方式。通过项目商机五大维度的分析，为该商机跟进步骤的资源配备、人员队伍组建、时间安排等提供指导，有效保障了商业机会跟踪环节的有效性。

4. 商业机会沉淀及复盘机制

对于市场团队中做得较好的经典案例，通过沉淀至"历史商机跟踪数据库"，通过"商机跟踪案例回顾"功能，实现商机管理最佳实践的复盘和共享，以时间和角色维度，展示最佳实践标杆案例中，在不同的商机阶段，是采用何种策略和手段跟进的。商机跟踪案例回顾能够将经典案例详细记录，并且可以按照子公司、市场区域、人员角色等进行定向分享，帮助市场人员学习标杆项目的执行经验，缩短市场人员的成长过程，提升商机转化的概率，为企业的利润增长贡献力量。

综上所述，MAS13N56框架和核心应用群能够集中存储、管理并评估商机信息，覆盖了商机发现、沟通、分析、跟踪、成交的全过程，构建了预测精准、规划合理、跟踪有效、可反馈复盘的闭环体系，实现了商机管理的全面把控。其中，动态能力模型理论重点应用于商机跟踪的过程管理，通过中国铁建的数字化支撑能力，在商机把控的场景中，对商业机会进行实时的、动态的、全面的精准评估，为商机跟进的每一个步骤提供相关的策略指导、资源建议和节奏控制，从而使其可以及时应对商机的变化，帮助中国铁建的市场人员更为合理地适应、整合与重置内外部的关键要素，以适配商业环境的变革，成就基于场景驱动的数字化动态能力，实现商机把控场景的创新。

（三）基于产业创新生态的内外部多元主体协同引发组织效率提升和供应链变革重构

结合产业生态系统的内涵，以本章研究案例企业——中国铁建的视角出发，企业内部协同是指企业内部各组织、业务、资源要素的高效协作；企业外部协同是指以中国铁建为主体构成的产业生态要素协同，如商业机会、项目协作、技术共享、人才资源等，同时形成产业生态链条各主体的合作、协同、配合，从而推动产业生态系统的革新。研究发现，中国铁建通过 MAS13N56 工程，不仅实现了基于产业创新生态的内外部多元主体协同，还实现了组织效率提升和供应链变革重构。

1. 企业内部关键业务场景的多组织协同

从业务微观视角，中国铁建 MAS13N56 框架在统一的一体化平台之上，以"人力资源、经济管理、财务管理"作为三大核心业务系统，在 N 个子系统集群中实现内部关键业务场景的多组织协同。例如，在人力资源管理场景中，形成了覆盖人事、薪酬、培训、社保的核心应用系统，形成了以员工信息数据为核心的人力资源主数据系统，为其他应用系统提供了组织资源要素支持；在经济管理场景，聚焦中国铁建"8+N"核心产业布局，搭建了合同管理、业务信息管理、采购云平台等多个关键系统，发挥了信息系统对公司生产经营的支撑作用；在财务资金管理场景，建立了财务数据管理中心、财经管理业务中心和财务数据共享中心，接入二级企业 37 家，形成了全公司统一的账户信息备案机制。在企业内部协同的其他关键场景，中国铁建通过协同办公、党务管理、"三重一大"决策和运行监管等系统，打造了企业内部运行管理的信息化、网络化和数字化支撑体系。

综上所述，基于 MAS13N56 工程框架，中国铁建以"大集中、大统一"为宗旨的信息化建设模式基本构建完毕，"1+3+N"信息化体系建设成果凸显，逐步形成了适应自身发展的数字化内部协同生态体系。

2. 产业创新生态的多元主体协同

从产业宏观视角出发，中国铁建发挥产业链链长优势，通过结合纵向协同和混合协同模式，一方面实现了核心业务上下游协同创新，引发了相关产业供应链变革重构；另一方面实现了核心业务的拓展和产业混合整合，构建了独具特色的产业创新生态。

在以纵向整合方式实现核心业务上下游协同创新方面，中国铁建以纵向整合思路，通过全链布局、集聚互补和高效协作的方式，实现了核心业务的相关上下游协同。在产业生态关联方面，依托 MAS13N56 工程，在"经济管理"核心业务应用群下，以新签合同管理、海外业务信息服务管理、铁建云采平台等 10 余个系统为基础，实现了全产业链布局的相关方信息库。以中国铁建为核心的产业要素规模优势，有利于降低产业链成本，提升市场竞争中的核心竞争力，实现扩大市场份额的目的；在产业生态企业之间的协同合作方面，基于产业链相关企业的集聚效应，能够实现资源共享、优势互补，补足产业链缺失和薄弱环节，提升基础能力，达成相关企业之间的多点链接，有利于产业生态的安全稳定；在产业生态的协作效率方面，MAS13N56 工程构建的数字化协作平台，可使各企业之间通过大数据平台实现物流、资金流、信息流三流合一，使数据在各个链条中快速流动，实现数据实时共享，结果迅速反馈，缩短协同时间，有效提升了产业生态的资源配置效率。

在以混合整合方式拓展业务并构建产业创新生态方面，长期以来，中国铁建以工程承包业务作为传统核心业务。2021 年起，中国铁建立足于自身发展实际，制定出台了《中国铁建数字化转型行动计划专项实施方案》，明确强调要大力发展智慧勘察设计、智慧建造、智慧制造、智慧运营、智慧服务等"智慧+"产业，实现核心业务的扩展。同时，中国铁建以其在产业生态中的主导地位，利用自身资源的重新组合，实现了产业要素聚集，促使产业链条上的各企业以自身为核心集聚，提升了产业生态资源的分配效率，进而促进了企业的自组生态的优化与重构。具体体现在三个方面，一是建立了产业创新生态的标准化体系，将管理标准化、组织标准化、技术标准化和工作标准化作为产业创新生态的前提条件，有利于生态系统内的相关方在统一标准下的合作推进；二是建立了产业创新生态机制，包括科技创新协同机制、市场联动开发机制、人才共育机制、目标考核机制及金融合作机制，作为产业创新生态的关键保障，有利于产业生态高质量发展；三是形成了以产业创新生态运转为核心的产业生态数字化服务平台，为产业生态内的相关主体提供了良好的生态环境，支持产业创新生态的高效运行。

中国铁建的数字化转型战略实践取得了突出的阶段性成效，公司主营工程承包业务在 2021 年实现营收 8938 亿元，同比增长了 9.9%，截至 2022 年上半年，公司工程承包业务占比 89.7%，较去年增长了 2.04%；从企业经营视角，对 18 个业务领域的 155 个应用场景进行了业务建模，提升了企业的经营数据分析能力；从企业财务管理视角来看，合同支付结算自动化率达到 99.68%，业务办理更加高效便捷；从企业运行管理视角来看，中国铁建统一的一体化技术平台实现了企业内部 30 万员工的身份、权限、数字账号资产的统一管理，为公司 300 多家下级单位提供了集中统一的对外宣传网站服务；从产业链的数字化转型和多元主体协同视角来看，以施工承包为主发展出了规划设计咨询、工业制造、物资物流等业务，形成了完整的行业产业链。

综上所述，中国铁建通过产业生态的创新实践，已具备完整的建筑工程产业链形态，集项目运作、投资、设计、咨询、施工（安装）、后期运营为一体，形成了独特的产业生态创新，并开创了具备明显优势的一体化运作模式。最终，在产业生态优势和多元主体参与下的高效协同能力成为企业市场竞争最坚实的依托，引发了组织效率的提升和供应链的变革重构。

五、场景驱动产业数字化动态能力作用机理与启示

在产业数字化浪潮下，从场景驱动和产业数字化动态能力的视角出发，综合运用理论研究法、访谈法和归纳演绎法，以中国铁建的企业数字化转型实践为案例进行分析可发现，在中国铁建的企业数字化转型实践过程中，通过将产业数字化的要素作为支撑，以动态能力作为指导方法论，引发了企业关键商业能力和供应链生态的创新和变革，达成了三个创新效果，即基于产业数字化的数据挖掘实现商业机会精准感知、基于场景驱动的数字化动态能力达成商业机会高效把控、基于产业创新生态的内外部多元主体协同引发组织效率提升和供应链变革重构，推动企业实现数字化转型。

结合研究理论框架和对中国铁建基于三大场景驱动产业数字化动态能力构建、赋能自身和产业数字化转型的过程分析，可进一步提炼出场景驱动的产业数字化动态能力作用机理（图13-3）。

产业数字化作为场景驱动的产业数字化动态能力的创新引领，以新技术为支撑，以数据赋能为主线，将"数据要素驱动、科技平台支撑、生态融合共生"等三方面作为驱动的着力点，驱动关键场景发生变革。

以动态能力为主要创新能力，以"环境感知、资源整合、优化配置"作为场景创新的主要思路和方法，指导关键场景的创新实践。

从具体的创新场景的实践角度，产业数字化和动态能力分别作用于商业机会分析场景、商业机会把控场景和产业生态创新场景，分别

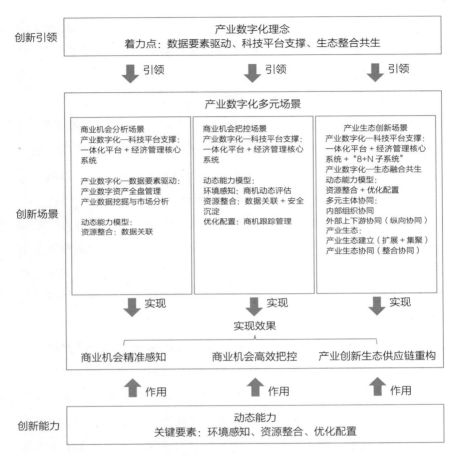

图13-3　场景驱动的产业数字化动态能力作用机理示意图

达成了商业机会精准感知、商业机会高效把控和产业创新生态的供应链重构的创新成果。其中，在商业机会场景，以"一体化平台＋经济管理核心系统"作为科技平台支撑，以"产业数字资产全盘管理＋产业数据挖掘与市场分析"作为数据要素驱动，运用动态能力模型中的"数据关联"方法，实现了商业机会的分析和识别；在商业机会把控场景，以"一体化平台＋经济管理核心系统"作为科技平台支撑，运用动态能力模型中的"环境感知、资源整合、优化配置"方法，实现了商机动态评估、数据管理＋案例沉淀以及商机跟踪管理；在产业生态创新场景，以"一体化平台＋经济管理核心系统＋'8+N 子系统'"作为科技平台支撑，以产业数字化中的"生态融合共生"为驱动，结合动态能力模型中的"资源整合"方法，从企业内部组织运行和外部上下游协同两个方面实现了多元主体协同。同时，运用"扩展＋聚合"的方式，实现产业生态的建立，建立了产业创新生态运转为核心的产业生态数字化服务平台，为产业生态内的相关主体提供了良好的生态环境，极大地支持了产业创新生态的高效运行。

概言之，中国铁建数字化转型的成功实践释放了"内与外"的双重价值。其不仅提升了企业内部的经营管理水平，也在一定程度上实现了产业生态的融合创新，打造了大型央企及传统基建行业数字化转型的示范样板，推动了整个行业共同提高数字化水平和协同效应，为行业的长远发展做出了贡献。

展望未来，产业生态协同发展已成为我国未来区域经济发展的新趋势，中国产业领军应充分发挥行业龙头企业的示范和带动效应，切实扛起产业发展的领军者旗帜，不断增大增强以产业领军企业为主导和牵引的产业生态的规模，着力形成以产业领军企业为主导，以场景驱动创新为抓手，以产业数字化动态能力为基础，带动产业上下游多元生态主体协同发展的数字经济新模式，为中国产业的数字化转型、数字中国的建设和高质量发展注入活力和韧性，加快构建国家发展新优势。

本章主要参考文献

[1] 王一鸣. 中国数字化转型的战略重点和路径 [J]. 金融论坛，2022，27（2）：4.

[2] 刘昌新，吴静. 塑造数字经：数字化应用场景战略 [J]. 清华管理评论，2021（6）：92-96.

[3] KARIMI J, WALTER Z . The Role of Dynamic Capabilities in Responding to Digital Disruption:A Factor-Based Study of the Newspaper Industry[J]. Journal of Management Information Systems, 2015, 32（1）: 39-81.

[4] TEECE D J . Explicating dynamic capabilities:the nature and micro foundations of（sustainable）enterprise performance[J]. Strategic Management Journal, 2010, 28（13）: 1319-1350.

[5] 焦豪，崔瑜. 企业动态能力理论整合研究框架与重新定位 [J]. 清华大学学报：哲学社会科学版，2008（S2）：10.

[6] TEECE D J . Profiting from innovation in the digital economy:Enabling technologies, standards, and licensing models in the wireless world[J]. Research Policy, 2018（1）: 47.

[7] 刘婕，谢海，张燕，等. 动态能力视角下平台型企业的价值共创演化路径探析——基于积微物联的单案例研究[J]. 软科学，2021（35）：138-144.

[8] 尹西明. 产业数字化动态能力：源起，内涵与理论框架 [J]. 社会科学辑刊，2022（2）：114-123.

[9] 谢智刚. 数字经济与中国经济数字化转型[J]. 财政科学，2021，71（11）：20-25.

[10] TEECE D J, SHUEN P A . Dynamic capabilities and strategic management[J]. Strategic Management Journal, 1997, 18（7）: 509–533.

[11] HELFAT C E . Know how and asset complementarity and dynamic capability accumulation:the case of r&d[J]. Strategic Management Journal, 1997, 18（5）: 99–102.

[12] BAKEMA F, WEGGEMAN M, BERENDS H . MANAGING THE EMERGENCE OF A DYNAMIC CAPABILITY[J]. Harvested Forages, 1999, 1（2）: 33–35.

[13] EISENHARDT K M, MARTIN J A . Dynamic Capabilities:What Are They?[J]. John Wiley & Sons, Ltd, 2000（1）: 344–346.

[14] P.N, SUBBANARASIMHA. Strategy in turbulent environments:the role of dynamic competence[J]. Managerial & Decision Economics, 2001（1）: 202–208.

[15] DA LEONARD-BARTON. Core Capabilities and Core Rigidities[J]. 1994（13）: 111–125.

[16] LI DL, LIU J. Dynamic capabilities, environmental dynamism, and competitive advantage:Evidence from China[J]. Journal of Business Research, 2014, 67（1）:2793–2799.

[17] YEOW A, SOH C, HANSEN R . Aligning with new digital strategy:A dynamic capabilities approach[J]. The Journal of Strategic Information Systems, 2017:43–58.

[18] WINTER S G . Understanding dynamic capabilities[J]. Strategic Management Journal, 2003, 24（10）: 87–92.

[19] 周翔，叶文平，李新春 . 数智化知识编排与组织动态能力演

化——基于小米科技的案例研究 [J]. 管理世界，2023（1）：138-157.

[20] 王如松，杨建新. 产业生态学和生态产业转型 [J]. 世界科技研究与发展，2000，22（5）:9.

[21] 王寿兵，吴峰. 产业生态学 [M]. 北京：化学工业出版社，2006.

[22] 赵玉帛，张贵，王宏. 数字经济产业创新生态系统韧性理念，特征与演化机理 [J]. 软科学，2022，36（11）：10.

[23] MALERBA F. Sectoral systems of innovation and production[M]. 2002.

[24] FRANSMAN M . The New ICT Ecosystem[J]. General Information, 2010（5）: 92-101.

[25] 傅羿芳，朱斌. 高科技产业集群持续创新生态体系研究 [J]. 科学学研究，2004（1）:8.

[26] 陈劲，阳镇，朱子钦. 新型举国体制的理论逻辑，落地模式与应用场景 [J]. 改革，2021（5）：17.

[27] 尹西明，苏雅欣，陈劲，等. 场景驱动的创新：内涵特征，理论逻辑与实践进路 [J]. 科技进步与对策，2022，39（15）：10.

[28] 江积海，廖芮. 商业模式创新中场景价值共创动因及作用机理研究 [J]. 科技进步与对策，2017，34（8）：9.

[29] PANDIT, DEEPAK, JOSHI, et al. Disruptive innovation and dynamic capabilities in emerging economies:Evidence from the Indian automotive sector[J]. Technological forecasting and social change, 2018, 129（Apr.）: 323-329.

[30] 陈劲. 加强推动场景驱动的企业增长 [J]. 清华管理评论，

2021（6）：92–95.

[31] 邹波，杨晓龙，董彩婷 . 基于大数据合作资产的数字经济场景化创新 [J]. 北京交通大学学报：社会科学版，2021，20（4）：10.

[32] EISENHARDT K M . Building Theories from Case Study Research[J]. Academy of Management Review, 1989, 14（4）：532–550.

| 第十四章 |

穗腾 OS：场景驱动打造轨道交通数字化新引擎

2021 年 9 月 23 日，广州地铁与腾讯公司联合发布了新一代轨道交通操作系统——穗腾 OS 2.0，并在新建的广州地铁 18 号线和 22 号线示范运营。穗腾 OS 2.0 引入工业互联网和物联网操作系统的理念，颠覆了传统工业控制系统"单一功能定制"的设计理念，实现了设备和系统的互联互通，成为轨道交通数字化的新引擎。截至 2022 年年底，穗腾 OS 2.0 运行已超过一年，各项设计功能和性能得到完整验证，地铁运营最关注的成本、服务、安全三大指标都得到了明显改善。穗腾 OS 2.0 在广州地铁的应用非常成功，一方面可以继续向行业纵深发展，争取更多的轨道交通订单；另一方面，穗腾的设计理念、运营模式也比较符合智慧城市对开发系统的需求，可以利用广州地铁和腾讯公司的区域优势横向拓展，参与广州市乃至大湾区的智慧城市建设。未来通过生态合作伙伴的加盟，穗腾有望成为一个技术、服务和产品的开放式供应平台，广州地铁能够拓展更多的数字化新基建场景。从过往经验来看，未来穗腾将选择何种路线，鱼和熊掌能否兼得？穗腾的设计者们仍在探索。

一、广州地铁数字化转型背景

（一）广州地铁概况

广州地铁集团有限公司（以下简称"广州地铁"）成立于 1992 年，是广州市政府全资的大型国有企业，运营业务覆盖地铁、城际、有轨电车等多制式轨道交通，经营业务覆盖从轨道交通规划、建设到运营的全过程咨询、设计、代建、监理、培训等。

作为我国改革开放的前沿城市和特大城市，广州市经济实力强、人口密度大、出行频率高。为满足市民不断增长的出行需求，广州市大力投资轨道交通建设，地铁运营规模持续增长。截至 2022 年年底，广州地铁已开通运营线路（含广佛线）共 16 条，车站 304 个，线网里程 621 公里（见附录 1）；2022 年全年，广州地铁共运送乘客 23.58 亿人次，日均客运量 646.01 万，承担了广州市 60% 的客流运送任务，客运量位居全国城市轨道交通客运量前列[①]。

在实现运力提升的同时，广州地铁的行车质量也进一步提升。根据世界地铁协会（Community of Metros，CoMET）2021 年公布的数据，在全球 44 家大型地铁中，广州地铁列车正点率排名第一，运能利用率排名第二，多项安全指标连续多年保持前列[②]。公司不断发挥一体化经营管理优势，持续提升轨道交通产业整体能级和技术创新能力，技术水平走在行业前列。

[①] 广州地铁内部统计数据（截至 2023 年 4 月 20 日，仅供参考）。

[②] 2021 年年报，广州地铁官网，2023 年 1 月 7 日访问，https://www.gzmtr.com/ygwm/gsgk/qynb/202206/t20220621_76000.html。

（二）线网运营成本压力

轨道交通项目具有建设周期长、一次性投资大、后期运营维护成本高的特点。除建设成本外，公司一直面临高昂的运营成本，主要包括人工成本、能源成本、维修成本等。截至 2022 年年底，公司员工总数接近 3 万人，其中 2.4 万人服务于线网运营，承担运输策划、调度指挥、站务运作、乘务运作和运维检修等任务。2022 年，广州地铁的人工成本已占到运营总成本的 2/3，随着新线路的开通，这个比例还在上升[①]。

与此同时，轨道交通作为城市基础设施的重要一环，具备普惠性、公益性的特点，但收支平衡的挑战和压力日益凸显。广州地铁按里程计价，4 公里以内的基础票价为 2 元，4 公里以上价格分段递增，最高不超过 14 元，票价水平在全国范围内位于低档。此外，2010 年广州市在举办第 16 届亚运会开幕前，为引导市民优先选择公共交通出行，实行了公交地铁优惠方案：一个自然月内，持卡乘坐公交或地铁次数累计 15 次后，本月开始享受从第 16 次起的 6 折票价优惠（学生使用学生卡可直接享受 5 折优惠）。该方案自 2009 年实施以来一直沿用至今，广州市政府每年对运营线路进行补贴，但力度有限。公司也通过地铁沿线的土地开发、商贸广告等增加收入，弥补地铁运营的收入缺口。

根据广州地铁年度报告，广州地铁 2022 年营业收入总额为 122.85 亿元，其中运营收入贡献 59.44 亿元，多种经营收入 63.41 亿元，营业总成本 187.41 亿元[②]。从数据来看，地铁票价存在政策性优惠，地铁运营处于亏损状态。公司亟须降低成本、提升效率。尤其是庞大的人工成本，已成为公司创新发展的"不可承受之重"。

[①②] 广州地铁内部统计数据（截至 2023 年 4 月 20 日，仅供参考）。

（三）系统改造痛点

轨道交通发展至今，其设计理念和技术支撑都是以传统的工业控制系统[①]为基础的。一个突出特点就是，产品设计在完工交付之后就基本确定了，系统供应商和业务部门之间也存在技术鸿沟，后续想要提升功能、改造系统非常困难。用广州地铁集团丁建隆董事长的话说，"地铁建成就已是一个崭新的落后系统"，因为地铁规划、施工期限少则三五年，长则数十年，交付时和设计之初的用户需求已经发生了很大改变。

传统工业控制系统的这种特性给地铁运营者带来了很多困难。像广州这种特大城市，城市建设日新月异，出行需求经常变化，交付型轨道交通系统无法快速响应，改造成本也非常高。例如，线路在设计之初采用一条交路，所有车辆目的地都是终点；运行后随着客流的变化进行了多交路改造，部分车辆只跑一段或快慢车交替。上述变化要求信号系统和乘客信息显示系统也进行调整，这样一个简单升级，在传统交付式工业控制系统模式下却需花费大量时间和上千万的改造费用。类似例子还包括设备新增改造、控制模式调整等常见的运营需求。由于传统工业控制系统的架构固化，当底层设备变化时，上层控制系统无法同步更新，控制中心和线网指挥中心可能无法获得准确的调度信息，直接影响运营安全及效率。

传统轨交系统难以满足城市日益增长的出行需求，大量人工辅助岗位又不断提升运营成本，与此同时，轨道交通也面临着数字化、智能化变革和智慧城市发展不断涌现的新需求。广州地铁集团蔡昌俊副总经理一直在不断探索和思考未来的轨道交通技术架构，他用创新的

[①] 工业控制系统：由各种自动化控制组件以及对实时数据进行采集、检测的过程控制组件共同构成的，用以确保工业基础设施自动化运行、过程控制与监控的业务流程管控系统。

思维结合互联网的理念，提出有没有一种新的智能系统，能像手机操作系统一样轻松迭代升级，还能快速开发和安装一系列应用软件，以敏捷的算法和效率替代传统人工，打造一个可以持续迭代、灵活和具有弹性的工业互联网控制系统平台？如果广州地铁能够打造一款适用地铁的 OS（操作系统），就有望走出一条数字化转型和内生的"智慧"之路。但是这一次，广州地铁没有在传统轨道交通行业领域内寻找合作伙伴，而是将目光投向了互联网企业——腾讯。

二、穗腾 OS 破茧成蝶之路

腾讯公司是中国乃至全球最大的互联网企业之一，总部位于深圳，与广州地铁同属粤港澳大湾区，在工业互联网①、物联网②以及云计算③等领域，腾讯都走在全国前列。2018 年底腾讯以 3816.43 亿美元的市值位列全球上市互联网公司第三，仅次于亚马逊和谷歌。广州地铁在 2017 年就与腾讯公司合作了乘车码项目（详见附录 2），为后续的合作和持续发展奠定了坚实基础。

（一）穗腾 OS 1.0：基于智慧化车站的破冰探索

2018 年 8 月，腾讯和广州地铁的高层会面商讨，期望共同打造一

---

① 工业互联网：新一代信息通信技术与工业经济深度融合的新型基础设施、应用模式和工业生态，通过对人、机、物、系统等的全面连接，构建起覆盖全产业链、全价值链的全新制造和服务体系，为工业乃至产业数字化、网络化、智能化发展提供了实现途径，是第四次工业革命的重要基石。

② 物联网：是一个基于互联网、传统电信网等信息承载体，让所有能够被独立寻址的普通物理对象实现互联互通的网络。它具有普通对象设备化、自治终端互联化和普适服务智能化 3 个重要特征。

③ 云计算：分布式计算的一种，指的是通过网络"云"将巨大的数据计算处理程序分解成无数个小程序，然后，通过多部服务器组成的系统进行处理和分析这些小程序得到结果并返回给用户。

款适用于地铁、可不断升级的数字化操作系统。达成初步意向后，于2019年2月成立了穗腾联合实验室，开始探索新时代城市轨道交通智慧操作系统——穗腾OS的实践路径：围绕单一车站的智慧化进行设计，并拟定在三号线广州塔站进行示范验证。新系统的首要任务是解决智能感知、数据交互、智能分析及联动控制方面的问题。作为轨道交通与互联网领域的跨界创新探索，双方在合作初期对系统如何构建还没有清晰的整体框架，但提出了一系列不同以往的设计理念，比如设备接入的标准化、物联化，应用展示的数字化、孪生化等。接下来，实验室以车站的智慧化业务场景需求为导向，把闸机、乘客信息显示屏、广播、卷闸门等系统设备物联化接入。逐渐，一个可持续迭代的、灵活的工业控制系统平台初现雏形。

经过六个多月的联合研发，2019年9月9日，穗腾OS 1.0系统正式发布，并在广州塔站上线运营投入使用。穗腾本质上是一个工业互联网系统，它与传统轨交系统有两大不同：第一，向下能与车站的各专业系统设备相连，就像我们手机的操作系统与摄像头、麦克风等外围设备连接一样；第二，向上能提供便捷的应用环境，使用者可用低代码开发平台①、通过拖拽的方式进行组件化开发升级。穗腾作为一个框架性平台，可以高效物联接入不同设备，根据不同业务场景设计新的应用，因此在不久的将来也有望复制到其他车站和线路。

穗腾OS1.0上线当天，设计者用低代码开发平台即兴实现了一个"会跳舞的闸机"创意应用：当嘉宾到达时，乘客信息显示系统上打出了欢迎标语，广播自动播放欢迎致辞，所有闸机随音乐开关，灯光也会发生变换。这一创意虽小，却向外界展示了穗腾最重要的功能：利

---

① 低代码开发平台：LCDP，是无须编码（0代码）或通过少量代码就可以快速生成应用程序的开发平台。通过可视化进行应用程序开发的方法，使具有不同经验水平的开发人员可以通过图形化的用户界面，使用拖拽组件和模型驱动的逻辑来创建网页和移动应用程序。

用组件化的方式快速开发应用，轻松实现对轨道交通设备的全域管控。

穗腾 OS 1.0 是设计者基于单一车站进行的大胆实验性探索。在广州塔站验证成功后，广州地铁上下对数字化系统的前景更加看好，希望趁热打铁，尽快推出穗腾 OS 2.0 版本，作为集团公司数字化转型的能力基座，进一步支撑 18 号线、22 号线的智能化和智慧化建设。与此同时，腾讯公司正在进行组织战略调整，希望从传统的面向消费者（To Consumer，2C）业务转向面向企业（To Business，2B），增加更多企业客户，以数字化赋能实体经济发展。在广州市政府的支持下，广州地铁与腾讯公司签订了战略合作协议，双方希望未来的穗腾 OS 2.0 能由点到面进行推广，用于更多的地铁线路；同时，能开发加载更多应用程序，服务地铁智慧化运营。

（二）穗腾 OS 2.0：跨越鸿沟，破茧成蝶

2020 年年初，广州地铁增派核心骨干，联合腾讯成立穗腾 OS 2.0 研发团队。然而，准备了半年之后，却发现腾讯方面进展缓慢，这是怎么回事呢？

广州地铁作为政府出资、从事公共事业的国有企业，首要目标是保障城市轨道交通的安全高效运营。各子公司按需求抽调技术人员，组成项目团队服务集团战略，实现上下联动。而腾讯是一家高度市场化的民营企业，公司内部以团队为考核主体，团队收入至少要覆盖人工成本。在穗腾实验室设立初期，广州地铁内部还未立项也不能拨款，腾讯公司就先行投入进行研发，但基础设施类项目投资周期长、回收慢，与互联网公司优先利润回报、人员流动性高的软件开发业务模式差异很大。穗腾 OS 2.0 系统还需投入多少资金和人力，后续能否获得预期的收益，腾讯存在疑虑。广州地铁的组织目标和腾讯团队的考核目标存在较大分歧，重重鸿沟之下，穗腾 OS 2.0 的联合研发一度出现

了放缓乃至停滞。

了解到这一情况，广州地铁丁建隆董事长、蔡昌俊副总经理很快约见腾讯公司的高级执行副总裁、云与智慧产业事业群的首席执行官汤道生，详细介绍这个项目在广州地铁内部的战略地位和人员安排。腾讯高管也意识到，穗腾 OS 不仅能用于广州地铁所有新建线路，还可能迁移到机场、高速公路等智慧城市场景，未来业务机会巨大。腾讯内部召集投资部门商议后，也认为公共事业项目不能参照以往的 2C 业务设置考核目标，考核期限、利润率都应进行调整。

达成一致之后，腾讯以智慧交通事业部作为主力，重新组建穗腾研发团队，与广州地铁方实现了从战略到项目、团队层面的全面拉通、全员激活。从项目整体配置来看，广州地铁、腾讯、广州地铁子公司抽调员工共百余人，集中了轨道交通和云计算、工业互联网领域的专家骨干。在团队经历了 300 多个夜以继日的高强度研发之后，穗腾 OS 2.0 呼之欲出。

三、穗腾 OS 2.0：全场景赋能、全时空服务

2021 年 9 月 23 日，穗腾 OS 2.0 正式上线，新系统彻底打破了传统的轨交工业控制模式，具备标准化、组件化、低门槛、开放式四大特点，提供了灵活、易扩展、可迭代的数字底座。在此基础上，研发团队针对广州地铁的运营需求设计了一系列智慧应用，使穗腾 OS 可在车站管理、应用开发、设备运维、智慧安防、客流疏导、防洪防汛等多种场景下助力业务人员开展工作。

（一）设备接入物联化

传统的轨道交通系统普遍以应用为导向，由不同厂商提供硬件

设备、对应的操作控制器和软件系统，这些子系统没有统一的通信协议[1]和数据格式，后续如果有新的业务系统接口需求，还需要与原厂商进行系统改造、接口扩展，成本高，难度大，周期长。穗腾 OS 在设计之初，就超越了这一传统的工业控制系统设计思路，构建了物模型[2]标准体系，规范系统设备接入的通信协议和数据格式，实现统一化的运维管理和标准化的物联服务。

设备接入的物联化促进了数据的标准化，全面提升了广州地铁在系统设备资源的自主管控效能，无论是既有线的改造、延长线的扩容，或者是新线的建设方面，只要地铁站仍基于穗腾 OS 进行建设，建设者就可以基于穗腾 OS 的设备资源进行开发，不会受限于原供货商。长远来看，广州地铁希望能改变设备采购中软硬件打包的模式，对供应商在设备硬件、操作系统和应用程序方面的能力进行筛选甄别，只选取各家能力最强的部分，在穗腾 OS 进行组装，牵引产业链供应链数字化转型。

（二）应用开发组件化

完成数据标准化之后，子系统就封装成了一个个组件或者说接口，其内含的数据资源、算法能力等也沉淀在穗腾 OS 2.0，承载在大数据平台和算法平台。未来若有其他类似应用，穗腾也可直接使用其组件资源。穗腾就像手机操作系统的应用商店，为不同的应用程序提供了标准化组件的开放市场。

---

[1] 通信协议：通信协议又称通信规程，是指通信双方对数据传送控制的一种约定。约定中包括对数据格式、同步方式、传送速度、传送步骤、检纠错方式以及控制字符定义等问题做出统一规定。

[2] 物模型：物模型是产品数字化的描述，定义了产品的功能，物模型将不同品牌不同品类的产品功能抽象归纳，形成"标准物模型"，便于各方用统一的语言描述、控制、理解产品功能。

另一方面，广州地铁认为在实现数据标准化、模块化之后，程序开发不一定都依赖供应商的 IT 工程师，还可以交给地铁运营人员来做。地铁人员了解用户需求、熟悉业务流程，有丰富的经验和判断能力。按照这个思路，穗腾设计并研发了策略引擎平台，提供低代码、拖拽（PDP）式的业务流程开发方式，地铁业务人员只需画好流程图，标明各个模块和节点，就可在每个节点选择预置的设备、数据和组件资源。如果需要联动控制设备，还可以通过物联节点，选择相应的设备能力。举个例子，早晚开关站是地铁运营的固有流程，每个站都需派几名员工操作相关的机电设备，每次耗时至少 40 分钟。穗腾 OS 2.0 上线后，地铁人员通过策略引擎平台编排了开关站流程，根据各车站业务需求设置了不同设备的开关顺序，自动调出摄像头进行确认，整个流程不需要人工，10 分钟全部完成。通过培训，大部分地铁人员都掌握了策略引擎平台的使用方法，能基于穗腾 OS 2.0 沉淀的物联、数据和算法开发简单应用、优化现有流程，类似业务已不需要外包给服务商。

整体来看，组件化的开发方式向下屏蔽了数据资源的复杂性，向使用者呈现可视化图像，使一线员工能广泛参与新业务开发和系统升级。同时填补了技术和业务的鸿沟，让管理者、供应商，甚至客户直接参与地铁的建设运营，改变了原先供应链层层分包的状况，压缩了中间环节的财务和时间成本，大幅降低了产业链供应链协同的成本和阻力，提升了系统韧性。

（三）运维管理智能化

依托穗腾 OS 2.0 沉淀的物联、数据和算法组件能力，广州地铁和其他合作伙伴开发了各种智能运维应用，涉及车辆、信号、供电、扶梯、轨道等多个专业系统，促进轨交运营降本增效。例如 18 号线和

22 号线的车辆智能运维应用，基于穗腾 OS 2.0 汇聚了制动、走行部、车门、受电弓等关键子部件的设备物联数据，通过数据的融合分析，实现了列车运行舒适度的综合指标评估和行车关键设备的整体运行品质分析，保障了列车运行安全。通过人工智能图像识别算法，在列车图像方面可以识别探测列车车底车侧损伤、踏面表面缺陷，在轨道图像方面可以探测车轨上可能存在的扣件位移、绝缘帽位移或者道床异物，提升运维检修效率。通过车载显示屏的一比一复刻至调度中心，调度人员可以实时掌握列车状况及司机操作情况，实现关键行车设备故障下的应急处置辅助决策，提升了应急处置效率。车辆智能运维应用的打造，可替代 90% 的日常检修工作，节约 16% 的人力成本。

（四）乘客服务精准化

由于获取了多元数据，系统可以向乘客提供更精准和丰富的服务。以客流疏导为例，乘客可以订阅出行信息，提前了解目标站点的车辆到站时间和客流信息。运营方可以利用车辆载重数据和站台视频监控，实时分析车厢和站台的拥挤分布情况。如果部分位置过于拥挤，系统会自动给广播和乘客信息显示屏、乘客手机 APP 发送定向提示，引导乘客前往人少的区域排队候车。过去轨道交通服务的形态是面向群体，本质上只能提供从站点 A 到站点 B 的运输。穗腾系统则通过乘客画像和乘客定位，使客户服务从面向群体转为面向精准个体。以智能广告推送为例，广州地铁商务部设置了广告窗口，上线的中小商户可根据算法指引，分时间、分区域向乘客精准推送广告内容。未来，轨道交通不仅能向市民提供公共交通工具，还能提供地铁沿线的生活服务信息。

（五）安全管理实时化

传统轨道交通定义的安全是"预设环境下的安全"，即由前一晚、前几天的车辆或运行环境安全检测推定当前列车行驶处于安全状态。这种监测方式无法排除意外事故，意外发生后的探查、处置也比较滞后。穗腾 OS 2.0 以云计算为支撑，采用云边协同 [①] 技术，拥有强大的计算和存储能力，通过加载各式监控摄像头和传感器，协助广州地铁初步实现了三个实时：对列车运行中安全性、平稳性、舒适性的实时诊断评估；对轨道、接触网等关键系统的实时监测、故障诊断和预警；对列车运行环境的实时监测。借助穗腾 OS 2.0，广州地铁打造了全景式、安全、灵活、高效的运营管理体系。

在穗腾 OS 2.0 众多场景化应用中，车站与区间防汛功能也非常亮眼。2021 年 7 月郑州的极端暴雨灾害引发了地铁隧道洪水倒灌，广州地铁管理层因此希望穗腾项目团队在 2021 年 9 月开通的地铁 18 号线和 22 号线的设计中加入防洪防汛功能。以往此类应用从设计到实施至少需要三个月，此次基于穗腾 OS 2.0，研发团队仅用三个星期就构建了一套适用于车站与区间防汛的解决方案。运营方通过液位传感器、摄像头和车辆信号系统，可实时掌握车站区间水位、列车运行位置，动态调整行车组织和应急物资分布。一旦水位达到预警阈值，可通过穗腾 OS 2.0 一键启动车站防汛应急预案，实现预警信息自动推送，快速联动车站广播、扶梯、闸机等设备，有序引导乘客疏散。这一方案超越了传统的被动防汛功能，实现了预警预判和乘客应急疏散抢险相结合，为乘客乘车安全提供了更好的保障。

截至 2022 年年底，穗腾 OS 2.0 运行已超过一年，各项设计功能

---

① 云边协同：云边协同将云计算与边缘计算紧密地结合起来，通过合理地分配云计算与边缘计算的任务，实现云计算的下沉，将云计算、云分析扩展到边缘端。

得到完整验证。从广州地铁角度来看，地铁运营最关注的成本、服务、安全三大指标都得到明显改善。示范运营期间，穗腾 OS 2.0 以场景驱动数据融合和业务融合，打造了城市轨道交通"生产—运营—管理—服务"全生命周期和全场景数字化转型升级的新引擎，推动城市轨道交通业务系统步入标准化、组件化、低门槛、可进化和开放发展的新阶段。通过物联平台、大数据平台、算法平台、策略引擎平台和开放平台，穗腾 OS 2.0 把员工的个人能力和经验转化为系统能力，成为宝贵的企业财富。

四、科技向善：人工智能的优势与风险治理

2021 年 5 月，广州市民李小姐向媒体反映，有地铁安检员用手机将安检机扫描到的乘客隐私物品翻拍留存，并在网络上公开传播照片和不雅评论。广州地铁调查发现，是一名被解雇的安检员出于报复心理，故意违反规定，泄露乘客隐私。此事在社交媒体引发热议，公共服务机构在数据采集、视频监控等过程中是否存在漏洞和风险？

腾讯公司在国内企业中较早关注人工智能等数字技术大规模应用所衍生的伦理挑战，并于 2018 年发起了科技向善（Tech for Social Good）项目。2019 年腾讯公司创始人兼首席执行官马化腾首次对外宣布，将科技向善作为企业未来愿景使命的一部分。同年，腾讯 21 周年庆典时正式确立了"用户为本，科技向善"的新使命愿景。轨交系统因其公共服务属性，不可避免地沉淀了大量公民信息，早年采用投币、交通卡乘车时，还未涉及个人隐私，但近年来随着手机二维码出行、交通卡实名制的推行，乘客的出行信息、活动轨迹，甚至社交偏好都有可能被系统记录。另外，地铁站出于安全考虑，配置了大量安检设备、监控摄像头等识别装置，乘客的个人特征也被系统捕捉。怎样合理收集和使用这些数据资源？腾讯和广州地铁在设计穗腾 OS 时，数

据处理遵循了两个原则：第一，隐去个体特征。乘客数据被采集之后，首先通过隐私计算等技术手段进行清洗、脱敏，最终显示给使用者的分析结果只有数量特征，没有个体特征，比如系统能显示一个车厢有多少人，是否太过密集，但不能显示具体乘客是谁；第二，严守国家和行业关于数据隐私和治理的规范。随着人工智能技术的发展，我国关于信息保护的规范渐趋完善，并与美国、欧洲等国际标准接轨。乘客进入安防监控区域时会被充分提示，人工智能设备只在法规允许范围内提供针对特定个体的功能，如车站寻人、公安侦查等。广州地铁还在员工培训中增加专门板块，在提升员工数字化能力和责任的同时，将员工个体的经验知识加速变成系统新功能。

人工智能技术是把双刃剑，一方面，其各项拓展应用带来了高效生产与便利生活，推动了社会生产效率整体提升；另一方面，作为一种具有开放性、颠覆性但又远未成熟的技术，其应用也带来了数据安全风险、"数字鸿沟"[①]、算法黑箱[②]等伦理问题。针对人工智能技术存在的潜在风险，穗腾 OS 的设计者和使用者也在不断探索，以期有针对性、前瞻性地更新治理策略，确保以人为本，科技向善。

五、未来已来：穗腾 OS 生态系统

穗腾 OS 的上线，给地铁的设计、建设、运营和管理都带来了根本性改变，其灵活性和开放性吸引了大量合作伙伴参与开发。在穗腾 OS 2.0 发布会上，广州地铁和腾讯公司联合发布了穗腾 OS 生态合作伙

---

① 数字鸿沟：是指在全球数字化进程中，不同国家、地区、行业、企业、社区之间，由于对信息、网络技术的拥有程度、应用程度以及创新能力的差别而造成的信息落差及贫富进一步两极分化的趋势。

② 算法黑箱：是指互联网人工智能算法中包含的技术超越了一般大众能理解掌握的范畴，导致大众对算法的目的、手段、条件等信息处于未知状态，好像一个黑箱。

伴计划，核心为穗腾方案共建专项、穗腾技术联盟专项和穗腾产业加速器专项，将从方案、技术、资本三大方向为生态合作伙伴提供助力。截至 2022 年年底，穗腾 OS 已经吸引了包括中车株机、铁科智控、上海德拓等二十多个合作伙伴，沉淀了超过一百多个城轨行业共性组件。广州地铁也将穗腾 OS 作为集团未来数字化转型的统一底座，目前基于穗腾 OS 面向经营领域的广告智能化系统开发已经完成第一阶段验收工作，即将在 2023 年上线。

（一）新起点，新征程

2022 年 11 月，穗腾 OS 2.0 上线一周年之后，广州地铁和腾讯公司开始着手设立穗腾项目公司，希望能拓展更多合作者和用户，把穗腾打造成一个场景驱动的技术和服务供应平台，使优秀技术可以更快地转换为应用成果。

站在新的起点上，穗腾的设计者们即将开启新的探索征程。但是关于公司的发展方向，设计者们有两个思路。在轨道交通系统方面，穗腾已经取得了初步成功，未来广州地铁所有新增线路都将基于穗腾开展架构设计。从长远看，穗腾可聚焦城市轨道交通业务场景，在行业内部纵深发展，参与粤港澳大湾区等更多城市和地区的新线建设，或参与北京、上海、香港等早期地铁的旧线改造，甚至进军国际轨道交通市场。

另一方面，穗腾起步于广州，开发过程中一直受到市政府的重视和支持，下一步可以在广州市及大湾区范围内横向拓展，参与公路、机场、产业园等跨场景的基础设施数字化建设。尽管穗腾的设计初衷是服务轨道交通，但其设计理念、框架模式也非常符合智慧城市的需求。这些场景同样存在大量设备需要互联，平台加载标准化应用组件的模式仍然适用。

（二）场景拓展路向何方？

穗腾 OS 2.0 已经走在路上，轨交行业数字化和城市智慧化浪潮正风起云涌，正在为穗腾 OS 全新的工业物联网模式创造场景创新的无限可能。未来的穗腾 OS 3.0、穗腾 OS 4.0 将会应用于哪些场景？从股东资源来看，广州地铁具备强大的政府关系和轨交行业资源，腾讯公司在智慧交通、智慧城市场景深耕数年，具备领先的技术和团队。而以供应商为主的生态合作伙伴主要来自轨交行业，多数希望穗腾能带领大家向行业纵深发展。承载着诸多心血与期望，穗腾会选择何种路线，鱼与熊掌能否兼得？未来又将迎来哪些新的机遇和挑战？让我们拭目以待。

附录 1：广州地铁线路图（2022 年 12 月 31 日）

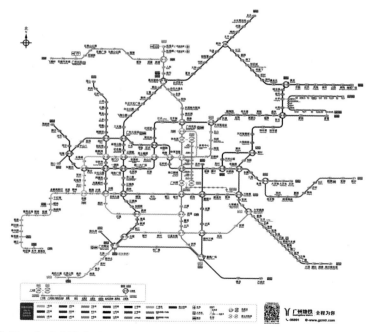

资料来源：广州地铁官网。

附录 2：广州地铁手机二维码出行简介

2017 年 11 月 16 日，腾讯公司与广州地铁联合宣布广州地铁乘车码正式上线试运营，乘客可通过微信小程序中的"广州地铁乘车码"支付车票、扫码进站。此项变化来自一个很朴素的单点式需求，其数字化探索却产生了巨大的蝴蝶效应：对腾讯而言，微信支付第一次以二维码的形式在地铁场景下应用，推出当日腾讯在港股的市值增长了近 400 亿；对乘客而言，节省了排队购票、候车的时间，乘客有价值的出行时间从原来的 65% 左右提升到 90%。

二维码出行也为广州地铁带来了巨大的效率提升和成本节约，大幅缩减了点钞、售票机维护等车站站务人员数量。由于地铁人流量大，现金购票累积了大量硬币、纸币，每月广州地铁的站务人员仅收到的硬币就达到了 236 吨。车站还设置了客运值班岗负责售票找零、结算点钞，300 多个车站需要 1200 多个客运值班员。二维码出行普及后，该岗位被裁撤，每年可节约人工成本 2 亿元。同时，车站无须再购置售票机并支付后续维护费用，每年亦可节约成本 2 亿元。综上，二维码出行实施后，每年可为广州地铁共节约运营成本 4 亿元。

第十五章

贝壳找房：场景驱动新居住服务生态建设

　　从链家到贝壳，用了 18 年；从上线到上市，贝壳只用了 28 个月。深耕垂直场景的链家何以在居住服务行业的激烈角逐中脱颖而出？由链家破茧而出的贝壳找房又是如何在居住服务场景数字化转型中一骑绝尘，成为新居住服务引领者的？究其本质，贝壳找房是左晖及其创立的链家在产业数字化的时代机遇面前，瞄准居住服务场景的痛点难点，以场景驱动的整合式创新，让链家破茧化蝶成就了贝壳找房这一"新物种"。贝壳找房加速了新居住服务生态建设，探索了数字赋能美好生活的 N 种可能。

一、贝壳找房，异军突起

　　创立于 2001 年的链家曾经用 18 年的时间成为居住服务行业的领军者之一。面对产业数字化新机遇，链家创始人左晖以壮士断腕的战略决断力，正式开启了链家的自我颠覆式转型——2018 年 4 月，以左晖、彭永东等链家高管为核心的团队正式创立贝壳，突破"链家时代"的垂直自营模式，搭建数字技术驱动的开放型新居住服务平台。这项充满挑战和风险的数字化变革，不但为贝壳带来了指数型增长，也赢得了包括高瓴、红杉、软银等众多知名投资机构的垂青。2019 年，贝壳成交总额突破 2.1 万亿元，比 2018 年的 1.15 万亿元增长了 82.6%，成为中国居住服务第一平台；而同年京东成交总额为 2.08 万亿元，这标志着贝壳已经成为仅次于阿里的国内第二大商业平台。2020 年 8 月 13 日，贝壳在纽交所上市，开盘当日股价上涨 87.2%，公司市值超过 422 亿美元。截至 9 月 10 日收盘，贝壳市值攀升至主要同行我爱我家、房天下、58 同城、易居、房多多市值总和的近 5 倍。2020 年年底凯度 BrandZ 发布全球 Top100 品牌价值榜，贝壳首次上榜即位列第 48 名，成为当之无愧的"黑马"。

二、"头部玩家"链家的自我颠覆

贝壳创始人兼董事长左晖多次强调"贝壳找房是 18 年的链家和 2 年的贝壳的组织结合体"。自 2001 年创立起，链家历经"纯线下时代—信息化时代—互联网时代"的三阶段战略升级，逐步发展成为房地产中介行业的领军品牌。于 2018 年正式创立贝壳，不但是链家从垂直自营品牌迈向开放平台的自我颠覆色彩的整合式创新，也标志着左晖及其带领的链家由内而外地全面拥抱数字化，开启全新的数字化平台化发展阶段。

（一）挑战"行业惯例"，沉淀企业价值观

1998 年，福利分房制度被取消，公房交易市场被激活，二手房交易市场日渐活跃，中国房产经纪行业快速复苏。但彼时中国房屋分配市场化改革刚起步，管理制度仍处于空白阶段，巨大的市场需求致使二手房交易市场鱼龙混杂。"吃差价"和"行纪"成为房产经纪人赖以生存的手段，前者靠出卖委托人的利益获利，后者则催生了炒卖风险。

在旧有规则体系下，创立于 2001 年的链家并不占优势，也无法打造差异化竞争点，谋发展必然要设法突破长久以来的"行业惯例"。链家 2004 年率先正式提出"签三方约、透明交易、不吃差价"，以禁止经纪人的宰客行为，但却造成大量经纪人出走。强大的内外部阻力使链家意识到仅制定规则远远不够，还必须依靠大量秉持同样理念的从业者。于是，链家决定从人员素质入手颠覆"行业惯例"，重点招聘没有从业经验的新人和应届生，期望培养出一群专注提升服务品质的专业房屋经纪人，打造诚实可信的品牌形象。在经历了漫长的"无产出期"和自我更新后，链家培养了一批秉持相同从业理念的管理人员，"他们都经历过一次次的艰难的'无产出期'，之后迎来了长期增长"。为了与客户建立良好的互信关系，链家开始探索经纪人的标准化管理，用规范专业的服务和透明安全的交易过程赢得客户的信赖。尤其是 2016 年上海客诉事件发生后，链家更加注重内部价值观建设，坚持高速发展的同时持续反省和更新组织文化和组织架构，从而确保企业有能够持续"做难而正确的事"的能力。

回顾链家崛起之路，正是在一次次挑战行业惯例的实战中，自上而下"做难而正确的事"的核心价值观和组织文化也逐步被沉淀和清晰起来，支撑链家打造了以专业化能力和职业操守为主的经纪人队伍，形成了以经纪人为核心的价值脉络。这也构成了链家成为房产中介服务行业"头部玩家"并成功引领产业数字化转型的重要战略性资产。

（二）"摸着石头过河"，搭建楼盘字典沉淀数据资产

发布假房源一直是客户深恶痛绝的营销手段之一，即通过发布低于市场价或并不存在的房源信息达到增加客户流量的目的。缺乏真实的房源数据库使客户面对浩如烟海的房源产品缺乏有效的筛选渠道，企业也无法真正掌握房源这一核心资产，服务效率和建立行业信任更

是难上加难。对此，链家决定从布局楼盘字典保障楼盘信息真实性上切入，"摸着石头过河"，尝试从根本上破解假房源这一长期存在的行业"潜规则"。

链家于 2008 年开始投入大量人力物力搭建楼盘字典，这又是一项投入巨大、"无产出期"长的"一把手工程"。左晖最开始聘用了几百人，在 30 多个城市中做烦琐的"房屋普查"基础性工作。这一过程中，链家借助人力、数字技术和工具，对系统内每一套房屋都从门牌号码、户型、朝向、区位条件等多个方面进行标注解释。2011 年，链家率先提出房屋中介行业的"链家标准"，即"真实存在、真实在售、真实价格、真实图片"，启动真房源"假一赔百"的行动，并在消费者保护协会设立先行赔付保证金；2012 年承诺全渠道 100% 真房源，在行业内掀起了彻底打破行业潜规则的革命；2017 年内部上线验真产品，并在次年全国多地同步上线验真系统。

从 2008 年到 2018 年，十年的数据资产沉淀、迭代与运营，链家积累了行业最真实和最大规模的数据资产，也为链家以线上化重构房产中介服务流程，进而以平台化重构整个行业的商业模式奠定了大数据基础。

（三）从线上化到数字化，青出于蓝而胜于蓝

链家对线上业务的布局由来已久。过去房屋中介行业属于重资产行业，尤其是链家为了保证服务品质，在推广过程中重点发展自有门店，线下大规模推广的盈利难度逐渐提升。为获得更大流量，2010 年链家和搜房网进行流量层面的合作，并在 2014 年开始尝试独立运营线上平台——链家网。

面对 58 同城、安居客、搜房网等强劲对手，链家逐渐意识到仅做信息搜集者无法创造企业独特的竞争优势，更无法优化业务流程和

提高运营效率。因此，链家放弃了消费互联网的纯线上化模式，选择了线上线下并行，由门店树立品牌印象、由数字化平台开拓客户流量。左晖曾说："线上从 0 到 1 非常难的，如果你从 0 到 1 这一关过不去，也就过不去了；线下从 0 到 1 没那么难，难的是从 1 到 100，或者用比较低成本的方式做到比较高的效率。"链家结合其线下门店业务十多年的积淀，探索将高品质服务的理念从线下贯彻到线上，打通 O2O 数据循环，实现业务流程线上化、数字化，尝试给每位到店用户提供有品质的标准化服务。这样的方式一方面能优化消费者在线筛选体验，另一方面可以提升线下带看和推荐的针对性，大大提高了成交概率和效率。

产业数字化的关键不只是业务和运营线上化，更需要可信赖、可持续的数字化合作机制保驾护航。房产中介行业线上化的传统业务逻辑是先由线上平台收集和开发房屋买卖信息，线下中介品牌缴纳一定信息使用费接入平台，然后门店经纪人以平台提供的信息为线索联系带看并促成交易。因为线上平台无法标准化控制经纪人在交易中的行为，导致经纪人之间争抢房源、撬单等恶性竞争层出不穷。链家意识到，想要根本性解决房屋经纪行业职业化水平低、服务品质低、客户满意和信任度低等行业发展痛点，必须从规则革新入手，打破经纪人之间的零和博弈与恶性循环。在此背景下，链家于 2010 年开始正式打磨经纪人合作网络机制。这一机制通过切分房屋经纪业务的服务环节对经纪人的行为进行标准化，力求从制度上杜绝"套路"，提升中介从业者的社会地位，从而推动房产经纪人向职业化迈进，建立起外部可信的竞合网络。

正所谓青出于蓝而胜于蓝，从早期线上化的探索到后来经纪人合作机制的创新，从链家到贝壳，他们通过自我颠覆的整合式创新，走向数字化开放共创平台所依托的最重要的"底层操作系统"。

三、透视贝壳模式：战略引领场景驱动产业数字化转型

整合式创新理论认为，建设世界科技强国和培育世界一流创新型领军企业，均需要应用整体观和系统观思想，以前瞻性思维准确把握时代趋势、挑战和机遇，以战略视野和战略创新驱动引领技术创新和管理创新，实现技术和市场的互搏互融，强化内外协同和开放整合，以最大限度地释放技术创新的潜在价值。尤其是在数字化转型的时代，企业发展的内外部环境更加复杂多变、模糊不定，唯有打造数字化转型的动态核心能力，才能够实现指数型和跨越式增长。

贝壳找房的创新突围与产业数字化转型之路，是带有自我颠覆色彩的整合式创新典型探索（图 15-1）。究其本质，是左晖及其领衔的

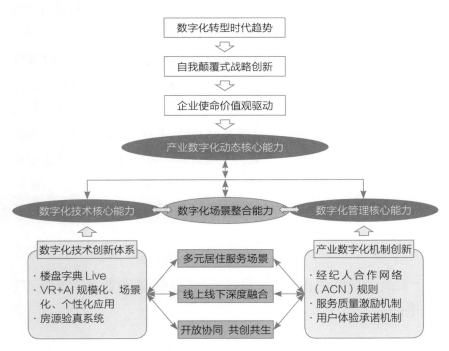

图 15-1　贝壳找房战略引领场景驱动的产业数字化转型模式

垂直行业"头部玩家"——链家在产业数字化的时代机遇面前，开启了带有自我颠覆色彩的整合式创新之路，以战略创新为引领，瞄准场景痛点，开放组织边界，转向开放共创共治的平台，以数字技术创新与机制创新双轮驱动，打造了互为促进的数字化技术核心能力与数字化管理核心能力，以场景驱动"双核"协同整合形成"产业数字化动态核心能力"，以此破解居住服务行业数字化转型的核心痛点，实现自身指数型增长的同时，贝壳找房致力于通过"数据与技术驱动的线上运营网络"和"以社区为中心的线下门店网络"，推动整个行业的数字化转型，使能科技驱动的新型居住服务行业实现生态发展。

正如贝壳联合创始人、首席执行官彭永东所言，贝壳是用产业互联网思维，而非传统消费互联网思维，把整个产业物的标准、人的标准和流程的标准重新做一遍。对于产业互联网而言，只有根植于产业和服务场景本身，并与管理变革协同整合，技术创新的价值发力才会更有指向性。

历经两年多的探索，截至 2020 年第三季度，贝壳模式已经连接273 个新经纪品牌，覆盖 103 个城市，平台接入超过 4.4 万家门店，经纪人总数超过 47.7 万人。2019 年贝壳平台总成交额中，除链家外的其他新经纪品牌贡献的成交总额占 46.9%，平台完成的存量房交易跨门店合作占比超过 70%。贝壳自上线以来，数据体量的年自然增长率，在 2018 年、2019 年、2020 年，分别达到了 21.34%、97.09%、238.3%，数据体量的指数型增长也是贝壳数字化整合式创新的一大新亮点。

（一）战略创新引领：从垂直自营品牌走向数字化开放共创平台

船大难掉头，行业领军者最大的挑战并非能否在原有赛道上持续引领，而是如何突破"成功者的诅咒"，实现持续的创新跃迁。因为过去成功所依赖和强化的核心能力往往会带来组织僵化和管理者战略上的短视，从而导致企业家难以及时推进组织更新、文化重构和战略变奏，最终错过新的市场机遇乃至被后发者颠覆。整合式创新理论认为，要突破"成功者的诅咒"，企业家和管理层最关键的职能是以企业核心价值观和战略视野驱动推进战略创新，这是引领组织实现创新跃迁、开辟"第二增长曲线"的重要先决条件。

回顾贝壳的发展，左晖用"品质为先"的经营理念和创业过程中沉淀的"做难而正确的事"这一企业核心价值观，贯穿了从链家到贝壳的 20 年创业与战略变奏。"对于贝壳来说或者对于曾经的链家来说，我们会比较坚定自己相信的那些事，尽量地推动组织内部的所有人相信那些事。这可能是我们在过去的十几年时间里，我自己觉得做得稍微有一些成绩的地方。"不论是创业时期力排众议坚守经纪人的职业操守、对房屋交易流程规范化的不懈追求，还是壮大阶段不计成本对楼盘字典等数字技术创新的不断探索、用经纪人合作网络等机制创新赋能全行业的宏伟愿景，从链家到贝壳，他们始终都在践行"有尊严的服务者、更美好的居住"这一使命。

贝壳自我颠覆特色的整合式创新得以落地的两大基石，是数字化技术创新体系和产业数字化机制创新：一方面，数字技术为贝壳搭建起了数字化创新的底层架构；另一方面，经纪人合作网络机制创造的开放生态系统旨在通过分享合作提升全行业效率。技术创新和机制创新相辅相成打造了贝壳的产业数字化双核能力，建立起平台、经纪人、客户之间高效协同、互相促进的创新生态系统，以经纪人合作网络机制驱动的数字化居住服务共创模式加速构建中国领先的居住服务平台，打造链接用户生态网和服务提供者生态网、支撑新居住生态的"数字化新基建"，以此重构并引领居住服务行业（图 15-2）。

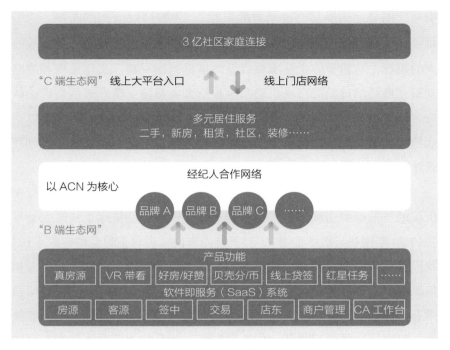

图 15-2　贝壳支撑新居住生态的基础设施：经纪人合作网络机制驱动的
数字化开放共创平台

（二）数字化技术创新体系：筑牢产业数字化根基

1. 从楼盘字典到楼盘字典 Live

从 2008 年开始人工搭建楼盘字典开始，链家用 3 年的时间探索出技术与设备的升级方案。2011 年链家为每个跑盘专员配置了全球定位系统（GPS）轨迹定位器、时间经过校准的相机和智能手机，利用技术手段保证所采楼盘信息的真实性。数据工程师把采盘专员上传的楼盘实拍图像处理成为系统中的结构化数据，组成楼盘字典的一部分。相对于同期同行的手工填报和抽查解决方案，链家采用更高成本的先进设备和大数据结合的方案构建真房源数据库。尽管当时左晖自已也无法预期楼盘字典这个庞大的数据库何时才能产生价值，但他仍然坚持"不计成本投入地开发"，甚至对楼盘字典团队不设投入产出绩效考核。直到 2018 年，对这一项目累计投入超过 6 亿元。根据贝壳 2020 年第三季度财报，楼盘字典积累的真实房源数突破 2.33 亿套，覆盖全国 57 万个小区的 490 万栋楼宇，已成为国内覆盖面最广、颗粒度最细的房屋数据库。

如果说楼盘字典解决的是真房源，那楼盘字典 Live 就是让数据活起来、动起来。依托于楼盘字典 Live，房屋过去的交易情况、带看次数和频率，都能清楚地在系统里得到呈现和实时更新。这种更为即时的数据，也能够更真实、有效地反映出市场情况，为服务者和客户提供更多的数据支持，大大提升合作效率，为借助服务规则创新而重构互信互利、合作共赢的行业风气提供了数字化底层技术支持。

2. 从虚拟现实看房到讲房人工智能

2018 年贝壳在业内率先把虚拟现实看房服务落地，实现房源 3D 全景的线上展示，为买方和经纪人都提供了相对确定的信息，有效减少了双方筛除不符合要求房源的时间。更直观形象的房源虚拟现实图带来了更高效的匹配、更生动的体验、更透明的操作，全面优化了用户体验，弥合了时间差异和空间距离的鸿沟。虚拟现实看房等数字技术驱动的业务产品和线上闭环的房屋交易模式，在疫情期间成为贝壳平台的显著优势。截至 2020 年第三季度末，贝壳累计通过虚拟现实采集房源 711 万套，同比增长 191.7%。2020 年 9 月，贝壳虚拟现实带看占比超过整体带看量的 40%，虚拟现实看房逐渐成为用户习惯。

为了更直观地让用户获得房源信息，贝壳在虚拟现实看房的基础上加入了人工智能讲房。通过图像识别、结构处理等算法智能化处理三维空间信息，人工智能助手会从周边配套、小区内部情况、房屋户型结构和交易信息等维度为用户提供个性化的智能语音讲房服务，全过程只需三秒。虚拟现实本质上做的是通过实现房屋数字化三维复刻，夯实居住服务行业的数据基础。

数字化技术创新体系也加快了贝壳数字化服务机制的创新速度和对线上化场景改造的能力。贝壳针对最复杂的贷款签约场景打造了线上核签室等数字化产品，整合实名认证、人脸识别、电子签章、光学字符自动识别（optical character recognition，OCR）等技术，打通线上交易闭环的"最后一公里"。从确定成交意向到签约及打款，交互场景全部实现数字化，比传统的贷款面签时长平均缩短 20%。截至 2020年 9 月底，贝壳线上贷签服务已覆盖全国 45 座城市、66 家合作银行的 1000 多家支行。

（三）数字化机制创新：夯实产业数字化的信任基础

回顾居住服务领域的近二十年沿革，无论是技术变革还是管理创新，都无法将格局放开去思考如何去除行业弊病。贝壳找房率先将战略目光聚焦到经纪人与客户接触成交环节，找到了传统线上信息化找房平台混乱的症结所在。过去，房产经纪人的行业平均从业时间只有六个月，由于收入或者社会地位等许多原因，大部分经纪人只是将这份工作作为空窗期的过渡，而非一份终生职业。房屋交易标的金额大，许多经纪人在职业生涯内都很难达成一单交易，造成了经纪人单次博弈的诚信缺失。此外，签单决定成败的交易机制催生了撬单行为等恶性竞争方式，极大地降低了交易效率，严重侵蚀了居住服务行业的信任基础。

为了彻底破解复杂、非标准化和低效内耗的交易模式给居住服务行业数字化转型带来的阻碍，贝壳全面应用的经纪人合作网络机制将原来由一位经纪人负责的房屋买卖过程分成 10 个细分任务，并设置10 个相应的角色，按照贡献程度分享原来由一位经纪人独享的中介费（表 15-1），并通过"贝壳分"这一以用户为核心的信用评价体系来不断激励平台服务者优化服务质量。如此一来，经纪人合作网络机制用多赢博弈取代了零和博弈，经纪人之间的关系由博弈变为共赢共生。这样价值共创的过程既缓解了原本激烈的竞争关系，又为平台中的经纪人创造了一个职业道德水平相对更高的生存环境，用协作提升平台每位参与者的价值创造与收益的天花板。同时，平台为每个角色规定了更加具体的工作范围，提高居住服务工作过程的标准化，赋能经纪人职业化，进而打造了新居住生态基础设施的核心机制支撑。

表 15-1　经纪人合作网络角色定义与价值创造路径

	角色	价值创造路径	价值分配比例
房源端	房源录入人	录入委托交易房源	约40%
	房源维护人	熟悉业主、住宅结构、物管及周边环境；客源方带看过程中陪同讲解	
	房源实勘人	拍摄房源照片/录制虚拟现实视频并上传至系统	
	委托备件人	获得业主委托书、身份信息、房产证书信息并上传至政府指定的系统	
	房源钥匙人	获得业主出售房源的钥匙	
客源端	客源推荐人	将契合的客户推荐给其他经纪人	约60%
	客源成交人	向买房人推荐合适房源并带看；与业主谈判协商，促成双方签约	
	客源合作人	辅助匹配房源；协助准备文件；预约；等等	
	客源首看人	带客户首次看成交房源的经纪人	
	交易/金融顾问	签约后的相关交易及金融服务	

　　同时，经纪人依托于平台的数据化技术体系支持，在客户进店之前就能充分了解客户需求，便于开展个性化和定制化的交易服务，在提高交易效率的同时，为用户带来更优质的服务体验。优质的服务反过来为平台招徕更多顾客，进一步加强数据积累，实现更高的成交额

转化和服务成效。

（四）场景驱动双核协同，推动行业效率提升与消费者体验升级

贝壳通过产业数字化机制创新和数字化技术创新的有机协同，打造数据驱动的线上化居住服务平台，形成数字化管理核心能力和数字化技术核心能力的"双核协同"，整合成贝壳独特的数字化动态核心能力，驱动居住服务行业数字化基础设施的循环迭代和升级，在服务提供者端以标准化、在线化、网络化和智能化来驱动服务者效率的提升（图 15-3），进而推动用户端消费者体验的持续升级。

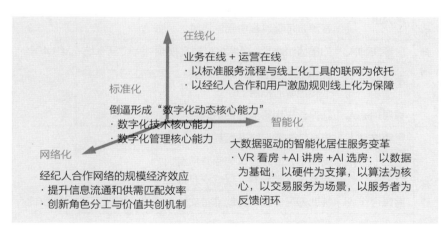

图 15-3　贝壳平台驱动服务者效率提升机制

四、从开放平台到共生生态：新挑战和新机遇

通过自我颠覆特色的整合式创新，贝壳找房有效解决了居住服务产业数字化转型面临的服务标准化程度低与零和博弈的两大核心痛点，

成为中国居住服务行业合作共赢模式的先行者，也正在定义和引领新居住服务行业——以产业互联网平台为载体，以多元化的新居住服务场景为牵引，实现全产业链的数字化、物联化和智能化，加速行业升级、效率提升和服务体验，构建全新居住服务生态。

贝壳的整合式创新所建构的外部可信的产业竞合网络，在不断完善新居住服务基础设施、推动经纪人职业化和消费者满意度提升的同时，也正进一步推动行业品质循环，加快从开放到共创、从共创到共治的产业演化升级，并从数字化平台向更高层次的共生共赢的数字化新居住服务产业生态加速迈进（图 15-4）。

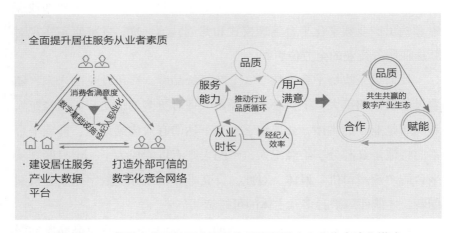

图 15-4　从数字化开放平台到共生共赢的数字产业生态演化模式

展望未来，贝壳找房所引领的居住服务行业的数字化转型过程中，无论是平台共治，还是智能化产业生态建构，抑或可持续整合性价值创造，都是正在发生的挑战和机遇。

（一）从开放共创到平台共治

数字化平台化是企业发展的全新阶段与范式，而数字化平台的良性治理则是正在被社会广泛关注的现实挑战。对贝壳找房而言，平台治理的首要问题就是经纪人之间的纠纷问题。贝壳模式已经在除链家以外的中介品牌之间已经运行了两年，但是隶属于不同公司的经纪人在合作的时候仍然会面临纠纷。例如，夫妻双方针对同一套房源分别约不同经纪人带看，无论由哪位经纪人签约，都会引起另一方的不满。这类问题在经纪人合作网络实践过程中层出不穷，"贝壳陪审团"应运而生——由经验丰富的经纪人代表模仿法院审理流程对各种纠纷做出判断。但相比全美经纪人协会完善的纠纷处理机制和美国房屋经纪行业翔实的法律条文，贝壳找房仍缺少一套可以向全行业推行的纠纷解决规范。未来贝壳找房在提供高质量数字化服务的同时，更要加快探索和输出产业数字化平台治理模式和共创共治标准，才能真正实现对新居住服务行业的全方位引领。

目前贝壳找房平台连接 273 个新经纪品牌，在可预见的未来，随着贝壳规模的扩大，平台必然比经纪人拥有更多的话语权。而经纪人和门店是业务的主体，如果缺乏上通下达的有效沟通渠道，抑或平台不愿将流量红利分享给经纪人，经纪人则有可能成为下一个只能顺从平台的"滴滴司机"群体。对此，贝壳唯有不断开展数字化服务机制创新，才能保障平台多元主体的可持续共创。

此外，从链家到贝壳，20 年他们始终专注为用户提供高品质的居住服务。但随着一、二线城市的潜在客户逐渐达到饱和，三线及以下城镇的下沉市场逐渐成为众多数字化平台企业的蓝海。然而，目前来看，对于下沉市场占绝大多数的价格敏感型消费者而言，贝壳提供的优质高价的服务模式很可能遭遇"水土不服"。在美国，针对价格敏感型用户，已经出现了 Homebay.com、ownerama.com 这样的基于行业大数据而在线撮合房屋买卖双方直接交易的客户对客户（consumer to consumer，C2C）平台。他们不依赖经纪人，而是靠算法来匹配交易，因此收费只有传统经纪公司的 1/3 甚至更低。虽然短期内这类模式在中国市场难以发展壮大，但长期来看随着产业数字化的成熟和新居住服务生态的裂变式发展，极有可能涌现出新居住服务领域的新平台。这会给贝壳发展造成什么样的影响？贝壳又该如何应对？

"打江山容易守江山难"，只有持续推进共创共治、可持续可循环的创新治理，贝壳才能永葆活力。

（二）从数字化平台迈向智能化产业生态

解决服务标准化和竞合关系并不是贝壳整合式创新的终极目标，未来更重要的是从数字化平台迈向智能化产业生态，推动价值链围绕新居住场景的不断延展。楼盘字典作为一项重要的数字化资产，不但赋予了贝壳找房无限的想象空间，也为建设产业大数据平台、赋能高质量新居住生态提供了重要的创新公地资源。例如贝壳基于其楼盘字典对不动产数据的动态获取和历史数据分析，能够精准评估不动产。目前贝壳已经向 34 家银行和评估机构开放其在线能力评估数据，降低了金融机构发放房屋抵押贷款的风险，提升了融资效率。

此外，贝壳在人工智能技术的基础上孵化出了旗下智能家装服务平台——被窝家装。被窝家装的人工智能设计版块基于如视虚拟现实近十万套室内设计方案和百万真实三维空间内的家装理解，结合深度学习，能为用户提供包含平面方案设计、硬装软装搭配、三维装修效果在内的自动化完整室内设计服务。未来，在贝壳从平台化向生态化演化的过程中，更多的数字化应用场景和业务有可能"涌现"出来，加速多元居住服务生态的发展。

（三）从竞争优势到可持续整合价值创造

左晖一直以"商业向善"的理念指导创业实践，"科技创新驱动新居住行业"和"开放平台赋能生态链"是贝壳一直在做的积极探索。对贝壳而言，一个负责任的企业不仅要打造竞争优势、创造经济价值，更要创造可持续的社会价值和综合价值。一方面，贝壳需要更加注重平台文化建设，完善经纪人职业化成长体系，推动新居住行业的可持续发展。当前，贝壳经纪学院、花桥学堂等已经构成了完整的知识赋能教育体系，通过全周期培训体系提升服务者专业能力。贝壳研究院通过对行业多年的深耕，提供研究洞察，撬动行业变革；贝壳学院助力经纪人全方位职业化发展。另一方面，贝壳正在利用平台和资源优势开展社区公益探索，推出了"社区邻里互助计划""我来教您用手机"等公益项目，推出社区生活小程序，与作为行业基础设施的数十万线下门店相结合，深化面向社区场景的便民居住服务。以"我来教您用手机"为例，截至2020年年底，这一项目已走进全国34个城市的578个社区，累计开展手机学习课程超4,000节，服务超过14万人次老年人。

第十六章

用友网络：场景驱动成就云服务创新领军者

深耕企业服务产业的用友公司，通过整合式创新加速自我进化，成为中国企业数智化服务和软件国产化自主创新的领导者，并进一步超越自我，聚焦数字经济时代的客户长期成功，建设智能化数字创新基础设施，通过基于产业场景的平台化、生态化应用，以领先的数智化产品与服务，以"场景驱动，'平台＋生态'支撑，双路并举"的数字创新模式，打造产业数字化动态能力，在直接赋能自身客户群体的同时，还引领企业服务产业以生态共创模式，为产业数智化转型和数字中国的建设注入了新动能。

一、从服务社到企业服务业国产化领军者

数字经济正以颠覆性的速度重组要素资源和重构经济结构，产业数字化、智能化转型已成为国内外共识。如何适应乃至引领这一趋势，成为企业在数字经济时代赖以生存的基本保障和新竞争优势的核心来源。数字经济的高速健康发展，离不开智能化综合性数字信息基础设施的建设与相关软件的广泛应用；而高质量的产业数智化转型，不仅需要行业领军企业的探索与带动，更离不开企业服务产业的引导与

赋能。

成立于 1988 年的用友网络科技股份有限公司（以下简称"用友"），深耕企业服务行业 30 多年，基于数字技术和数字化管理创新打造的动态核心能力，不仅成为中国企业服务业和软件国产化自主创新的领头羊，还基于其所积累的传统产业数智化转型的方法论，加快打造智能化数字创新基础设施，构建共生共荣的产业融合创新生态，为产业数智化转型注入持续高效的动能。

作为一家成立之初只是中关村一间不到 9 平方米房间里的财务服务社，它是如何成长为中国领先的企业与公共组织云服务和软件提供商的？在数字化、智能化浪潮下，用友又如何制定和执行面向数智化的全新转型战略，从而成为企业数智化服务和软件国产化自主创新的领导者？作为行业领导者，用友又如何打造产业数字化动态能力，破解产业数智化转型难题，成为产业数智化转型的领航者？用友的数字创新探索，为国产软件厂商和企业服务业在新发展格局下不断自我颠覆、加速产业数智化转型、助力数字中国提供了何种启示？

二、创变之路：创想与技术成就用户之友

（一）中国领先的数智化平台服务商

成立于 1988 年的用友，秉承"用户之友、持续创新、专业奋斗"的核心价值观，坚持"用创想与技术推动商业和社会进步"的使命与愿景，历经 30 余年的发展，逐步成长为如今中国最大的财务软件提供商、亚太地区最大的企业管理软件供应商、中国领先的企业与公共组织云服务与软件提供商，并正向全球领先的社会级企业云服务平台供应商迈进。用友连续多年被评定为"国家规划布局内重点软件企业"，入选"2020 福布斯中国最具创新力企业"榜单，其董事长兼 CEO 王

文京荣获"新中国成立以来 70 年 70 企 70 人'中国杰出贡献企业家'"称号。

（二）因时而变，随事而制：从财务软件到云服务平台

回顾用友的创新之路，用友的经营重心与战略规划历经了三个阶段（图 16-1）：聚焦财务会计软件的 1.0 阶段，构建 ERP（Enterprise Resource Planning，企业资源计划）产品体系的 2.0 阶段，以及目前所处的以云转型和商业创新为主旋律的 3.0 阶段。

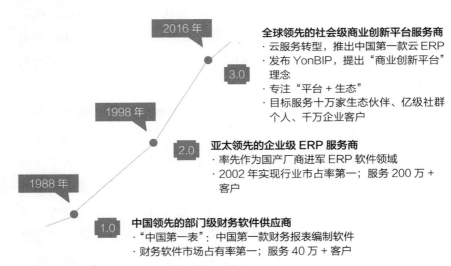

图 16-1　用友发展战略沿革与标志性事件

图片来源：作者根据访谈制作。

1988 年，用友财务软件服务社在海淀区中关村成立，所瞄准的是中国改革开放后的会计电算化市场。1989 年，用友研发出首个代表产品——"报表编制软件 UFO"，被外界誉为"中国第一表"。两年内，用友财务软件实现了全国市场占有率第一的阶段性目标，成为中国电算化普及的先行者。

随着改革开放的不断深入，外企开始入驻我国沿海经济开发区，带来了更先进的企业管理系统。同时，国外软件巨头及专业 ERP 软件厂商发力中国市场，给用友带来了新的冲击。基于对公司发展阶段和外部环境的综合判断，用友坚定了积极转型 ERP 系统软件的战略部署。

1998 年，用友正式发布其在 ERP 软件领域的第一代产品"用友U8"，宣告了用友 2.0 战略阶段的开启，正式从财务领域进军到更广阔的企业管理软件市场。1999 年，用友推出了中国最早的管理软件应用平台 UAP（Unified Application Platform），确立了其在国产 ERP 厂商中的领先地位。2001 年，用友软件于上交所上市，充实了发展资金之后，趁势开拓市场，在次年以 2.16% 的市占率首次超越了企业资源管理软件系统 SAP，占据了国内 ERP 市场的领头位置。从 2005 年开始，用友开始在中国企业中推广普及 ERP，进一步巩固了其在国内市场的龙头地位，品牌知名度也迅速上升。

而在 2010 年，囿于宏观经济压力与中小企业付费意愿低等多方面因素，用友聚焦中小企业的业务模式也进入增长瓶颈期，倒逼用友进行新一轮的战略探索与自我革新，开始着手布局云服务，最终逐步形成了"平台化发展"的新策略。2014 年，用友开始进军企业互联网服务。2015 年，其将公司名称从"用友软件股份有限公司"更新为"用友网络科技股份公司"，标志着用友去"软件化"和定位瞄准"云服务商"的决心。2016 年，用友正式宣布进入战略 3.0 阶段，将公司使命更新并定位在服务企业数字化转型与商业创新上。

得益于用友战略 3.0 的全面引领和深化，用友的数智化转型及赋能产业数智化升级已取得卓越的阶段性成效——形成了以大中企业云服务为核心业务，云服务、软件、金融业务并行发展的新战略布局，云服务业务收入在 2021 年上半年同比增速超过 100%，占总营收比重达 47.4%，首次超过了软件业务收入，标志着用友的云转型战略已实现拐点级突破。

三、冲数字化之浪：整合式创新成就行业领导者

陈劲等学者指出，新时代的中国企业需要跳出传统创新思维框架，运用整体观和系统观，转向以战略引领为核心的自主、开放、协同、全面创新为一体的整合式创新思维。

用友在战略 3.0 阶段的创新与蜕变，正是典型的整合式创新模式（图 16-2）。一方面坚持战略的长期导向与统领地位，确立"强产品、占市场、提能力"的战略目标；以自主研发、并购整合、协同共创三路并举，发展技术核心能力，为数智化转型筑牢技术根基；通过经营模式重构、组织更新和创新管理，发展管理核心能力，强化制度赋能。另一方面，为了适应乃至引领复杂多变的外部环境，用友尤为注重战略、技术、组织的"三元"整合式动态变奏，依托海量应用场景，通过及时的整合重构，强化数字化动态能力，为进一步加速产业数智化转型夯实基础。

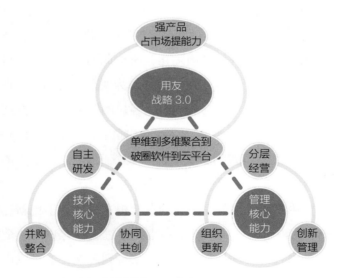

图 16-2　用友面向数字化转型的整合式创新模式

图片来源：作者根据访谈资料制作。

（一）数智化战略引领：从单维到多维，从聚合到破圈，从软件到云平台

在用友 3.0 阶段，战略引领是关键。用友战略 3.0 正是创始人王文京等高管团队基于数字技术发展趋势、国家政策重要信号和产业竞争格局变化的综合研判而制定的，其长期目标是成为全球领先的社会级商业创新平台提供商。据此，公司的组织管理和经营活动全面围绕战略 3.0 进行设计布局和动态调整。

在创始人兼董事长王文京的领导下，用友扎根企业服务行业，深耕细作三十余年，并基于此构建了"冲浪模型"，作为公司应对产业外部环境变化的战略指南。王文京认为，企业若想获得持久发展，就必须如冲浪运动员一样，时刻做好迎接一波又一波产业革新浪潮的准备，不能有片刻松懈，抓不住这次机遇就难以再攀上浪头，赶不上下一个趋势就难以屹立潮头。对用友而言，最新一波的浪潮，就是由数字技术革新所带来的企业、产业乃至社会运行的"数智化"，国内外政策变革指向的企业软件与信创产业的"国产化"，以及由新型全球化背景下的国产企业软件的"国际化"所构成的历史性发展机遇。其中，"数智化"和"国产化"这两大趋势最为明显，为用友实现数字创新跃迁创造了历史性机遇。与此同时，客户的服务需求重点逐渐从聚焦企业内部管理的"稳态业务"，转向发掘内在优势同抢抓外部机遇有机结合，进行商业模式创新变革的"敏态业务"，这也使得行业竞争焦点从传统的企业级应用转型为社会级应用。

在内外部因素的共同驱动下，用友从根本上转变了创新理念，形成了战略 3.0 的内核——从单维到多维，通过服务客户的"全生命周期"管理，助力客户实现长期成功；从聚合到破圈，通过应用云计算等一系列数字化技术实现生态整合，突破传统产业边界，联合生态伙伴共同推动产业转型升级；从软件到云平台，主营业务从软件服务向

云服务转移，依靠平台架构实现业务场景重构与客户个性化需求的满足。2020 年，用友进一步更新战略内核，即通过建设全球领先的商业创新平台——用友商业创新平台（Yonyou Business Innovation Platform, YonBIP），争取在"数智化、国产化、国际化"三大浪潮叠加的发展机遇中，围绕"强产品、占市场、提能力"三大关键任务，以"平台＋生态"的主张建立起差异化、可持续的竞争新优势。

（二）以技会友：三路并举建构数智化技术领先优势

企业服务业是技术密集型产业，技术创新是企业发展的基底。唯有形成难以被竞争对手模仿的技术核心能力，公司才能在行业中具备差异化的核心竞争力，用友的 3.0 战略才能成功实施。因此，用友一直高度重视技术研发，近年的研发投入占比始终维持在 20% 以上，处于行业领先水平。2021 年上半年，用友研发投入 95,394 万元，同比增长 38.9%，研发投入营收占比高达 30%，较上年同期增加 6.7 个百分点。

自主研发虽能带来难以模仿的高收益，但也存在着周期长、风险大等一系列问题。因此发展技术核心能力绝不能囿于"闭门造车"的模式，还应在此基础上注重对外部资源的融合与获取，通过生态合作以及战略并购的方式来吸收行业内领先的技术知识，与自主研发产生的知识形成互补和整合，从而更快突破技术瓶颈，构建开拓新业务所需的技术能力。仅在 2021 年，用友分别控股了深耕国内人力资源云领域的大易云和国内领先的低代码平台开发公司柚子移动，为其在相关领域的服务提供了技术支撑。

除自主研发与并购整合之外，用友还借鉴开放式创新模式，与合作伙伴协同共创，并成为中国电子工业标准化技术协会、国家信息技术服务标准工作组等七家国产化核心组织成员，联合外部资源协同强化其数字化技术核心能力。确保全系列产品与华为鲲鹏体系和中国电子 PKS（Process Knowledge System，过程知识系统）体系适配，并与中国电子、华为云、阿里云等公司成为战略合作伙伴，加强与同行领军软件企业的合作。

在自主研发、并购整合、协同共创"三驾马车"的驱动下，用友数智化技术核心能力实现了阶段性的显著提升，拥有国家发改委批复的企业智能云开发与应用工程研究中心，工业互联网平台等产品通过了全球软件领域最高级别 CMMI5 级的认证评估。2021 年，用友史无前例地定向新招 1,500 名研发人员，研发人员占总员工比例超过 30%，以期加速平台与生态的构建以及具体领域的应用研发。

（三）激活组织：制度与管理体系激发创新活力

支撑企业创新战略的另一大支柱则是通过对企业经营体系进行再造，构建面向数智化时代的管理核心能力。2021 年 1 月，董事长王文京再次挂帅首席执行官一职，从组织架构、人事任命、激励机制等多方面加速推进战略转型。

首先是商业模式变化引发的分层经营和组织创新。用友战略 3.0 阶段的商业模式核心是以平台化、生态化的方式，从 2.0 时期的"产品＋服务"模式转变为 3.0 时期的"软件服务＋云服务＋金融服务"的三位一体模式，满足企业客户利用数智技术对产品、服务以及组织管理的创新需求。基于对客户群体的分类剖析，用友确定了分层制定服务方案的商业模式，即在专注于大中型企业市场的基础上，为不同规模、不同发展阶段、不同需求的企业提供异质化服务，并据此更新组织管理体系，将原先分散的云服务部门重新整合成专注于大型客户的混合云事业群和聚焦中型客户的公有云事业群，并基于此将客户群体分为大型企业（定制化服务）以及中型企业（标准化解决方案）的网络分层商业模式，混合云事业群聚焦基于需求咨询的定制化服务，公有云事业群则负责提供标准化解决方案以及平台与生态构建。

用友对人员管理制度进行了多项改造，希望以此来最大化组织的创新能动性。在人员管理上，用友坚持长期主义的战略导向，对内通过员工双通道发展体系与优秀员工快车道发展机制来促进内部人才流动，提升员工的自我效能感和工作积极性；对外加快对高端人才，尤其是数字化专业化服务人才和高素质应届毕业生的引进与培养，为组织注入新鲜血液与创新活力。

在创新激励方面，用友多措并重，将当期激励与绩效考核相结合，还引入被赋予攻坚克难战略意义的里程碑目标激励、日常解决突发问题的实施奖励，以及对研发骨干人员的上市公司股权激励计划。其设立了一年一度的"用友创新奖"，奖励范围包含技术创新、管理创新、解决方案创新，一等奖高达 100 万元，以期用高激励来激发全员创新活力。此外，用友还为各级组织配备了相应的"文化官"，从精神层面和日常工作中营造全员创新的文化氛围。

（四）时刻拥抱变化：强化数字化动态能力

当今企业竞争环境和市场需求变化节奏日益加快，作为企业数智化转型的领航者和赋能者，企业服务业更需灵敏地洞察客户所在产业的发展趋势，及时调整战略规划和业务内容，从而更好地匹配客户需求，这种动态能力对企业在数智化时代打造可持续竞争优势至关重要。对此，用友专注于通过"战略—技术—组织"的动态整合重构来打造引领数智化转型的动态能力（图 16-3）。

在战略节奏方面，用友在 3.0 阶段十分重视组织战略灵活性与及时性，强调基于技术与商业模式的最新变化及客户的实时反馈调整战略。用友各事业部内部定期召开战略检视会，讨论战略执行情况及可

图16-3 用友数字化动态能力构成及运行模式

图片来源：根据访谈资料制作。

能影响战略规划的最新因素，对具体问题或可优化事项进行方案调整，确保前端信息可快速反馈到后端。短期问题当期解决，长期问题可归类为季度或年度目标来进行长期规划，确保妥善高效处理每个战略议题。

在组织整合重构方面，用友首先把总体战略划分为聚焦不同业务的具体的新战略意图，将其分解成新目标，并围绕这些目标重新进行业务设计与组织建设。形成实现战略目标的路径图后，进一步围绕路径中的关键步骤进行组织架构的更新和落实。建立组织与岗位体系后，再去寻找每个部门完成战略目标所需的人才，制定相应的选材标准与考核计划。依托这套完整的组织重组模式，用友的战略变化能够明确和高效地引领组织更新，以匹配和适应外部环境。

产品前端发生的每一个细微变动，都会对配套的研发体系产生系统性挑战。对此，用友高管在接受访谈时表示，"我们的研发投入强度和应用效率正在向互联网龙头企业看齐，并特别强调实时完善与更新研发组织模式"，支撑后方的研发可实时满足前端用户与业务的需求与变化，提高客户的认同感与满意度。

四、有平台，"友"生态：数字创新基础设施加速产业数智化

作为企业服务产业的领导者，用友战略3.0的锚点并非仅仅凭借整合式创新来实现自身数智化转型，而是产业的数智化转型与持续跃迁。为此，用友通过场景驱动数字技术与业务深度融合，建立"平台＋生态"的架构，依靠云原生的商业创新平台和用友商业创新平台来建设新型数字创新基础设施，打造产业数智化动态能力，通过直接服务客户群体和联合企业服务行业伙伴的"两翼"，构建共生共建共荣的多元生态，领航和加速中国产业数智化进程（图16-4）。

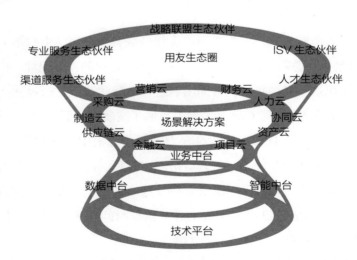

图16-4 用友建设数字创新基础设施加速产业数智化转型的生态架构

图片来源：根据访谈资料制作。

（一）场景重塑：数字技术与业务融合启程数智化

企业数智化转型的起点是场景的重塑。新一代数字技术对产业格局和业务流程的重塑，都是从细化的具体场景应用入手，通过多个技术与业务场景的深度融合实现商业模式的再造。随着企业与互联网技术融合的程度加深，其业务场景化、场景快速变化的特点就更明显。在用友 3.0 阶段的产品设计与服务方案中，始终关注着场景的细化。

对于如何帮助客户企业实现数智化，用友在实践中探索出了一套独特的方法论。用友在云服务转型时期的核心产品商业创新平台 BIP 相较于 ERP 的一大转变就在于，BIP 是场景化的应用，围绕具体场景出发为客户提供任务化、角色化、特性化的服务。BIP 平台提供了理想的应用开发环境，不仅可以承载多行业的个性应用解决方案，还能基于 PaaS 平台根据企业个性化场景需求进行不同层次的开发。尤其是对大型客户来说，因其庞大的人员结构、复杂的岗位设置和多样的考核体系，需要运用大数据分析能力将人力资源信息进行可视化，从而为管理层的精准决策提供依据。

以中国南航为例，作为亚洲年客运量最大的公司，南航旗下员工约 10 万余人，急需降低"人机比"来实现更合理的人员配置。用友针对人力资源这一具体场景，帮助南航进行数智化改造，通过建立集成统一的人力资源管理职能共享平台，打通了南航原有的 12 套子系统间的屏障，打破了信息孤岛，通过人力资源信息集中管理和分布应用，实现了更高层次的业务协同与人员矩阵式管理，进而实现了人力资源信息可视化，为公司提供了决策支持。这一共享平台投入运行后，南航优化了 51 条业务流程，飞行小时费核算时间缩短了 75%，员工对人力资源服务的满意度提升了约 23%。

（二）云上互联：依托平台解锁客户"数智力"

　　在助力产业数智化实践中，用友提出了"九力"使能模型（图16-5），其中占据核心位置的是数智力，具体包括技术开发与应用创新能力，IT架构的连接、开放与融合能力，数字技术与业务融合重构场景的能力，运营模式升级及流程再造能力。在使能数智化管理和数智化经营过程中，数智力是这两大进程的共同核心，分别赋能助力管理创新中的管控力、决策力、组织力、协同力，业务创新中的营销力、产品力、供应力、生产力。而"上云"则是企业快速获取数智力的捷径。企业通过开放式数字化云平台，实现业务场景的云服务化，在云端连接各种资源与能力。依靠云计算技术实现的云原生应用系统，既是技术发展的趋势，也是下一代企业级应用的主流技术架构，用友3.0阶段的核心产品用友商业创新平台就是基于云架构，以平台化助力企业快速获取数智力。

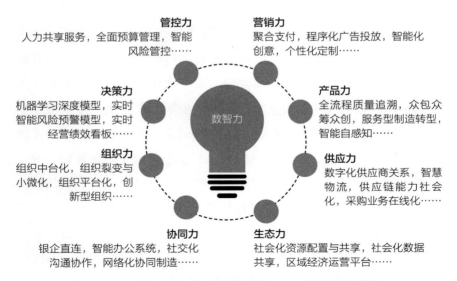

图16-5　用友"九力"使能模型助力客户重塑场景的逻辑

图片来源：根据访谈与用友提供的资料制作。

作为国内规模最大、综合实力最强的医药健康产业集团，中国医药集团在整合重组后，旗下经营单位多达 18 家，面临管理链条过长、业务种类过于复杂等问题，用友为中国医药制定了"化整为零、工业板块一体化整体规划、标准先行、分步实施"的数智化转型战略指南。借助用友的云平台技术，中国医药构建起公司总部一体化、商业板块一体化、工业板块一体化和国际贸易板块一体化四大系统平台，真正实现产业平台化运营，带来内部管理整合和业务流程创新，实现了内部数据实时对接与外部及时共享，提升运行效率的同时为战略决策提供了必要支撑。部署用友云平台后，中国医药的应收账款周转率提升10%，销售费用降低 2%，涉及提效流程覆盖超过 80%。

（三）共融实现共荣：生态合作赋能产业共创

在用友的认知中，平台是一种整合资源的组织形式，生态则是在平台模式支撑下，形成内生共创价值链的商业协同网络。

用友的产业生态合作伙伴不局限于传统意义上的战略合作伙伴与有限的合作模式，而是面向所有相关群体进行强利益相关者嵌入的生态融合。用友针对不同类型的生态伙伴推出了五大生态计划（图 16-6）：面向战略联盟生态伙伴的"力合计划"、针对专业服务生态伙伴的"犇放计划"、联合 ISV（Independent Software Vendors，独立软件开发商）生态伙伴的"扬升计划"、与渠道生态伙伴的"千寻计划"、专注人才生态伙伴的"汇智计划"，希望借此真正实现从产品型企业向平台型、生态型企业进行转型。

在用友商业创新平台中，生态合作模式可分为三类：共创、集成和被集成。共创指用友将合作伙伴的成熟产品与用友的拳头产品进行深度融合，形成满足企业细分需求的一体化应用解决方案，再依靠用友成熟的营销网络进行推广和销售。集成模式则是对用友自身产品线

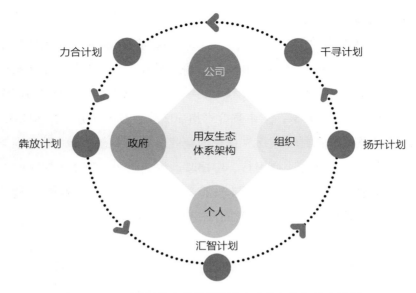

图 16-6 用友赋能产业共创的生态合作架构与生态计划

图片来源：作者根据访谈资料制作。

与解决方案的补充，即在各领域领先的生态伙伴中选择达到标准的产品，借助用友云服务对产品进行推广。被集成模式则指用友将内部产生的成熟解决方案融合到生态合作伙伴的平台中。

其中，用友与华为的合作尤其典型。双方同为相关产业的本土企业领军者，都致力于推进产业数智化转型。2018 年，用友与华为签订战略合作协议，依托用友云服务和华为鲲鹏云服务的架构，为产业数智化转型提供国产化解决方案。在 2020 年华为开发者大会上，用友发布了基于鲲鹏云服务架构打造的 NC 云（NC Cloud），实现了用友产品与华为生态的融合。双方还在组织层面进行了行业资源、区域资源、市场资源、商务政策、产研体系等多方面对接。在生态共创上，用友与华为坚持"强融合"，用友位列华为云最高等级伙伴体系，双方联合在 ISV 和专业服务领域进行生态伙伴扩展与共享，并联合举办了"用友·华为云杯"企业云服务开发者大赛，为生态体系中至关重要的开发者群体提供资源与平台。

截至 2021 年 9 月底,用友云市场应用商城(Yon Store)入驻伙伴超 9,500 家,入驻产品超 15,000 款,商业伙伴超 2,000 家,合作银行超 1,700 家,用友的企业互联网开发平台 iuap 的技术平台伙伴超 150 家,ISV 伙伴超 300 家,上市融合产品 102 款,专业服务伙伴 325 家,已成为国内领先的线上线下一体化的企业服务云生态平台。用友也与华为、阿里云、中国工商银行、中国联通等龙头企业形成了深度的生态战略合作。同时,它联合行业头部企业成立"零信任"联盟、"地方国企数字化协同创新联盟",共同打造信息产业创新生态。

(四)未来已来:"一核双翼"加速产业数智化转型

以场景驱动为特色的整合式创新是用友开启客户数智化转型征程的关键,云原生的平台为客户整合了所需的内外资源并降本增效,融入用友构建的全覆盖生态使客户能够获取并开发个性化的解决方案。然而,这只是从个体客户的角度而言,面对总体客户时,这套体系仍存在局限性,因为用友的客户群所覆盖的企业数目繁多,转型情境各有独特性,发展目标也囿于多种因素的叠加影响而不尽相同。用友的独到之处在于:因深知以一己之力无法充分满足各产业内不同客户的个性化需求,所以探索形成了"一核双翼"的模式——以用友商业创新平台构建的数智化基础设施为核心,既对单个客户开展点对点服务,又以共创的模式赋能其他企业服务厂商共建产业共创平台,使友商可以更好地服务其客户群体,最大限度地释放其产业数字化动态能力的社会化价值,从而引领尽可能多的产业加速数智化转型(图 16-7)。

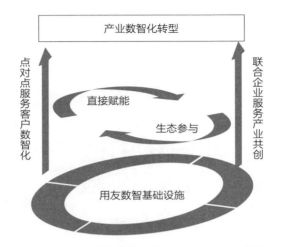

图 16-7 用友"一核双翼"引领产业数智化转型的路径

图片来源：作者根据访谈资料制作。

企业服务行业竞争激烈，每个细分赛道都有若干家厂商，在产品层面逐步区格，每一家厂商都有其独特的领域优势与积累的客户群体，很少存在能够面面俱到的公司。按照传统思路，用友可选择并购或控股的模式来积累自身能力，从而服务自身客户群体，但基于产业数智化大局，用友认为共创共荣才是最好的模式。

因此，用友赋予用友商业创新平台以"企业服务产业的共创平台"的使命，并搭建相应的生态体系。在共创中凝聚整个企业服务产业的智慧，在各自所擅长和熟悉的客户领域，通过服务具体产业的龙头企业的数智化进程，使其领导所在产业加快数智化转型，使得企业服务产业通过平台化为其他产业提供数智化转型服务与支撑。从广义来看，用友的"一核双翼"模式也为中国传统产业的数字化、智能化转型，尤其是数字化企业赋能传统产业的数智化转型助力，为更快、更高效地推进数字中国建设提供了正在进行时的新范式。

| 第十七章 |

众安保险：场景驱动打造"有温度"的互联网保险

成立于 2013 年的众安在线财产保险股份有限公司（以下简称"众安保险"或"众安"），是中国第一家互联网保险公司，也是全球第一家获得互联网保险牌照的公司。众安保险于 2017 年 9 月 28 日在香港联交所主板上市（股票代码：6060），成为全球保险科技第一股，上市当日市值一度冲破千亿，收盘市值 938 亿港元。2020 年 7 月，众安保险首批纳入恒生科技指数。2020 年全球新冠疫情暴发，让传统保险行业负债端遭受重创，众安却首次扭亏为盈，保费收入同比增长 16.2%，达到 167 亿元，展现出难能可贵的逆势增长能力，首次跻身中国前十大财险公司。虽然众安保险 2020 年保费收入仅为中国最大的保险公司人保集团保费（5,604 亿元）的 3% 左右，但其股票市值却一度达到了千亿级，比肩人保集团、新华保险、中国太平等世界 500 强级别的传统保险公司巨头。2021 年在全球股市普遍下行的趋势下，众安保险的市场价值依然超过了中国太平（世界 500 强第 344 位）等公司（表 17-1）。

表 17-1　2022 中国保险公司市场价值排行榜 [①]

排名	公司简称	市场价值（亿元）
1	平安集团	7,995.00
2	友邦保险	7,807.08
3	中国人寿	7,298.00
4	国寿集团	4,448.69
5	平安人寿	3,773.39
6	人保财险	2,124.72
7	人保集团	2,014.00
8	太保集团	185.00
9	平安财险	1,479.01
10	太保人寿	1,369.94
11	泰康集团	1,303.19
12	泰康人寿	1,049.62
13	新华人寿	769.00
14	太平人寿	767.62
15	中再集团	706.19
16	人保寿险	668.59
17	太保财险	634.71
18	阳光集团	634.58
19	阳光人寿	499.93
20	中邮人寿	630.64
21	国华人寿	392.61
22	国寿财险	322.40
23	众安在线	309.72
24	太平集团	306.32

① 数据来源：保险公司综合实力大比拼 2022 中国保险公司市场价值排行榜出炉（以 2021 年 12 月 31 日公开信息披露数据为基准），http://insurance.jrj.com.cn/2022/10/18202737065106.shtml，金融界，2023 年 1 月 4 日访问。

2021 年年报显示，众安保险总保费突破 200 亿元，同比增长 21.9%，连续两年实现盈利，综合成本率从 2017 年的 133% 逐年下降至 2021 年的 99.6%，实现了成立以来的首次承保盈利；全年服务用户数超过 5 亿，全年理赔客户数达到 1.29 亿；出具保单 77 亿张，相当于全国保险行业中每 6 张保单中就有 1 张是众安保险的，累计出具了 427 亿张保单；众安保险的科技输出收入达到 5.2 亿元，累计服务企业客户超过 600 家（表 17-2）。

表 17-2 众安保险五年财务概要

（人民币千元）	2021 年	2020 年	2019 年	2018 年	2017 年
总保费	20,480,119	16,708,504	14,629,589	11,255,718	5,954,475
年内净溢利 /（亏损）	757,099	254,380	（638,645）	（1,796,718）	（996,356）
母公司股东应占净溢利 /（亏损）	1,164,590	553,786	（454,101）	（1,743,895）	（997,250）
每股基本收益 /（亏损）（人民币元）	0.79	0.38	（0.31）	（1.19）	（0.77）
资产总额	51,772,329	45,673,436	30,907,575	26,341,096	21,149,492
负债总额	32,624,132	28,280,101	14,402,044	9,866,423	3,878,796
权益总额	19,130,197	17,393,335	16,505,531	16,474,673	17,270,696
母公司股东应占权益	16,748,402	15,705,350	14,911,655	15,432,039	17,126,913
综合成本率（%）	99.6	102.5	113.3	120.9	133.1
综合偿付能力充足率（%）	472	560	502	600	1,178

资料来源：众安保险 2021 年年报。

成立以来，众安保险在保险行业开辟出了一条科技保险的崭新商业模式，以其普惠性、数字化和场景化的特色，引领了互联网保险发展的浪潮，良好的生态模式似乎昭示着广阔的发展前景。2015 年国际知名金融科技投资公司 H2 Ventures 与国际专业会计师事务所毕马威联合发布的《全球金融科技公司百强》（Fintech 100）报告中，成立仅两年的众安保险位列榜首。①2022年金融科技信息服务公司（Fintech Global）评出的《全球保险科技公司百强》（*Insurtech* 100）榜，众安保险成为中国大陆唯一上榜的公司。②但是众安保险也面临着挑战，保险产品同质化竞争日益严重，众安保险该怎样做出自己的特色，区别于竞争对手呢？同时，如何更加深入地了解客户不断变化的新需求，应对市场上新的政策和竞争变化，持续用科技创新赋能企业发展、引领行业变革乃至向国际输出互联网保险模式，也是众安保险一直以来在实践和探索的难题。

一、锚定互联网场景，开辟保险行业发展新蓝海

保险为多种形式的损失（如财产、生命或健康损失）提供金融保障。按总保费计，2016年中国保险市场的规模为世界第二，但中国的保险深度和密度仍远远低于发达国家。2015年，总保费仅占中国国内生产总值的3.6%，而日本、英国、美国及德国分别为10.9%、9.9%、7.3%及6.3%。③

2008年全球金融危机以来，宏观经济增速趋缓，低利率时代挑战着全球保险业和资产管理行业，全方位且深刻地影响着保险行业发展潮流。保费增速下降，叠加人口红利下降，互联网流量红利见顶的新常态，保险行业转向精细化运营，谋求商业模式的可持续创新发展。同时，随着国家"互联网+"战略的不断深入推进，各行各业与互联网融合程度不断加深，互联网经济新模式不断涌现，保险业紧紧抓住

---

① 毕马威发布全球金融科技公司Top100，众安保险居榜首，https://www.iyiou.com/news/2015121623077，亿欧网，2022年12月30日访问。
② 2022全球保险科技百强公司榜：众安科技成中国大陆独苗，http://insurance.hexun.com/2022-11-10/207080152.html，2022年12月30日访问。
③ 众安保险招股说明书。

民众线上消费习惯逐渐养成的发展新机遇，不断探索应用线上化和数字化技术，丰富保险产品供给、提升服务能力、激发保险需求，尝试为行业发展创造新的增量空间。

2013年成为互联网保险发展元年，监管部门开始有序推进专业互联网保险公司试点。2013年9月，由蚂蚁、腾讯、中国平安等知名企业联合发起成立的众安保险获得监管部门的开业批复，国内首家专业互联网保险公司应运而生，同时也是全球第一张互联网保险公司牌照。公司总部设立于上海市黄浦区，注册资本金14亿元，业务范围为互联网相关的财产保险业务等，不设分支机构。

成立之初，众安保险主要基于淘宝场景，开辟了运费险业务，这类保险产品在设计之初便依靠系统自动理赔，绝大多数符合条件的客户在线提交申请后最迟72小时可获赔偿，无须人工介入理赔。2014年"双十一"期间，众安保险保单总数一举突破了1.5亿，保费突破了1亿元。

在众安保险成立之前，传统险资已经在互联网获客领域沉淀了多年的营销经验，但思路仍止步于把成熟的保险产品介绍给更多的客户。而众安保险则另辟蹊径，瞄准客户衣食住行的每个环节中令人烦恼的风险隐患，诸如网上消费退货、航班行程延误等场景化的问题，通过嵌入保险产品解决，不需要客户再额外花费时间和精力挑选保险，实现了场景驱动的产品设计和用户需求匹配——这一变革颠覆了传统保险的商业模式，也正式将场景与用户价值推上了商业舞台。

退货运费险的出现，突破了传统保险产品设计的思路。互联网保险思路渐明，这也使得各类资本加大了对这一领域的投入。2014—2016年，泰康在线、安心保险、易安保险相继获批互联网保险牌照，持牌机构达到四家。[1] 2016年7月，蚂蚁金服入股国泰产险，并且在

---

[1] 易安保险获保监会批准开业，成为第4家获批互联网保险公司，每日经济新闻，2016-02-15，http://www.nbd.com.cn/articles/2016-02-15/984043.html。

自身组织架构中设立了保险事业部；^①这一时期京东、网易、小米、唯品金融等流量平台成立的保险业务部也相继加入了发展互联网保险业务的赛道。^②

从持牌机构的股东背景上看，泰康在线作为泰康保险的线上平台历史悠久。易安保险与安心保险均于 2016 年成立，均为金融科技公司＋产业资本公司联合投资。对比之下，众安保险的"互联网基因"优势突出，人们所熟知的蚂蚁金服、腾讯、中国平安都是这家保险公司的股东（图 17-1）。

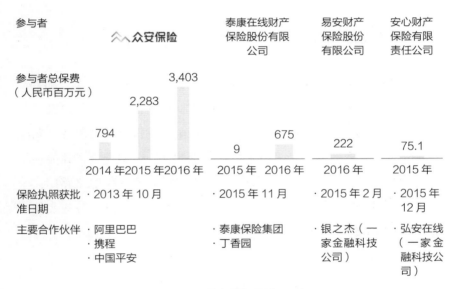

图 17-1　四家互联网保险公司概况

资料来源：众安保险招股说明书。

众安保险备受资本市场的追捧，当其他竞争对手或入局或刚刚开

---

① 蚂蚁金服增资控股国泰产险获批 保险"棋局"落下重要一子，金融界，2016-07-27，https://www.sohu.com/a/107925339_114984。

② 互联网平台纷纷布局保险业务 BAT 抢先拿到多张牌照，央广网，2019-08-10，https://baijiahao.baidu.com/s?id=1641444784779185574&wfr=spider&for=pc。

始展业时，众安保险率先于 2015 年完成首轮增资，又于 2017 年 9 月在香港联交所上市。先后经历两次资本补血，众安保险得以在互联网保险战局中站稳脚跟。2017 年年底，众安保险的保费收入比其他三家合起来都多，达到了 59.57 亿，而泰康在线、易安财险和安心财险的保费收入分别为 16.56 亿元、8.39 亿元、7.94 亿元。[①] 此后，众安保险的业务持续快速发展，2021 年，众安保险保费收入为 203.7 亿元，同期泰康在线保费 71.4 亿元[②]，安心财险保费收入 3.7 亿元[③]，而易安财险在接管中[④]。

二、做有温度的保险

在众安保险的管理层看来，众安保险的成立寄托着三个"初心"：一是打造一个科技与保险加速融合的样本，创新保险业的保险普惠经营模式；二是跟上时代的步伐，作为一家全新的保险公司服务于新经济下的实体经济；三是助力行业的"互联网+"转型升级，并能在全球保险业范围占领制高点，快速找到一条中国互联网保险之路。三个"初心"转换为众安保险的三大目标，即实现保险普惠、服务实体经济、助力行业转型升级。

（一）创新普惠保险模式

2016 年《健康中国 2030 规划纲要》出台以及 2017 年监管提出

---

① 陆澜清，2018 年中国互联网保险竞争现状分析 众安保险保持领先，前瞻产业研究院 https://www.qianzhan.com/analyst/detail/220/180622-c722b4f0.html。

② 泰康在线 2021 年年报。

③ 安心财险 2021 年年报。

④ 银保监会原则同意易安财险进入破产重整程序，https://baijiahao.baidu.com/s?id=1738655689635731567&wfr=spider&for=pc，和讯网。

"让保险回归保障"的指引之后，互联网健康险成为政策支持且符合消费者诉求的热门产品。众安保险努力探索以商业的方式推动公益性，做普惠的保险，并在充分借鉴国内外健康险模式的基础上，打造了自身的拳头产品"尊享 e 生"。

众安保险推出的明星产品"尊享 e 生"，2016 年正式上线以来，先后迭代了 22 次，客户仅需支付 300 多元，便能获得最高 600 万保额的医疗保障。比起动辄数千元才能投保的中高端医疗保险，"尊享 e 生"作为一款短期医疗健康险，一上线便凭借低廉的保费和高达百万的赔付额，迅速为众安保险打开了医疗健康场景下的产品市场，开启了众安保险场景驱动的保鲜业务增长"第二曲线"，逐步成为众安保险业务的增长主力。

众安保险努力以商业的方式推动公益性，做普惠的保险。2021 年的数据显示，全国保险行业的每 6 张保单中，就有 1 张是众安保险。众安保险通过商业模式创新嵌入了普惠保险的理念，将科技和保险深度融合，利用互联网经济的"长尾效应"，努力将保险渗透、服务到更多的人。

在众安保险常务副总王敏看来："每一张保单背后都对应着一位被保险人，从这个维度上来说，众安保险通过互联网保险覆盖了大量原来没有接触过保险的人，让很多年轻人有了第一张保单，甚至让一些中年人拥有了自己的第一张保单。我觉得这是很有价值的一个体现。我们虽然只是通过小额、碎片化的保险，但通过这种保障去连接了更多的人，也让保险连接到了更多的人，让普惠保险渗透到社会更多的领域，渗透到更多的人。"

（二）数字化赋能实体经济

伴随着互联网技术的发展与成熟，以及互联网、数字经济的爆发式增长，众安保险致力于通过线上化、数字化的保险满足各个生态对应的实体经济创新发展需求，包括商贸、物流、健康等，用数字化的手段赋能实体经济。

1. 新商业模式的润滑剂

在消费者的"衣食住行游购娱"的场景大多转向线上的大背景下，众安保险利用自身对用户的洞察能力、数据分析优势，紧抓时代发展方向，深挖消费者在各类数字生活场景下的美好生活需求，定制化开发保障服务，打造了数字生活生态。

其中，第一梯队产品是众安保险为电商平台提供的涵盖退货、产品品质、物流、售后服务、商家保证金等电商平台场景下的全场景保险产品。同时，针对以"内容＋私域"为核心的直播电商2.0时代，专门推出了直播及短视频电商退货运费险，"双十一"电商消费活动峰值期间，系统最快实现每秒出具3.2万张保单；第二梯队是与携程、滴滴、饿了么等O2O①数实融合场景应用平台合作的碎屏险、宠物险、家财意外险和账户安全险等。例如，在航旅领域，众安保险的航班意外、航班延误、旅行意外、机票或酒店取消的航旅类保险产品覆盖中国所有主要OTA②渠道。"这些险种在解除消费者后顾之忧的同时，也进一步促进了交易，担当了新商业模式的润滑剂。"

2. 生态化

保险行业同质化竞争现象非常严重，众安保险想做的不是简单的价格战和存量竞争，而是差异化，给用户链接到更好的服务，围绕产业链提供增量服务价值。"原来的保险经常被看作财务风险的转移，解决了遭遇风险时财务补偿的问题，但其中价值创造的东西还不够。我们希望能够给行业和客户创造不一样的东西。"王敏认为，"我们可以

---

① Online to Offline 的缩写，意指从线上到线下的数字化电商模式，将互联网优势与线下商业机会结合。

② Online Travel Agent，依靠网络渠道进行营销的在线旅游代理商。

'跳出保险看保险'。保险有一个漏斗筛选效应，可以把不确定需求转化为确定性需求，我们可以精准发力，连接供给方和需求方，和供给侧谈判让出更多利润，更好地满足需求方需求，提供更多的增值服务，创造增量空间。"众安保险围绕产业上下游去延伸，努力向价值创造转型，帮助用户更好地花钱，为用户连接更好的服务，在供给侧发挥更大的价值。

以手机碎屏险为例，"出险用户的最终诉求不是拿到钱，而是要得到所需要的服务"。本着这一原则，众安保险帮助出险客户筛选就近、优质的服务提供商，以更有利的价格，更好的服务去满足用户的需求，同时也为实体经济发展提供了新的增量机会。

众安保险以自身的科技实力为基础，瞄准单身经济和银发经济催生的宠物经济衍生的宠物医疗需求场景，于 2020 年初步试水，推出了宠物保险，并利用宠物鼻纹识别等技术建立宠物资料库，识别准确率超过 99%。为进一步满足宠物主人对于"毛孩子"的医疗保障需求，众安保险对宠物险多次迭代，不仅囊括了宠物六大类自发疾病保障保险，还附赠了健康管理服务，包括驱虫、疫苗、线上问诊和营养师咨询等，以及宠物第三者责任险和宠物死亡补偿等一站式保障。众安保险通过与国内头部宠物服务企业合作，为宠物主人链接优质的医疗资源，已与超过 8,000 余家线下宠物医院对接，覆盖全国主要城市，有效破解了宠物医疗险识别难、理赔烦琐等瓶颈问题。

众安保险还通过自主运营的"云宠"社区，依托自身强大的线下医院资源，打通宠物服务 O2O 模式，通过精细化社群运营提升宠物主人黏性，打造产品口碑，并吸引潜在宠物主人，不断扩大潜在市场。众安保险认为，宠物险是切入优质客群的重要产品，未来将持续释放跨生态的协同效应。截至 2021 年年底，众安保险宠物险已经服务超过 100 万宠物主人，2021 年宠物保险年化保费突破 1 亿，同比增速超250%，市占率为国内行业头部之一。

再以健康险为例，"尊享e生"产品初见成效后，众安保险将视野投向了大健康生态。从保险产品自身角度来说，2016—2021年众安保险"尊享e生"历经多次迭代，并衍生建立了丰富的产品和服务矩阵，着力去覆盖用户全生命周期保险需求。它不仅是面向健康人群销售的健康险，还增加了针对男性、女性、父母、家庭和亚健康慢性疾病群体的定制化细分保险产品。众安保险在2019年成立互联网医院，在2020年正式推出"众安医管家"服务，用户可以在线问诊、购药、定制健康管理及获得药品配送服务等。

众安健康生态着眼于先向客户提供更加便捷、广泛覆盖的在线咨询、购药等健康管理服务，再利用保险产品为用户提供价值，构建起了"医—药—险"闭环生态，以让保险公司与客户取得长期共赢的收效。截至2021年6月末，众安互联网医院在本年度被保用户的服务渗透率超过42%，服务超过31个省份900多家医院的600万用户。

（三）助力行业转型升级

众安保险的创新探索，加速了保险行业的四个重要结构性变化。①客群结构发生变化。传统保险业务以中老年为主，而众安保险45岁以下的用户占比接近80%，用户更加年轻化，优化了保险用户人口年龄结构。②险种结构的变化。众安保险成立之前，保险行业75%~80%是车险，而众安保险的业务结构中车险只占30%左右，非车保险业务多元化发展，延伸到了更多的领域，为行业转型升级打开了更多新的可能性和想象力。③成本结构的变化。众安保险科技的支出比传统保险公司有明显上升。从传统的以销售为最大成本支出，转向以科技为主的支出，实现以销售为本向科技筑基的转型。2021年众安保险科技研发投入占当年保费比例为5.5%，研发投入总量同比上升24.5%。2018—2020年，这一投入比例分别为7.8%、6.7%、5.4%。④人员结构的变化。传统保险公司以销售人员为主，属于典型的销售驱动，但众安保险成立以来，研发人员占比始终保持在 50% 左右，超越了人力密集型的发展模式，开启了技术密集型的发展新赛道。

客群年轻化、险种多元化，从销售为本到科技筑基，从人力密集型到技术密集型，众安保险在传统保险行业的红海竞争中，瞄准新客群、新赛道，利用新技术、新思路，开辟了新领域、新优势，也助力保险行业从存量竞争和价值转移的传统发展模式，加速向以价值创造为核心的增量化、精准化和数字化发展的新发展模式转型升级。

三、"保险＋科技"激发互联网与保险的化学反应

保险公司牌照的特权即经营"风险"，发现各种风险机会，进行定价形成保险产品，客户通过购买保险产品实现风险转移。传统的保险产品设计与定价，有一套相对固定的模式，发现风险、风险定义、风险评估、风险定价，一般是依据过往的经验数据。互联网时代带来了很多新的风险点，由此衍生出的保险产品设计和定价呈现出全新的场景化、碎片化、个性化、生态化的特点，比如电商生态催生的运费险，是一种典型的场景化保险；网约车司机的意外保险，可以在每次出车时成交 1 单保单，具有碎片化的特点；针对糖尿病人群的专病保险，具有个性化的特点。这些新风险的评估与定价，都需要借助科技的手段。

最早期的保险核心系统，签约、核保、财务、理赔，甚至是各种报表都是集中在一个系统中，因为线下保险是一个低频行为，不具有高并发的特性。但是互联网改变了这一业务逻辑——产品的快速更迭引起账务规则的频繁变动，因此需要在核心系统中不断添补账务规则，这相当于在企业 IT 系统的"心脏"上动手术，牵一发而动全身。此外，传统核心层各个处理单元"紧耦合"的架构难以应对"小额、分

散、碎片化、高并发"的线上业务。

王敏认为，保险科技的本质是以客户为中心。从客户出发，通过搜集数据、数据加工等，找到更精准的客户画像，更好地理解客户和客户的需求，从而让产品能够更精准地服务好客户。通过大量的用户行为数据、业务数据，做用户投放模型，以智能化更好地满足客户场景化、碎片化和个性化的需求，目的是让产品能够精准地服务好客户，从供给保险产品到提供其他相关服务产品。众安保险借助科技的力量，使互联网与保险发生化学反应，而"保险+科技"的双引擎，也驱动众安保险在互联网保险之路上经历了从流量驱动到技术驱动，再到基础能力驱动的跨越式发展。

（一）流量驱动阶段（2013—2016 年）

这一阶段侧重流量层与销售的融合，是互联网和销售结合模式的探索。

众安保险搭建了业内第一个跑在云上的保险核心系统"无界山1.0"，"无界"意指没有边界的互联网世界，"山"则指稳如磐石的系统。这一系统采用"瘦核心+胖前置"的架构，"瘦核心"负责从数据库存取数据进行留存，"胖前置"则为每个事业部延展出一条业务逻辑线，使得每条业务线可以快速落地。这是一种可扩充、可弹性的云架构，大大降低了运营成本，使得互联网创新成为可能的商业模式。"核心系统上云"不仅能解决海量信息处理的困境，在搜索方面可以做到毫秒级响应，一秒内反馈，还能同时保证无保单丢失，当日完成业务对账。第一代无界山系统从设计到落地仅仅耗时 3 个月，并在 2014 年"双十一"期间展现了单日保单过亿的高并发任务处理能力，有效支撑了众安科技+保险新商业模式的成功落地。

（二）技术驱动阶段（2016－2019年）

这一阶段侧重技术与业务的全链路融合，技术因素为行业提质增效。2016年众安保险的全资子公司众安科技成立，支持保险行业技术升级。

秉持"小步快跑"的思路，众安保险将大数据、智能风控、自动理赔计算、客服机器人等先进技术和设计工具集成于一身的科技平台"无界山"，逐步实现核保、理赔、客服等环节的智能化和自动化，适配于全险种经营，并针对场景化和碎片化的需求进行快速定制和快速理赔，以应对高并发、大吞吐量的保险需求。2018年保险核心系统Graphene推出，2019年新一代保险数字化业务中台无界山2.0上线。短期内同业无法通过系统改造或者搭建新系统来复制它，众安保险也因此形成了技术壁垒，众安保险的业务也得以高速发展，2019年服务用户4.86亿人，总保费增长30%，达到146.296亿元，保险业务首次实现扭亏为盈。技术红利的释放，也支撑了众安保险从消费金融、健康向汽车、生活消费以及旅行等多元化场景的保鲜业务拓展，众安保险生态持续升级。

（三）基础驱动阶段（2020年至今）

这一阶段侧重基础技术能力的突破和场景化应用，包括人工智能、区块链、隐私计算等底层技术，培育新的技术和应用，为新技术创新与应用提供场景。保险的种类多、客群大、链路长，尤其是互联网保险"长尾效应"和规模效益并存，能够为保险新技术提供非常好的应用场景。2020年，无界山2.0全面升级，支持千亿保单高并发处理能力和疫情期间中小企业数字化转型。

"无界山2.0"实现了四大方面的提升：保险订单数字化、支持千亿级保单量、支持全险种产品配置和保单模型、提供更快速稳定的业务迭代支撑。从外部客户体验来说，"无界山 2.0"实现了从保单承保到业务批改、理赔等流程的数字化，降本增效的同时提升了用户体验。基于"无界山 2.0"，众安保险 2020 年全年实现生产发布 6 万次以上，系统可用性达 99.99% 以上，核心应用自动化测试比例达 80%，承保和理赔自动化率分别达到了 99% 和 95%。2020 年是公司成立 7 周年，这一年，众安保险的保费达到 167 亿元，跻身中国前十大财险公司，增长了 14.2%，增速也遥遥领先其他财险公司；覆盖用户达到 5.2 亿，公司总体首次实现盈利，标志着互联网保险商业模式得到验证，成为中国互联网保险公司中唯一实现盈利的公司。

截至 2021 年年底，众安保险的专利申请量累计达 531 件，包括海外专利申请 174 件；累积获得授权专利 116 件，授权量同 2020 年年末相比增长 91.8%；有 15 件海外专利获得授权，较 2020 年末增长 150%。

作为保险科技领军企业，众安保险持续在人工智能、区块链、云计算和生命科技等领域探索，用科技重塑保险价值全链条，将前沿技术运用于各个环节，形成了产品定制化、定价动态化、销售场景化、理赔自动化四大核心优势。2021 年众安保险共出具近 78 亿张保单，服务超过 5 亿用户，全年理赔客户达 1.29 亿，理赔线上化率超过 95%，健康险全智能理赔每 28 秒有一个理赔结案，获赔等待时长同比减少 57%。通过碎屏险智能赔案审核，相比人工审核效率提升 60 倍。通过科技赋能，公司提高了经营效率，经营费用占净保费比例从 2020 年同期的 22.0% 降低至 2021 年的 17.5%，保费收入同比增长 21.9% 至 203.71 亿元，连续两年实现盈利，并加速从输出产品和服务到输出科技能力，加快助力行业数字化转型。

四、科技输出加速产业数字化进程

众安保险判断，从业务集成的维度出发，整合保险全流程的数字化平台将成为未来互联网保险企业发展的关键，也是加快线上线下业务融合发展的抓手。此外，在后疫情时代，"无接触式核保理赔"将成为行业趋势，保险产业链上大多数参与者都面临着技术升级和系统优化的急迫需求。2021年12月，中国保险业协会发布《保险科技"十四五"发展规划》，强调我国要进一步完善保险科技发展机制，提升保险科技水平，推动保险和科技深度融合、协同发展。2022年年初，银保监会下发《关于银行业保险业数字化转型的指导意见》，进一步提出了到2025年保险业数字化转型取得明显成效的目标，并对保险公司的数据能力和科技服务能力建设提出了明确要求。但行业中相当多的中小保险公司难以承担数字化转型所需的长期研发和人才投入的高额费用，也容易陷入科技公司普遍的盈利困局。众安保险本着支持行业升级的初心，持续探索和强化保险科技创新能力的同时，开始探索将领先的新商业模式、保险科技能力和解决方案，以搭建数字新基建的方式赋能行业机构，帮助保险产业链的客户实现数字化转型。

众安保险科技输出的同时承载了创新保险普惠经营模式、服务新经济下的实体企业和助力行业数字化转型的三大初心。在众安科技总经理兼众安在线首席技术官康德胜看来："数字化的一个关键瓶颈就是如何降低研发成本，提高效率。而众安科技（科技输出的出发点）就是要提供数字化转型用得起的好科技。一定要让科技用得起。"

2020年8月，众安保险的"无界山2.0"获得了2020中国保险业科技进步方舟奖。其"核心＋中台"的技术架构能够满足保险企业核心留存的同时，拆分中台模块进行插拔式配置的需求，可以实现机构客户根据自身业务对各系统版块快速复制，大幅提升数字化转型效能。

在前台业务营销方面，众安保险也挖掘出了保险产品公域＋私域数字营销新模式：在合理运营公域流量的基础上，有效甄别客户群体，并将其导入私域流量中进行运维，有针对性地激发并满足这些人群的需求，最终实现交易转化、建立长久的客户关系，从产品运营逐步向用户运营转型升级。以微信、微博为代表的内容传播平台、以抖音、头条为代表的短视频平台以及直播、搜索平台已成为当下获取公域流量最主要途径，而私域流量则是有人情味，是人格化的 IP，比如社区生鲜采购群、外卖折扣群、大 V 粉丝群等。

保险公司可以通过大数据算法在公域网络投放广告，再引导客户加入私域社群，为客户提供丰富的服务，打造强有力的品牌认同，最终收获长效回报。对此，众安保险输出了智能营销平台 X-Man、广告运营平台 X-Magnet 和渠道管理平台帮助同业机构提升研发效率和分析效率。

在保险科技垂直赛道上，众安保险旗下的科技公司（众安科技）孵化的保险服务搜索引擎"百保君"，定位保险服务"按需定制＋精准匹配"，帮助用户精准获取保险产品信息，助力其轻松决策，用科技手段推动保险服务从产品驱动向需求驱动的转型。

在"保险＋科技"双轮驱动下，2021 年，众安保险将自身沉淀的保险科技能力和经过验证的新商业模式向行业和海外输出，推动中国保险产业链数字化转型的同时，也开始向国际社会输出以保险科技为代表的数字经济新模式。2021 年，众安保险的科技输出收入达 5.2 亿元，同比增长 42%，累计服务客户超过 600 家，其中保险产业链客户109 家，包括太平集团、太保集团、友邦人寿等领先保险机构，客户次年复购率达 75%。海外市场方面，众安保险已与友邦保险集团、日本财产保险公司 SOMPO、东南亚 O2O 平台 Grab、新加坡最大的综合保险机构之一 NTUC Income 等知名企业达成合作。

五、未来发展畅想

众安保险的使命是"科技驱动金融，做有温度的保险"。其战略是"保险＋科技"双引擎驱动，建立以客户为中心的崭新服务模式，将科技与保险进行全流程的深度融合，用科技赋能保险价值链，并以生态系统为导向，通过自营渠道及生态合作伙伴平台，从用户的数字生活切入，满足用户多元化的保障需求，为用户创造价值，为行业发展探索新领域、新赛道（图 17-2）。

王敏认为，互联网保险生态化的阶段是从财务补偿向价值创造转型的过程，为客户嫁接供给侧资源，形成与供给侧的互联互通和价值创造。在这个连接的时代，要么主动连接，迈向产业链价值链中高端；要么被动连接，处于产业链价值链的下游。如果保险仅仅停留在产品创新或条款创新，则将长期处于产业链"低端锁定"的状态。要想改变局面，就要让保险连接起生态，连接各种服务、产品和真实场景，打造面向用户的"保险 + 科技 + 服务"的闭环生态。当保险连接更多场景的时候，就可以打通数据孤岛。连接的背后，依靠的是科技能力，这正是众安保险的根本优势所在，也是支撑连接战略的支点。"未来互联网保险筛选出的用户新需求，可以支持涌现出更多的细分行业需求。"王敏如是说。

而在众安保险建立生态系统的新征程上，新挑战和新问题也随之而来：因为涉及众多险种产品，众安保险需要与众多不同行业的产业上下游建立合作关系，这其中所需要的人员保障、组织保障、资源和能力都与众安保险作为"保险公司"的属性不太一致，该如何补足这方面的能力呢？又该如何保持"保险公司"属性的同时更大程度释放科技的生产力价值呢？互联网保险生态化的道路能走多远、多久呢？与此同时，面对新发展阶段绿色低碳和共同富裕的经济社会高质量发展新要求，众安保险作为保险科技领军企业，如何以"科技 + 保险 + 服务"更好地响应新型社会发展使命？面对客户不断变化和产生的新需求，以及市场上新的政策和竞争对手，该怎样持续用科技创新赋能企业发展，引领行业变革和创造社会价值呢？这些都是众安保险一直在思考的问题。

众安大事记

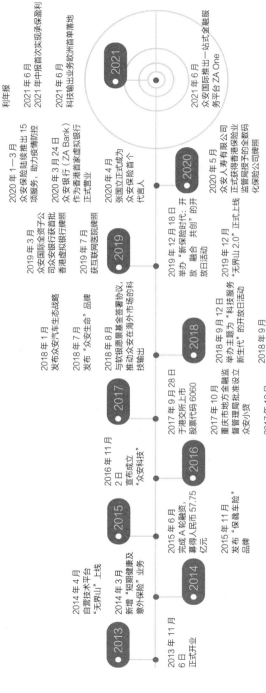

图17-2 众安保大事记及主要荣誉

资料来源：众安保险提供。

| 第十八章 |

小视科技：场景驱动创新成就 AI "专精特新""小巨人"

以 OpenAI① 发布的 ChatGPT 为代表的新一代人工智能及其应用正在加速重塑科学研究与生产生活范式，但由于其技术复杂性、数据质量和数量需求较高、计算资源限制等因素，人工智能的技术突破与产业化应用瓶颈日益凸显。在众多人工智能企业纷纷走向技术原创化道路时，源起于南京的人工智能视觉企业小视科技，前瞻性地把握场景驱动创新范式跃迁机遇，选择贴"地"而行，遵循"人—机—场"三元协同的创新逻辑，以"智慧视觉全场景生态服务商"为定位，构建了场景驱动的一体化智能服务生态架构，面向互联网身份认证、社会治理、工业生产等多元领域打造差异化、场景化的解决方案，形成了场景驱动核心能力打造、产业牵引和价值共生的人工智能生态飞轮，不仅快速成长为国家级"专精特新""小巨人"，也为场景驱动人工智能的创新发展，推进产业数字化、智能化、绿色化、融合化，加快建设现代化产业体系提供了参考。

---

① 在美国成立的人工智能研究公司，核心宗旨是"实现安全的通用人工智能（AGI）"，使其有益于人类。

一、破局人工智能产业化困境：从技术驱动迈向场景驱动

2023 年年初，OpenAI 发布的 ChatGPT 引爆了生成式人工智能，引发了新一轮科技产业与科学范式变革，国内外围绕人工智能预训练大模型的新一轮创新锦标赛方兴未艾。2023 年《政府工作报告》指出，加快人工智能产业发展，不仅是赢得全球科技竞争主动权的必然要求，也是实现区域产业数字化转型、构筑现代产业体系、迈向全球价值链中高端的战略抉择。北京、上海、深圳等多地都发布了加快打造人工智能创新策源地和产业高地的政策举措。中国拥有海量场景，如何把握人工智能科技革命浪潮，加快人工智能技术创新和场景化应用，赋能千行万业，不但是持续提升产业链供应链韧性和安全水平，加快构建中国特色的现代化产业体系的战略性议题，更是塑造发展新动能新优势，赢得未来发展和国际竞争战略主动的先手棋。

人工智能企业作为人工智能技术创新和机制创新的核心主体，肩负着聚焦国家战略和产业发展需求、推动关键核心技术突破，构建高水平人工智能产业体系与赋能高质量发展的重要使命。中国人工智能产业经过数十年发展，涌现了以人工智能四小龙（商汤、旷视、云从、依图）为代表的技术驱动型创业企业，依托一流技术与人才积累获得资本青睐，成长为独角兽企业。2023 年 6 月 9 日的北京智源大会上，北京智源人工智能研究院院长黄铁军指出，大模型至少需要具备规模大、涌现性、通用性三大特征。然而，高精尖的人工智能技术和通用模型不一定能够解决具体的场景问题。由于通用类人工智能模型具有算力成本高、算法"黑箱"、高质量领域数据缺少和专业知识弱等特征，大模型量产和能力复用也存在瓶颈，难以满足实体经济对专业大模型和企业级模型的长尾需求；且在差异化场景下，同一人工智能算法模型的复用性和针对性相对较差。因此，虽然"百模大战"愈演愈

烈，但落地乏力、自我"造血"难的窘境仍困扰着政产学研金等各方主体。是否有其他创新范式，不但能破解人工智能应用过程中落地性差的难题，还有可能反向驱动人工智能的原始创新？

　　源起于南京的小视科技（江苏）股份有限公司（以下简称"小视科技"），走出了一条独具特色的创新创业之路——贴"地"而行，这里的"地"即为场景。创始于2015年的小视科技，基于深度学习的人工智能技术，以智慧视觉技术为核心，致力于为数字城市、数字产业和数字生活等场景提供数字服务，先后为互联网身份认证、社会治理、工业生产等领域打造了许多差异化、场景化的解决方案。相比其他多数人工智能企业，小视科技避开了技术驱动的发展路径，用基于场景驱动的逻辑开辟了一条专注于人工智能技术落地的道路（图18-1）。如今我们再回溯这条在当时看来不那么受资本关注的小路，却发现其深刻把握了人工智能产业的发展趋势。2022年7月，科技部等六部门印发了《关于加快场景创新以人工智能高水平应用促进经济高质量发展的指导意见》，明确指出"场景创新成为人工智能技术升级、产业增长的新路径，场景创新成果持续涌现，推动新一代人工智能发展上水平。"场景驱动人工智能产业的创新发展成为国家层面的战略共识。小视科技在贴"地"而行的战略选择下深耕人工智能视觉场景，先后获得多目标追踪（Multiple Object Tracking，MOT）国际赛事8项指标排名第一，美国国家标准与技术研究院（National Institute of Standards and Technology，NIST）国际人脸识别竞赛（Face Recognition Vendor Test，FRVT）开放场景全球第二，江苏省科学技术一等奖等多项人工智能行业的顶级奖项，并与华为、三大运营商等知名头部企业深度合作，从创业初期一家名不见经传的人工智能小企业发展成为国家级"专精特新""小巨人"。

深耕人工智能赛道，持续锻造企业新优势

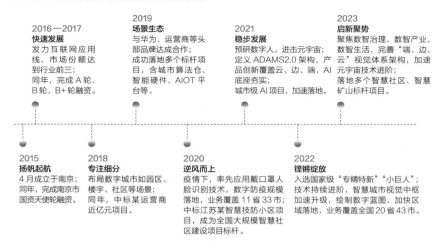

2016—2017
快速发展
发力互联网应用线，市场份额达到行业前三；
同年，完成 A 轮、B 轮、B+ 轮融资。

2019
场景生态
与华为、运营商等头部品牌达成合作；
成功落地多个标杆项目，含城市算法仓、智能硬件、AIOT 平台等。

2021
稳步发展
预研数字人，进击元宇宙；定义 ADAMS2.0 架构，产品创新覆盖云、边、端，AI 底座夯实；
城市级 AI 项目，加速落地。

2023
启新聚势
聚焦数智治理、数智产业、数智生活，完善"端、边、云"视觉体系架构，加速元宇宙技术进阶；
落地多个智慧社区、智慧矿山标杆项目。

2015
扬帆起航
4 月成立于南京；同年，完成南京市国资天使轮融资。

2018
专注细分
布局数字城市如园区、楼宇、社区等场景；
同年，中标某运营商近亿元项目。

2020
逆风而上
疫情下，率先应用戴口罩人脸识别技术，数字防疫规模落地，业务覆盖 11 省 33 市；中标江苏某智慧技防小区项目，成为全国大规模智慧社区建设项目标杆。

2022
铿锵绽放
入选国家级"专精特新""小巨人"；技术持续进阶，智慧城市视觉中枢加速升级，绘制数字蓝图，加快区域落地，业务覆盖全国 20 省 43 市。

图 18-1 小视科技发展历程与里程碑事件

截至 2022 年年底，在小视科技的 500 多名员工中，研发人员占比超过 70%，拥有核心专利和各类软著专利等自主知识产权 300 余项，参与 2 项国家标准和多项行业、地方、团体标准的制定，业务覆盖 20 个省份 40 余个城市，拥有中国移动、中国电信、腾讯、华为、中石油、中电科等 1,000 余家生态合作伙伴，2022 年营收突破 2 亿，同比增长超过 20%。贴"地"而行不仅激活了小视科技的内部创新机制，更助其通过打通小场景，逐步打造人工智能产业创新联合体，深度嵌入中国人工智能产业大生态。

二、战略生长，场景驱动——贴"地"而行的创新之路

2015 年 4 月 30 日，小视科技成立于南京。此时，人工智能产业方兴未艾，绝大部分人工智能企业都将技术作为立身之本，不断研发出更好的技术，并通过新技术的开发、实验和改进，探索适合自己的

产品空间。然而面对人工智能产业的大浪淘沙，如何不被浪潮冲走并在沙尽之时尽显黄金本色，小视科技创始人兼首席执行官杨帆陷入了沉思。环顾行业内，商汤、旷视等头部人工智能企业都走上了技术原创化的道路，小视科技如何应对技术驱动人工智能发展道路上"神仙打架"的局面？苦思冥想后，杨帆决定另辟蹊径，将技术的落脚点放在场景上，并提出了"智慧视觉全场景生态服务商"的企业定位。相比于技术原创型企业，小视科技服务于场景，通过场景驱动技术创新，以技术的场景化应用和场景价值释放为导向。在进行技术落地的场景时，小视科技通过凝练场景问题，识别场景需求，进而精准设计场景任务，通过企业自身研发或者与人工智能技术原创化企业合作供给场景解决方案，最终实现技术的场景化应用与场景价值释放。小视科技在场景深耕的基础上，能够为人工智能原创化企业提供场景，从而锚定技术发展方向，与人工智能原创化企业共同推进产业发展。正如杨帆所说："人工智能技术企业不是我们的竞争对手，我们未来可能也会用到它们的技术，目的是为了服务好我们已经率先进入的场景。"

尹西明、陈劲等（2022）认为，场景驱动创新从场景中的复杂综合性需求出发，超越技术驱动的线性逻辑，能够整合协同多种创新要素，高效匹配技术与场景，破解人工智能技术创新与产业化的瓶颈。场景驱动技术和市场需求高度融合是小视科技追求的目标，但也走了一些弯路。在一次"以图识图"解决方案的开发过程中，小视科技基于自研深度学习技术快速实现了人脸识别技术及配合式活体检测技术研发落地。杨帆希望能够借此技术进军互联网身份认证领域，在实名认证检测待认证人是否为用户本人及活体。然而市场反馈不容乐观，因为在实际场景中，企业一般由人工直接审核从业人员的真实性和相关资质，杨帆等人拿着技术的"锤子"并没有找对"场景"的钉子。很快，杨帆便意识到技术驱动的发展模式并不适用于小视科技的长期发展，那么在技术驱动之外，人工智能企业的另一条求生之路在哪里？从场景出发，贴"地"而行！人工智能技术走向产业化，是一个整合性、复杂性和系统性工程，技术驱动可能难以落地于场景，而需求驱动并没有瞄准特定的复杂性情境，缺乏对环境因素、多重参与主体等的关注，因而可能难以兼顾场景中的其他限制因素或并行需求，使得技术研发后无法完全适应场景。因此，仅靠技术和需求驱动可能无法与产业化完美对接。

在杨帆的带领下，小视科技上下一心，坚定选择走贴"地"而行的战略路径，以场景为源，深挖企业真实需要且难以解决的场景痛点。发展思路从"这项活体检测技术如何切入互联网身份认证场景"转变为"互联网实名认证场景中身份识别的真正痛点在何处，现有技术需要如何改进才能解决场景痛点？"很快，小视科技发现，互联网身份认证场景中，审核待认证人的信息准确性和相关资质才是企业真正的细分场景痛点。由于数据体量更大、复杂度更高，仅靠人工和单一维度的数据难以准确识别实名认证人员信息的准确性和资质的符合性。因此，小视科技锁定"互联网 SaaS 认证与服务场景"，为互联网企业提供身份认证综合性服务。在场景驱动下，小视科技进行了新的产品研发，这次研发聚焦数据积累，进一步将场景与技术融合。从 2015 年年底到 2016 年 8 月，小视科技团队不断打通多维度数据源，精进对人脸自动化生产精准标签的技术能力。凭借对场景痛点的精准把握，小视科技打通了多维数据和微表情精准标签，在互联网综合身份认证场景中快速发展，完成了单凭技术无法完成的业务目标。尝到了场景驱动的甜头后，小视科技趁热打铁，不断扩大场景版图，将业务延伸到安防、商业、矿山等其他领域，慢慢摸索出自己独特的场景驱动创新之道。

在场景驱动的战略逻辑下，小视科技跳出"人机协同"的常规模式，探索出了"人—机—场"三元协同的升级模式，旨在充分把握人工智能和人的关系，在场景中提高人和机器的协同工作效率。小视科技副总裁王忠林表示:"人工智能的价值不是替代人,而是让人在场景中更高效、更具有创造性地工作,人工智能在实际生产和作业场景中,去协助人更好地完成工作,实现产业价值,才能真正实现其技术价值。"在新的协同模式下,无论是人还是机器,都需要围绕场景,以实现场景价值为终极目标。为了更好地将人与机器融入场景,小视科技的研发人员直接进入一线场景,在对场景理解和业务逻辑把控的基础上研发出紧贴场景痛点的人工智能技术和解决方案,真正实现了人和机器在场景中的最优效能。

回顾小视科技的探索历程,小视科技将贴"地"做到极致,采用"人—机—场"三元协同的创新机制,其本质上是场景驱动创新视角下"技术—场景—能力"三位一体的企业演进模式(图 18-2)。贴"地"而行的战略路线,使得小视科技能够将有限的企业资源精准地投放至产业价值创造的一线,围绕客户实际需要的场景开展核心技术和算法模型的研发和应用,有效避免了先进技术研发之后在产业应用中无用

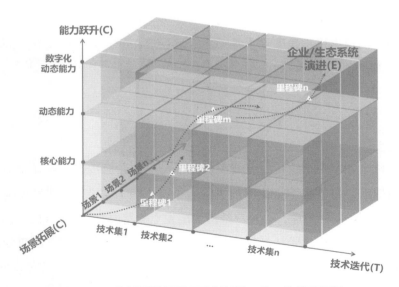

图 18-2　小视科技场景驱动创新的三位一体战略逻辑

武之地的资源浪费现象和现实困境。创业初期，小视科技为解决特定场景中缺少足够多的图片样本的产业共性问题，研发了小样本弱监督技术，通过少量样本就可以训练可用模型，结合具体场景不断迭代，应用于智能终端设备，赋能煤焦化、社会民生、园区安防等场景。

在贴"地"而行的战略指引下，小视科技以解决具体场景问题为导向，研发能够用于场景生产的技术，从而完成技术贴"地"，并形成企业的核心能力。进一步瞄准新的场景拓展技术应用场景时，要求针对新的场景问题对原有技术集进行二次开发和迭代，形成新的技术集并落地于新场景。在此过程中，研发和业务管理模式也需要面对变化的环境和场景进行更新适配，驱动核心能力向动态能力跃迁。随着场景不断拓展，技术不断迭代，小视科技得以在人工智能产业生态中扎根，与合作伙伴共筑资源，共创价值，实现企业技术能力、管理能力与场景整合能力共同演进，打造赋能多元场景智能化的数字化动态能力，驱动横向业务跃迁和纵向能力跃升。历经了 8 年的积累，小视科技逐步形成了图像采集、图像标注、模型训练、模型发布等一整套能力，产出效率成倍提升，平均一周即可实现一次模型升级迭代，每年都会涌现出里程碑事件去推动企业发展迈向新台阶，超越其他同期的人工智能创业企业。

三、机制创新：构建企业增长飞轮

机制创新是小视科技有效整合技术与场景，稳步推行场景驱动的创新战略，也是构建企业增长飞轮的关键（图 18-3）。小视科技瞄准政策和产业发展趋势，以用户价值为出发点和落脚点，保持自身重力，以场景策源地构建紧贴场景的价值创造，提供飞轮动能，进而研发场景化技术；以 ADAMS 智能创新产品架构，即算法（AI）+ 智能硬件（Device）+ 应用服务管理平台（AM）+ 解决方案（Solution），推进技术与场景深度融合，减少飞轮阻力，使得技术可以在场景中迭代测试，落地应用。在旋转过程中，小视科技持续赢得客户信任，提升企业能力和声誉，并吸引更多用户与场景，推动企业飞轮持续快速运转。

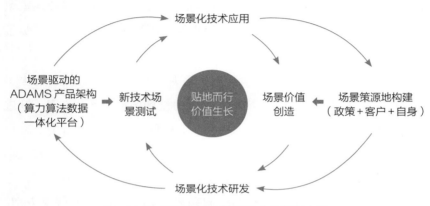

图18-3　场景驱动小视科技企业增长飞轮

（一）"政策把握＋客户共创＋自身挖掘"共建场景策源地

通过"政策把握＋客户共创＋自身挖掘"构建高质量的场景策源地是小视科技贴近顾客价值的战略抓手。

首先，精准把握政策机遇和产业发展趋势，前瞻性地制定和优化发展战略，是小视科技赢得市场和政策主动的重要基础。其次，秉持客户价值驱动的理念，通过结合客户的业务场景痛点，与客户共同探讨当前存在的痛点问题和真实需求，据此进行产品和解决方案的开发。目前，小视科技的客户覆盖江苏、上海、广东、重庆、山西、新疆、甘肃等20余个省市地区，覆盖行业包括以智慧社区、园区、校园为代表的基层社会治理、以煤矿和煤焦石油化工为代表的能源产业、以互联网身份认证服务为代表的数字生活领域。这些领域的客户都会基于现实问题向小视科技提出场景化需求，而小视科技也会站在客户价值端利用技术有针对性地赋能场景。此外，小视科技基于自身积累和正在研发的技术，主动挖掘场景问题。例如，在车辆物资运输票管理场景中，小视科技基于通用光学字符自动识别技术，实现了客户运输票的自动识别和关键字提取，并针对识别置信度提示人工复核，避免了手动填写和人工无目的校正的烦琐工作。

在场景共建体系中，"政策把握＋客户共创＋自身挖掘"解决了"场景痛点在哪里"的问题，而同客户合力设计场景任务及方案，则进一步明晰了"场景痛点如何解决"。在小视科技的实际项目中，客户中大量的业务专家和技术专家总结提炼了工作中存在的问题，并与小视科技的产品方案和技术研发团队交流形成闭环的场景解决方案，综合考虑技术的可实现性、科学性、经济性，形成针对性的解决方案。进一步通过复用已有技术和研发新技术相结合的方法，将方案产品在场景中试点、优化，直至成熟后推广，实现场景驱动问题解决的闭环。在此基础上，吸引更多客户开放场景和需求，加深合作，为增长飞轮提供更多动能。

（二）场景驱动"数据＋算法＋算力"技术迭代的全链路

小视科技作为深耕场景的人工智能企业，同时拥有深厚的技术积累和强大的研发能力。然而，作为一家专注于人工智能技术应用的企业，扫清场景与技术融合的障碍、实现"人—机—场"高效协同的具体抓手在哪里？对此，小视科技研发数据、算法和算力一体化平台，形成了场景驱动的 ADAMS 智能创新生态架构，找到了"人—机—场"协同的执行抓手，不断推进技术迭代、场景迁移与能力跃升。

数据、算法和算力作为人工智能三大要素，能够有效感知触达场景并在场景中提升人机协同效率，是场景驱动技术迭代全链路的核心。小视科技深入理解数据、算法和算力与"人—机—场"协同中的关系，从而有效地构建了协同机制。第一，用数据感知场景需求。数据来源于前端设备，能够测量场景的时空维度、复杂程度、关系强度、主体行为方式等。小视科技建立场景化数据驱动算法开发的敏捷研发机制，并将科学家前置入一线业务场景收集数据，以便更快深入理解业务场景和客户需求，并精准设计开发算法模型，减少试错成本。第二，用算法搭建场景方案，算法代表关键核心技术，其要义就是核心技术高速迭代。小样本学习系列技术作为小视科技的核心技术，是企业向新场景、新技术集拓展延伸的重要基础。在演化进程中，企业围绕场景持续迭代核心技术，缩短其算法研发周期并降低研发成本，为客户快速解决问题，提升客户对企业能力的认可与对企业价值的感知，形成场景下的核心能力和动态能力。第三，用算力优化场景方案，算力体现了方案的性价比与场景的最优解，能够为客户带来更高的感知价值。小视科技研发的轻量化神经网络系列技术，能够大幅度降低算法模型的大小和计算量，从而降低算力开销和硬件要求，加速算法的执行速度，以数字化技术为更多的生态主体提供更高的生态价值，向企业数字化动态能力跃升。

ADAMS智能创新生态架构是小视科技通过数据、算法、算力三要素打通"人—机—场"协同机制的重要桥梁（图18-4）。遵循"人—机—场"三元协同的创新逻辑，将数据、算法和算力通过细分场景、前端设备、中枢平台和解决方案有机协同，在场景需求下部署企业技术体系，搭建智能化平台，在方案定制中迭代人工智能技术体系，为场景痛点寻找最优解（图18-5）。

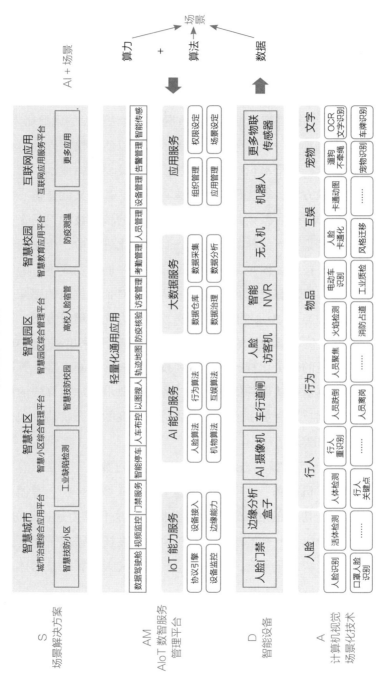

图18-4 小视科技ADAMS智能创新生态架构

图18-5　场景驱动人工智能技术体系迭代逻辑

围绕计算机视觉场景需求，小视科技开发了包含人脸、行为、物品等场景化技术。针对每一个场景，都有对应的前端物联传感设备与其联结，并完成数据收集、整合及处理，用数据触达场景需求，从而更好地理解场景。算法和算力是构建场景能力的核心环节，小视科技将定制化算法服务、提高算力效率作为差异化的重要手段，自主研发人工智能物联网公共基础能力平台——数智服务管理平台，并建立"算法开发—运行—运营"的全生命周期管理体系。由数智服务管理平台按需提供平台运行时服务（数据、算法、算力等服务的配置与监测）和微服务框架等技术手段，优化整个平台的性能和资源利用率，在灵活的模式下统一人工智能共性服务标准接口，联结各类物联传感设备。借助规范的算法管理体系为平台运行提供机制保障，真正实现小视科技"为场景寻找方案，为客户创造价值"的初心目标，推动企业飞轮持续运转，企业价值不断增长。

此外，小视科技应用创新生态系统的思维，通过接口将各类模块化应用、分析告警及数据研判结果开放至第三方业务平台，与合作伙伴共同为场景需求服务，不仅提升了算法的适配性和迭代能力，也进一步收获了其他生态主体的认可与支持，在产业生态中释放人工智能价值。

四、价值绽放：不同场景中的价值落地

场景驱动的战略逻辑使得小视科技能够始终把握顾客需求与技术方向，在多维场景策源地中挖掘场景痛点，在用户、社会、产业等各个场景下实现技术价值落地与客户价值增长。

（一）用户场景：自助认证开启互联网身份认证场景变革

基于深度学习的人脸识别技术在 2016 年进入发展井喷期，伴随着资本、人才、技术的高度聚集，人脸库规模、召回率、识别角度以及最小像素这些相关指标成为各大人工智能视觉企业的竞争焦点。然而，指标背后的场景需求究竟在哪里？

拿着"场景驱动"的利刃，刚刚起步不久的小视科技敏锐地观察到实名制身份认证在网约车、快递、网上银行等领域中存在效率低、成本高、漏洞多等痛点，给用户实名认证带来了极大的不便。在发现场景的真实需求后，小视科技迅速开启技术研发，推出了互联网身份认证 SaaS 服务，将实名制认证时间从 5 天缩减到 1 分钟，掀起了从人工认证转变为个人自助认证的实名制身份认证方式变革，高效为用户场景赋能。小视科技此番贴"地"之举得到了大量国内互联网头部企业的认可和支持，为其嵌入大企业的业务生态奠定了坚实基础。

（二）社会场景：数字哨兵守卫社会防疫场景

2020 年年初，在新冠疫情冲击下，很多企业失去发展韧性，陷入大幅度裁员甚至倒闭的困境。小视科技却凭借对场景的把握，以科技向善的理念，用技术为场景赋能，在疫情期间获得"逆势增长"。

2020 年春节期间，小视科技应区政府客户需求，需要解决"戴口罩下的出入口通行管理"的场景痛点，从而降低疫情传播风险。接到需求后，小视科技快速响应，在正月初一就组建了科技攻关团队，利用小样本弱监督的企业核心技术，仅仅 3 天就实现了技术突破，并快速应用于企业智能终端设备，成为业界第一个突破戴口罩情况下的人脸识别技术的企业，也是第一个将人脸识别技术应用于疫情防控的企业。随后，小视科技加快研发速度，围绕疫情防控场景涌现出的新需求，推出疫情防控"数字哨兵"产品、疫情防控时空伴随大数据平台、"天天来上班"政府—企业—个人联动联防平台等系列社会场景产品，用科技力量为疫情防控贡献了社会价值。

（三）产业场景："小视磐石"守护煤焦化场景

2020年2月国家发改委、国家能源局等八部委联合下发《关于加快煤矿智能化发展的指导意见》，提出2035年各类煤矿要基本实现智能化，简称智能感知、智能决策、自动执行的煤矿智能体系。然而，作为资产重、技术标准与规范不健全、平台支撑不够、技术装备保障不足、高端人才匮乏的典型产业，煤焦化行业企业如何拥抱数字化、智能化，保障安全作业生产？

秉持对场景痛点的深刻把握，小视科技以煤焦化场景下安全生产风险防范和安全审查方面的智能识别应用作为场景切入点，提出了煤焦化场景落地的"2+1"模式。其内涵是2个前置和1个转变：数据标注与算法训练前置、人工智能专家团队前置，以及价值观念由"面向用户销售人工智能产品"转变为"向用户提供人工智能产业服务"。在此模式的指导下，小视科技聚焦场景用户价值，让人工智能专家团队走向生产一线，带动数据标注与算法训练从实验室走向生产环境，推动技术与行业规则同场景需求深度融合。

山西常信煤矿依托小视科技的场景化人工智能智慧视觉分析技术与产品，实现视频监控"三违（违章指挥、违章作业、违反劳动纪律）"的智能化案例，在2023年3月被国家矿山监察局山西局作为典型样本在全省发文推广学习。这一场景驱动的创新案例，正是以"2+1"模式为指引，聚焦环境和人两大要素，将人工智能视觉中枢平台应用于安全生产之中，唤醒大量沉睡的视频监控资源，开发了具备智能识别视频对象及其行为、特殊事件主动推送告警等功能，将过去

"人找事"的生产转变为"事找人",对井上井下重点监控区域进行布控分析、实时检测,形成了自动预警、自动推送、自动考核的全流程闭环管理。同时,在此基础上拓展至副井口、井下主煤流运输等多元应用场景,在场景拓展过程中丰富和完善场景算法,在提升技术能力的同时,为焦煤矿每年降低 80% 以上的安全生产风险和 50% 以上的管理成本,以磐石之坚守护安全生产。

五、生态嵌入:小企业妙入大生态

构建开放的人工智能产业生态,推动人工智能与实体经济深度融合,加快产业数字化、智能化转型升级是高质量发展的重要突破口。小视科技在创新发展中探索出了"核心能力打造—产业链升级—多方价值共创"的生态价值实现路径,基于场景驱动创新打造自身核心能力,靠场景化技术和产品深耕重点场景,破解产业链升级痛难点,不断扩大生态影响范围,形成强劲的生态生长力,进一步强化生态凝聚力与生态牵引力,引领生态主体价值共创,推动生态持续生长,实现人工智能智慧视觉场景生态飞轮持续运转(图 18-6)。

图 18-6 场景驱动小视科技生态增长飞轮

（一）核心能力打造生态凝聚力

小视科技作为聚焦场景智能视觉算法的研发和云端智能视觉标准产品的供应商，瞄准具体场景向客户提供系统化场景解决方案，打造出场景化的核心能力，牵引产业链持续升级，并通过开放生态推动多元主体价值共创，不断提升生态的生长力。一方面，小视科技依托通用场景智能视觉算法，在场景中挖掘客户的业务价值，将技术与场景紧密结合，推动产业数字化智能化升级。在钢铁冶炼、电力等行业场景中，小视科技通过对视频图像进行深度分析，实现了对生产过程中的异常情况的智能监测与预警；在物流、零售等行业场景中，小视科技的智能识别技术通过识别图像和视频中的信息，提高了客户的生产和管理效率。另一方面，小视科技向客户提供定制化场景解决方案，依托现有的智能视觉技术在新的场景中根据客户实际需求定制化开发，在与客户的沟通与反馈中动态调整和完善场景解决方案，在构筑场景核心能力的基础上形成了服务生态的动态能力，在满足客户个性化需求的同时推动自身技术持续创新跃迁，围绕通用场景和定制化场景问题迭代场景化技术，以场景化技术凝聚生态主体，持续强化生态凝聚力。

（二）产业链升级形成生态牵引力

在夯实核心能力的基础上，小视科技高瞻远瞩，关注产业链上下游发展和产业链整体升级，向上下游合作伙伴赋能，形成上下牵引的生态能力，与合作伙伴共同拓展市场，挖掘更丰富的人工智能应用场景。

智慧视觉场景生态主要包括上游的芯片和硬件设备供应商以及处于下游的业务软件开发商和解决方案集成商。上游企业是智慧视觉算法和能力的硬件载体；下游企业面向用户提供系统集成、工程集成与实施等服务。在与上下游企业共同组成的智慧视觉生态中，小视科技以智慧视觉能力为赋能主线，向上赋能，将人工智能算法与芯片深度融合，直接赋予芯片智能计算能力，将芯片升级为智能计算模组，让芯片和设备具备智能视觉计算能力；向下赋能，人工智能算法与终端设备、边缘计算设备深度融合，将设备升级为在场景中具备独立智能计算能力的智能设备。人工智能能力平台为应用系统提供智能计算服务，让用户业务系统具备向用户提供智能化应用的能力，为业务应用系统和整体场景解决方案提供智慧视觉计算能力，助力行业数智化升级。

（三）多方价值共创增强生态生长力

客户价值与技术价值融合共创是场景驱动小视科技创新的核心要义，让技术贴近场景，让企业贴近客户是小视科技实现多方价值共创，构建生态生长力的重要举措。从创业到发展，小视科技的生态影响力不断扩大，并逐步获得政府、产业需求方、投资人以及企业内部员工等多方信任。通过场景驱动产业链、创新链、资金链、人才链深度融合，与"政、产、学、研"多元主体共生共创，不断强化生态的生长力。

在合作过程中，小视科技以场景需求为导向，通过技术、产品、服务、市场营收、共同成长等多种方式，助力政府、产业需求方等客户在场景和业务上取得成功。面向政府、产业、科技界等客户与合作伙伴时，小视科技注重开放能力，助力应用软件开发合作伙伴提升智能化竞争力；通过控制边界，将自身能力聚焦在智能视觉算法和能力平台建设上，其他由合作伙伴完成；实现成果共享，与合作伙伴共享经济和社会成果，提升合作伙伴的赢利能力和企业声誉，与合作伙伴共同发展。对于不同的生态主体，小视科技精准把握生态关系与赋能要点。面向投资人，小视科技以企业自身营收和估值的持续增长成就投资人；面向企业内部员工，小视科技与员工共享成果，注重员工在项目中实现成长，助力内部团队价值实现。

六、持续破界：小视科技不可小视

人工智能从 1956 年夏季的达特茅斯会议启航，历经 AI 1.0（逻辑智能）时代、AI 2.0（计算智能）时代，现在 AI 3.0（平行智能）时代（王飞跃，2021）正方兴未艾，随着 ChatGPT 和人工智能生成内容引发的新一轮人工智能革命浪潮，以超级智能或数字具身超人为代表的 AI 4.0 即将呼啸而来。当下和未来，基于场景驱动创新，推动经济社会智能化升级和数字化发展，必将成为人工智能产业发展和持续创新跃迁的主流趋势。小视科技前瞻感知和把握了这一趋势，以通用化和个性化另辟蹊径，破界生长，以场景驱动的创新范式打通一个又一个小场景，在竞争激烈的人工智能产业大生态中取得了卓越的阶段性突破。

展望未来，小视科技的终极目标是构筑一套立体式的生物识别系统，以智慧视觉为入口，连接生活中的一切场景，为人们的未来构建更安全、便捷、智能的生活空间不断深耕行业，持续破界生长。"场景 +AI"的战略思维，不但有望驱动小视科技持续破界生长，也为数字时代的创新发展提供了全新的战略进路——坚持场景驱动创新，基于先进的人工智能通用基础模型，通过面向专业场景的模型微调（fine-tuning），持续增强人工智能技术的场景适应性，以人工智能技术与场景的深度融合解决千行万业的场景痛点问题，在更多场景中锤炼技术价值，反向加速技术迭代、企业能力跃迁和人工智能价值释放，成就场景驱动人工智能赋能美好生活的生态飞轮。

| 第十九章 |

深圳数据交易所：场景驱动数据要素市场化配置

深圳数据交易所作为数据要素市场化配置的重要制度性平台机构，通过瞄准多维场景的复杂综合性需求，应用数据要素市场化配置的场景数据匹配机制，构建了场景驱动的数据要素生态飞轮，推动数交所在建设数据交易场景、汇聚数据交易主体、连接数据服务机构、提高数据市场化配置效率等多个维度取得了显著的阶段性成效，为探索数据交易新机制，建设中国特色数据交易制度体系，激活数据要素潜能，做强做优做大数字经济，培育中国式现代化新动能新优势提供了有益参考。

一、新质主体如何突破数据要素市场化困局？

数据作为新型生产要素，已经成为推动我国经济高质量发展，构筑全球数字经济竞争优势的基础性和战略性资源。2020 年 4 月，中共中央、国务院发布了《关于构建更加完善的要素市场化配置体制机制的意见》，首次从国家层面将数据要素与其他传统生产要素并列，提出要加快培育数据要素市场。习近平总书记在党的二十大报告中进一步强调要"加快发展数字经济，促进数字经济和实体经济深度融合，打造具有国际竞争力的数字产业集群"。2023 年 2 月，中共中央国务院印发的《数字中国建设整体布局规划》中明确提出"2035 年，数字化发展水平进入世界前列，数字中国建设取得重大成就"的目标。2023 年 3 月的国务院机构改革方案确定组建国家数据局，建制化统筹推进数字中国、数字经济、数字社会规划和建设。在此背景下，如何构建规范高效的数据交易场所，推动场景数据快速匹配，加快培育数据要素流通和交易服务生态，成为充分发挥我国海量数据规模和丰富应用场景优势，激活数据要素潜能，优化数字中国体系，进而培育中国式现代化建设新动能新优势的核心难题。

当前，数据要素市场化配置以场外点对点或者多方撮合交易为主，存在供需双方难对接、场景数据难匹配、交易合法性难确定、生态机制不健全等突出瓶颈。而数据交易场所作为由政府正式批准设立、开展数据要素市场化配置的新型制度性载体，以其公共属性和公益属性定位打造数据交易的制度媒介，在数据交易市场中发挥着至关重要的制度桥接作用。

2015 年 4 月 14 日，贵阳大数据交易所正式挂牌成立，成为我国第一个由地方政府批复成立的数据交易所，之后各省市相继成立数据交易所或交易中心。截至 2022 年年底，全国范围内由地方政府发起、主导或批复成立的数据交易所已有 30 余家。

理论上，数据交易所通过提供贯穿数据要素"收—存—治—易—用—管"全生命周期的数据交易服务和价值管理，能够有效围绕场景开展数据供给与需求匹配，并为数据交易提供合法性保障。数据交易所已经成为国家、地区和行业推进场景数据匹配机制探索和生态建设实践的新质主体。然而，现有数据交易所在推进数据要素市场化配置过程中普遍存在着供给侧数据难引进、需求侧场景难激活、合规侧成本难平衡、生态侧主体难管理的痛点问题。

2022 年 12 月，我国颁布首份专门针对数据要素的基础文件《关于构建数据基础制度更好发挥数据要素作用的意见》("数据二十条"),科学搭建了我国数据基础制度的"四梁八柱",并鼓励围绕智能制造、节能降碳、绿色建造、新能源、智慧城市等重点领域和典型场景推进数据开放、共享、交换、交易。"数据二十条"中正式提出要"统筹构建规范高效的数据交易场所,引导多种类型的数据交易场所共同发展,培育数据要素流通和交易服务生态",对加快探索数据交易所的商业模式创新,构建促进使用和流通、场内场外相结合的交易制度体系提出了新任务新要求。

深圳数据交易所(以下简称"深数所")是现有数据交易所中成立时间较晚但发展速度快的典型代表。截至 2023 年 2 月 28 日,深数所数据交易成交规模已突破 16 亿元人民币,交易场景超过 75 个,市场参与主体 660 余家,覆盖省、市及自治区 20 余个,完成场内首笔跨境交易,入选深圳发展改革十大亮点,成为全国数据交易所中交易规模最大、数据市场化生态参与主体最多、开发应用场景数量最多的数据交易所。

场景数据匹配机制是将场景驱动的创新范式融入数据要素"收—存—治—易—用—管"的全要素生命周期价值管理,突破线性模式,推动场景与数据有效融合,构建场景驱动的数据要素生态飞轮。深数所在推进数据交易所建设过程中,抓住了场景与数据匹配的内核,通过生态主体汇聚和生态服务链接,以场景驱动问题解决并开展数据要素全生命周期价值管理,强化了场景嵌入与交易撮合能力,以数据融通"公共—产业—企业—用户"多维场景,探索形成了生态主体、生态服务、生态能力三位一体的场景—数据匹配机制(图 19-1)。借助场景数据匹配机制探索,深数所拉通了数据要素市场,以场景驱动数据要素市场化配置,初步构建了高效运转、持续运行、不断进化的数据要素生态飞轮。这一探索也为进一步破解数据交易所普遍面临的发展瓶颈,激活数据要素价值,做强做优做大我国数据要素市场,加快建设数字中国提供了有益示范。

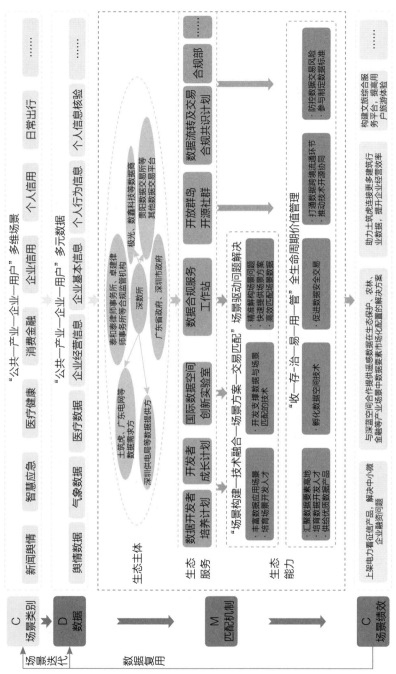

图 19-1 场景驱动深数所数据要素市场化配置的场景数据匹配机制

二、抓内核：场景化需求与多元数据精准匹配的"蝴蝶模型"

深数所的前身是深圳数据交易有限公司，是由深圳市政府与国家信息中心统筹指导，深圳市发展和改革委作为责任单位牵头成立，定位为公益性的国有全资企业。自 2021 年 12 月落户福田后，深圳数据交易有限公司便积极探索数据交易的供需匹配、技术路径和合规标准，并积极响应广东省政府"支持深圳市设立数据交易市场或依托现有交易场所开展数据交易"的政策号召，筹备设立和运营深数所。2022 年 11 月 15 日，由广东省人民政府指导，深圳市人民政府主办的深数所揭牌仪式暨数据交易成果发布仪式在深圳顺利举办，深数所正式揭牌成立，成为加快落实中央《深圳建设中国特色社会主义先行示范区综合改革试点实施方案（2020—2025 年）》文件精神、深化数据要素市场化配置改革任务，打造全球数字先锋城市的重要实践，承载着中央及广东省政府等多部门布局数据交易网络，深化数字经济发展的殷切期望。

自揭牌起，深数所以建设国家级数据交易所为目标，深刻意识到数据只有依托于场景才能最大化数据交易所的社会价值，加快培育壮大数据流通和交易服务生态。因此，深数所突破传统数据交易所仅仅发挥交易撮合职能这一局限，牢牢把握场景驱动数据要素市场化配置的顶层逻辑和场景数据匹配机制的内核，抓住场景驱动创新这一数字经济时代的重要创新范式跃迁机遇，以赋能数字产业化和产业数字化为使命牵引，将场景化需求与多元数据精准匹配作为提供数据交易服务的关键，以场景嵌入牵引数据市场化交易和价值释放的全过程，形成了场景数据匹配赋能数字经济高质量发展的"蝴蝶模型"（图 19-2）。

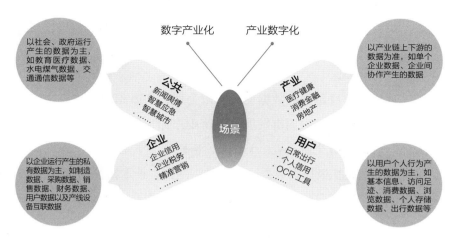

图 19-2　深数所场景数据匹配赋能数字经济的"蝴蝶模型"

　　基于这一顶层设计，截至 2023 年 2 月 28 日，深数所面向公共、产业、企业、用户四个维度构建新闻舆情、医疗健康、企业信用、日常出行等 75 类应用场景。针对不同的场景中的复杂综合需求，深数所精准识别问题痛点，从而更好地在海量数据与产品中寻找解决方案，与数商合作数字技术和数据产品的创新应用，最终为解决特定场景下的复杂综合性需求问题提供场景化、数字化的解决方案。

　　为更好地匹配场景与数据，发挥数据交易所场景嵌入与交易撮合两项重要职能，深数所首创场景驱动的数据供需匹配图谱（图 19-3），将数据、产品、行业和场景有效关联，提出了"场景—行业—产品"的解决路径。依据供需匹配图谱，深数所将不同类别的数据资源形成不同的产品形态，找到数据产品适用的行业和具体场景。一类数据可以匹配多类应用场景，一类应用场景也可以应用多类数据产品和数据资源，充分激活数据跨场景应用的价值，推动场景需求高效满足。供需匹配图谱将供需关系和场景方案可视化，为深数所发挥场景嵌入与交易撮合功能提供有力遵循。2023 年 11 月，深数所在数据供需匹配图谱基础上，进一步引入人工智能等数字化技术，在数据行业内率先打造和上线场景驱动的数据资源供需智能匹配系统

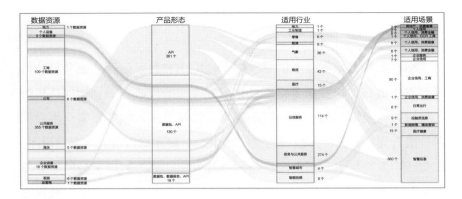

图 19-3 深数所首创的场景驱动数据供需匹配图谱

（图 19-4）。通过场景驱动数据要素市场化配置持续推进数字产业化，进而通过数字产业化加速产业数字化，最终达到"两化"协同发展推进中国数据交易市场乃至数字中国的整体建设。

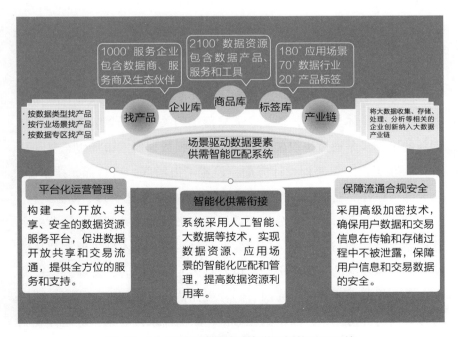

图 19-4 场景驱动数据要素供需智能匹配系统

三、强能力：从生态汇聚到能力形成

精准识别特定场景下的复杂综合性需求和瓶颈问题，充分释放数据要素价值是加快数据要素市场化配置效率的核心抓手。如何从机制上把握数据要素与场景需求匹配融合，将场景嵌入数据要素全生命周期价值管理？对此，深数所构建了从生态汇聚到能力形成的多层机制，在实践中发挥场景数据匹配机制的杠杆效应，成为数据交易所充分发挥数据交易的制度媒介作用的典范。此外，深数所还构建了以数据交易所为核心，政府、数据供需双方、数商、合规监管机构和其他数交所等多元数据要素生态主体共同构成的多层级、多领域、多元化的数据要素生态体系（图 19-5），通过一系列生态服务，使得数据要素生态网越编越大、越编越紧、越编越牢，推动形成"数据与场景匹配创新数据产品，产品与场景对接激活数据价值"的良性循环。

（一）战略引领组织架构创新，做强数据要素生态

战略决定组织，组织决定能力。内外部组织架构的设计和融通是激活内外部主体参与，加快生态战略落地的关键。场景数据匹配机制创新的第一步是通过组织架构创新，为做强数据要素市场生态奠定基石。深数所在组织架构设计方面，设置了市场部、运营部、技术部、合规部与综合部五个核心部门。市场部主要负责生态管理、商务对接、品牌宣传与政企对接，充分打通数据要素市场的体系建设；运营部主管产品交易规则与上下架，保障数据交易运行；技术部主要构建从供给延伸到需求端的一体化平台建设，将多元技术整合，支撑数据交易平台；合规部主要开展交易前后的合规评估与政策解读。这四个部门通过共同对外协同，打通供给侧数据，激活需求侧场景，协同合规侧成本，完善生态侧主体。综合部作为战略、规划、统办、人事、财务

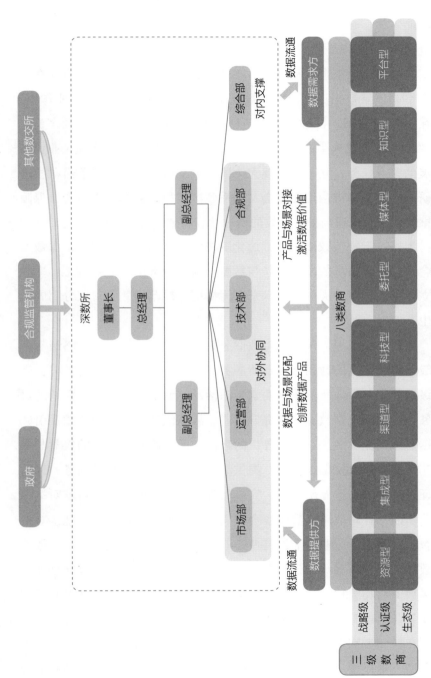

图 19-5 深数所牵头构建的数据要素多元主体共创生态架构

的功能主体，聚焦完善制度体系，支撑深数所数据交易与生态建设稳定进行。

数据商作为整个数据要素生态的产品提供方和技术保障方，在持续供给高质量数据产品，保障数据交易安全的过程中发挥主要作用。早在 2022 年 3 月，深数所在其还是深圳数据交易有限公司时便牵头发起"2022 数据要素生态圈"计划，将构建数据要素生态作为企业业务发展的重点任务，联合粤港澳大湾区大数据研究院、北鹏前沿科技法律研究院、深圳市信用促进会共同搭建国内权威数据要素生态，保障数据要素交易流通与价值释放的精准性、高效性与合法性。

为进一步规范数商主体，优化资源配置、明确数商职能，深数所结合数据要素市场的发展现状与数据交易产业链的专业化分工，率先建立数据商分级分类体系，探索多元协同、规范高效、责权分明的数商生态。

在数商层级上，深数所将数商分为生态级、认证级、战略级三个等级。不同级别的数商与深数所的关系不同，合作目标也有差异：生态级数商参与深数所的数据要素生态活动，认证级数商与深数所通过业务合作共同探索数据价值提升策略，战略级数商与深数所携手引领数据要素产业发展。对不同等级的数商，深数所赋予相应的权益与资源。例如，针对生态级数商，提供品牌宣传、产品撮合等服务；针对认证级数商，打造专属赛道，完成品牌活动、商业路演、需求对接等商业赋能；针对战略级数商，会成立工作专班，协作撰写标准、对接政企、共同引领行业标准，打造行业数据流通标杆案例。其中，战略级数商能享受生态级与认证数商的相应权益，认证级数商也能享受生态级数商的相应权益。通过优化数商分级结构，深数所大力提升了数商业务合作与生态合作的目标感与积极性。

在数商类别上，深数所根据数商在产业链中的专业分工将其分为资源型、集成型、渠道型、科技型、委托型、媒体型、知识型和平台型八类，促进数商在垂直领域深耕发展，为数据交易市场的对接提供了更高效、更精准的模式参考，助力数商精准匹配数据供需双方，将数据与场景匹配快速创新数据产品，将产品与场景对接高效激活数据价值。通过生态汇聚，深数所引导多方数据要素主体参与数据要素市场建设，提升了产业链协同能力，完善了与数字经济发展相适应的政法体系、公共服务体系、产业体系和技术创新体系。

（二）场景嵌入联动优质主体，做优数据要素生态

场景数据匹配机制的第二步是联合优质的数据要素生态主体，做优数据要素市场生态。生态优的关键在于能力强，从而跨越从组织建设到生态激活的鸿沟。为最大效能地激活数据要素生态，深数所通过一系列生态服务联动数据与场景，不断强化深数所的场景嵌入与交易的撮合能力。

在场景嵌入方面，将其拆解为场景构建、技术保障、场景解构、场景方案与场景数据匹配，通过战略指引和技术保障，沿着场景构建到问题解决的路径布局生态服务，发挥整个数据要素生态的力量，健全场景驱动数据要素市场化配置的场景数据匹配机制。通过开发者培养计划配套开发者成长计划，深数所为高校以及企业等广大开发者提供了安全可信的数据产品及场景开发环境，培育助力优质数据产品和高价值场景孵化的稀缺人才，提高深数所场景开发能力。

场景与数据融合离不开数字技术的支撑，深数所创立国际数据空间创新实验室，通过孵化自主可控、安全可信、可追溯的数据流通技术体系为场景与数据匹配提供技术保障，推动数据、技术与场景融合应用。场景构建和技术保障是数据与场景匹配的必要条件，场景问题解构与场景数据匹配则是场景数据匹配机制创新的关键过程。对此，深数所建立企业数据合规服务工作站，工作站的主要任务为筛选高价

值数据产品上架，提供数据合规及交易服务。以坂田天安云谷站为例，当数据需求方提出数据及数据产品购买需求时，工作站将进一步解构数据需求方的数据应用场景，分析识别场景问题并提出数据与数据产品的解决方案，并在此基础上，通过深数所为其匹配场景解决方案内合适的数据提供方及数商，完成"场景—数据"匹配过程，最终使数据有的放矢，协助企业基于业务场景有序、高效开发并利用数据资源，最终有效解决场景问题。

优质的数据要素生态主体能够向数交所共享数据要素市场化配置的全周期管理能力。因此，深数所进一步通过开放群岛、开源社群、数据流转及交易合规共识计划、设立合规部等生态服务优化主体功能，强化"收—存—治—易—用—管"数据要素全生命周期管理，并首创动态合规体系构筑数据交易防线，为数据供需双方提供高质量高效率的交易撮合服务。开放群岛与开源社群主要进行隐私计算、大数据、人工智能等前沿技术探索，为技术的开源协同、标准的协同制定、场景的精准落地提供数字技术保障。合规部与"数据流转及交易合规共识计划"互动，形成动态合规体系的第三、四条交易防线。第一道防线是基于企业诚信合规自证的入库标准；第二道防线是基于第三方律师事务所合规评估的上市准入标准；第三道防线则由合规部进行内部质量把关，以规范数据交易的制度与管理；"数据流转及交易合规共识计划"作为第四道防线，对有争议的数据交易标的进行把关，由深数所对外发起成立，包含 13 位来自数据流通及法律合规领域的专家组成的专家委员会，助力深数所保障数据交易合规并参与制定数据标准。

（三）权益分配赋能良性发展，做大数据要素生态

场景数据匹配机制第三步是面向数据要素生态主体，分配好数据要素市场化配置的红利，通过设计有效的收益分配激励机制，形成数

据要素生态系统持续良性发展、持续生长壮大的模式。对此，深数所基于数商分级分类机制与权益分配体系，建立了动态的数商评估机制，激励数商层级向上动态变化。根据季度和年度的综合数据评估，深数所对数商的生态等级进行升降级处理，并按照新等级提供相应的权益与资源服务。此外，深数所还设立数据交易的积分兑换制，数商完成目标工作，便可以得到积分奖励。数商可以用积分兑换精准商机匹配、商品宣传、投融资服务等数据交易服务，从而以自身优势充分对接资源，完成场景与数据匹配，在获得自身能力增长和价值实现的同时，持续赋能数据要素市场主体，共同参与数据要素市场化配置的大生态建设。

从生态主体汇聚到生态服务建设最终到生态能力的形成，深数所围绕场景驱动数据要素市场化配置，超越传统数交所强化场景嵌入与交易撮合的能力，并通过动态合规体系保障交易合法性，促进数据交易高效流转，最终成功打通场景数据匹配机制，也为其他数据交易所把握场景数据匹配机制，跨越数据场景匹配的鸿沟提供了示范路径。

四、提成效：破解场景痛点，释放数据价值

场景数据匹配机制作为场景驱动数据要素市场化配置的新机制，对于瞄准公共、产业、企业及用户痛点，融通多维场景与多元数据，最终充分释放数据价值具有重要作用。围绕多维场景，深数所在实践中探索数据要素生态主体间的合作模式，成功破解场景痛点，突破数据与场景难融合的瓶颈问题，最终有效赋能场景，推动数据价值释放。

在多方主体协同努力下，深数所围绕新闻舆情、医疗健康、企业信用、日常出行等 70 余类重要应用场景联合更多跨地区、跨行业、跨平台的数据交易主体，汇聚数据资源 55 大类，数据产品超 600 个，打造数据资源和数据产品的聚集高地，实现数据资源和应用场景精准匹

配。截至 2023 年 2 月 28 日，深数所引入备案数据商 117 家，数据提供方 127 家，数据需求方 419 家，建立 3 个品牌数据专区，推出超 50 种重点领域的数据产品，联动 13 家数字化领域专业机构、89 位数据领域资深专家，触达 1,000 家以上市场主体。

面向公共场景，基本模式是由政府和公共事业单位结合场景共享数据，政企合作开发数据产品，公开上架数据交易所，快速匹配多元场景促成交易。以深数所上架"电力看征信"为例。为扶持中小微企业发展，国家大力发文出台政策，但银行等金融机构如何考察企业信用问题，以便更精准高效地为中小微企业提供征信服务一直是一大公共难题。对此，深圳供电局基于场景难题，有效利用政府和企业已形成的海量数据构建了一套包括用电状态、电费缴纳、用电量、违约行为等四类电力数据的企业征信指标，打造首个电力数据产品——"电力看征信"，为多家实体银行和网商银行提供企业贷前授信、贷后监控等服务。2020 年，宁波银行接入"电力看征信"数据产品，极大提升了线上授信产品的触达精准度和服务效率，为本地超千家中小微企业发放了逾十亿元的融资资金，为中小微企业的融资提供了有力支撑。2022 年，深圳供电局联合深数所将"电力看征信"公开上架，拓宽至更多场景，率先打造电力数据合规交易新模式，有效缓解中小微企业融资这一公共场景难题。

面向产业场景，基本模式是由企业与上下游合作机构深耕产业数据，开发基于场景的数据产品，并与数交所合作，共同拓宽产业数据产品的应用场景，探索产业数据产品在不同应用场景下的合规交易模式。以深数所与深蓝空间共同探索卫星遥感数据资产化和数据交易为例。深蓝空间遥感技术有限公司作为遥感行业领先的空间数据和技术解决方案提供商，依托与航天部门的战略合作伙伴关系和自身在航天领域的技术优势，深耕卫星遥感影像信息提取和基于遥感影像的行业数据生产技术，挖掘卫星遥感空间数据的价值。截至 2021 年年底，深蓝空间开发了9类卫星遥感产品服务包，每类产品涵盖4个服务资产板块，共计316项卫星大数据信息服务模块。作为深数所的重要数据商成员，深蓝空间与深数所就卫星遥感数据资产化和数据交易达成实质战略合作，共同探索卫星遥感大数据在生态环保、农林牧、能源、金融、交通、双碳等不同场景的新型合规交易模式和应用解决方案，并将其投入场景试点，推进遥感数据的价值挖掘与激活，进一步推动我国空间数据经济发展，打造具有国际竞争力的空间数据产业集群。

面向企业场景，基本模式为企业依托数据交易所及其主导的数据交易生态，针对企业业务痛点开发利用数据，降低企业数据使用门槛，为企业降本增效。以"土筑虎"公司接入深数所为例。深圳土筑虎网络科技有限公司是一家深耕建筑工程领域的互联网平台，该平台拥有超过1,000万用户，沉淀了大量企业与用户数据，但数据是否可靠，如何开发使用数据推动业务增长是该企业的难题。在接入深数所后，用户在该平台可匹配的符合条件企业由原本的1万家增至10万家。在与深数所的合作中，土筑虎公司沉淀的海量数据得到合规有序开发，经营效率也由此提升。

面向用户场景，基本模式为针对个人用户在数据分析开发的高门槛痛点，由数据交易所上架解决用户痛点的公共数据产品，提高用户衣食住行的效率，促进数据价值在用户层面释放。文旅消费是满足用户精神文明需求的重要途径，如何在旅途中为用户提供一体化游览服务，节约用户的时间、资金与搜索成本是用户层面的一大痛点。对此，深数所上架数据产品航旅商业智能解决方案，以期提高用户旅游体验。当用户到达旅行目的地后，该产品会定向推荐特色景点，并提供旅游介绍和地点定位，提高用户游览效率。该产品还会定向推送消费券减免相关费用，提高用户旅行体验感。通过面向用户场景开发数据产品解决用户痛点，推动用户积极参与数据要素的市场化配置，培育繁荣的数据要素市场主体。

五、共生长：场景驱动的数据要素生态飞轮

目前，数据交易大多是点对点或者多方撮合交易，场内交易机制不清，体系未成。深数所通过场景驱动数据要素市场化配置的场景数据匹配机制初步尝试打通数据要素市场化体系，并取得卓越成效，使数据要素生态迸发活力。究其原因，场景数据匹配机制不仅打通了数据要素生态内的价值共创，更通过不断丰富数据与场景，形成更大范围更高质量的数据要素生态，使得深数所具备了充分利用外部资源整合内部优势保持数据要素生态高效持续稳定的动态能力，初步构建了高效运转、持续运行、不断进化的数据要素生态飞轮。

数据要素生态获得高效持续稳定的关键在于海量的数据、丰富的场景，以及专业的场景数据匹配能力。深数所主导形成的数据要素生态在运行中能够不断迭代形成新场景，汇聚形成新数据，通过数据复用高效挖掘数据价值，推动数据要素生态体系建设（图19-6）。

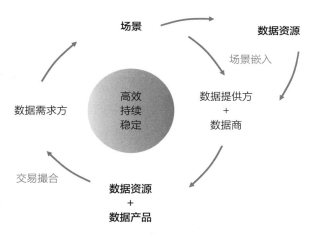

图 19-6　场景驱动的数据要素生态飞轮

从需求侧来看，数据需求方基于业务痛点有具体的场景问题，但不知道如何运用数据解决。深数所提供专业的场景嵌入功能，以具体

场景匹配数据提供方与数据商，为数据需求方提供高度适配的数据资源以及数据产品，有效解决其业务场景痛点，提高数据需求方的价值感知。在此过程中也会汇聚形成新的数据，形成新的场景问题，实现需求侧循环。

从供给侧来看，数据供给方和数商有数据和产品但不知道如何使用，深数所主导的数据要素生态能有效匹配需要该数据和该产品的数据需求方，从而帮助他们解决场景问题。在此过程中，将会生成新的数据，又能进一步开发优质数据产品，继续由深数所帮其匹配优质的数据需求方，实现供给侧循环。

为了充分实现数据需求方复杂综合的场景需求，保障数据要素交易的合规建设，深数所也需要进一步吸引和拉动更多生态主体参与数据要素生态建设，主导建设多层次、多领域、多区域的数据要素生态，引导多元生态主体基于新场景和新数据不断挖掘数据价值，实现场景驱动"拉通体系、拉通场景、拉通数据"的数据要素价值共创闭环机制，推动高质量数据精准赋能高价值场景，解决公共、产业、企业、用户等多维场景痛点，保障数据要素生态飞轮持续运转。

六、创未来：建设国家数据交易生态体系，培育现代化新动能

深数所推进的数据要素市场化配置模式，其特色是抓住场景驱动的创新范式，应用场景数据匹配新机制，以数交所为主导，发挥多维应用场景中的复杂综合性需求牵引作用，汇聚多元数据要素市场主体，构建数据要素生态。通过提供场景问题解决服务与数据要素交易服务，发挥数交所场景嵌入与交易撮合的双重功能，推动场景与数据匹配，最终实现数据价值释放与具体场景赋能，形成了主体不断完善、场景不断丰富、数据不断迭代的数据要素生态飞轮，推动数据要素生态主

体的价值共创与利益共享。

通过 CDM 机制创新，深数所重塑了数据交易所的商业模式。以场景驱动的创新范式突破传统数据交易的线性模式，将场景与数据匹配作为数据要素市场化配置的关键过程，进而以系列生态服务打通场景嵌入数据要素"收—存—治—易—用—管"的过程，使得数据要素精准、高效、合法地赋能具体场景。深数所的实践探索，不但为其他数据交易所进一步探索和发展场景数据匹配机制提供了借鉴，更为我国应用场景驱动的创新范式，加强国家级数据交易场所体系设计，加快建设规范高效的数据交易场所，构建适应数据特征、符合数字经济发展规律、保障国家数据安全、彰显创新引领的数据基础制度提供了有益探索。

未来，国家和各地政府、行业主管部门需要更加重视场景驱动的创新范式，引导多种类型的数据交易场所基于场景数据匹配机制实现差异化、体系化发展，提升场景与数据融通匹配能力。数据交易场所商业模式的持续创新和能力培育，也将打造数字经济时代的新型公益性、公共性基础设施，实现"公共—产业—企业—用户"多维场景赋能与多元数据价值释放，进而加快推进数字产业化与产业数字化协同发展，为发挥我国超大规模市场、海量数据和丰富应用场景的优势，激发数据要素潜能，做强、做优、做大数字经济提供强大牵引，进而为中国式现代化新征程培育经济发展新动能、构筑国家发展新优势。